高职高专自动化类专业系列教材

# 电力电子技术

主　编　黄冬梅　马卫民
副主编　王海涛　董爱娟　胡国武
参　编　王　琴　戚本志　杨兆辉
　　　　郑　翘　肖红军　包科杰
　　　　曾晓彤　何金伟
主　审　雍丽英　孙百鸣

机械工业出版社

本教材共设6个学习项目，12个工作任务，参考教学时数为48~56学时。主要内容包括：单相半波整流调光灯电路的设计与制作，直流电动机调压调速电路的设计与制作，单相异步电动机调压调速电路的设计与制作，直流电动机调速系统的设计、安装与调试，开关电源的设计与调试，变频器的设计与调试。

本教材适合作为高等职业院校、高等专科学校、应用型技术大学、成人高校等电气类专业、新能源应用类专业、风力发电类专业、光伏发电类专业、机电类专业的教材，也可供从事电力电子技术、新能源技术的工程技术人员参考。

凡选用本书作为教材的教师，均可登录机械工业出版社教育服务网www.cmpedu.com 下载本教材配套电子课件，或发送电子邮件至cmpgaozhi@sina.com 索取。咨询电话：010-88379375。

## 图书在版编目（CIP）数据

电力电子技术/黄冬梅，马卫民主编. —北京：机械工业出版社，2017.12（2023.12重印）

高职高专自动化类专业系列教材

ISBN 978-7-111-58922-8

Ⅰ.①电… Ⅱ.①黄…②马… Ⅲ.①电力电子技术-高等职业教育-教材 Ⅳ.①TM1

中国版本图书馆 CIP 数据核字（2018）第 003233 号

机械工业出版社（北京市百万庄大街22号　邮政编码100037）
策划编辑：王海峰　责任编辑：王海峰　邹云鹏
责任校对：刘雅娜　封面设计：鞠　杨
责任印制：邓　博
北京盛通数码印刷有限公司印刷
2023年12月第1版第6次印刷
184mm×260mm·12.5印张·303千字
标准书号：ISBN 978-7-111-58922-8
定价：39.00元

电话服务　　　　　　　　　　网络服务

客服电话：010-88361066　　　机　工　官　网：www.cmpbook.com
　　　　　010-88379833　　　机　工　官　博：weibo.com/cmp1952
　　　　　010-68326294　　　金　书　网：www.golden-book.com
封底无防伪标均为盗版　　　　　机工教育服务网：www.cmpedu.com

# 前 言

"电力电子技术"是电气自动化技术、新能源应用技术、风力发电工程技术、机电一体化技术、城市轨道交通控制、楼宇智能化等专业的基础核心课程。本教材根据高职院校的培养目标,按照高职院校教学改革和课程改革的要求,以企业调研为基础,确定工作任务,明确课程目标,制定课程设计的标准,以能力培养为主线,与企业合作,共同进行课程的开发和设计。本教材以培养学生具有电力电子设备检修试验、电力电子设备电气安装调试方面的岗位职业能力为目标,在掌握基本操作技能的基础上,着重培养学生分析问题、解决问题的能力,以解决施工现场的复杂电力电子技术问题。本教材在编写过程中,以理论够用为度,以全面掌握电力电子技术、维修电力电子设备操作为基础,侧重培养学生电力电子技术方面的技能。

课程设计的理念与思路是按照学生职业能力成长的过程进行培养,选择真实的电力电子技术工作任务为主线进行教学。以行动任务为导向,以任务驱动为手段,注重理论联系实际,在教学中以培养学生的测量方法运用能力为重点,以使学生全面掌握电力电子技能为基础,以培养学生现场的分析解决问题的能力为终极目标,在校内教学过程中尽量实现实训环境与实际工作的全面结合,使学生在真实的工作过程中得到锻炼,为学生在生产实习及顶岗实习阶段打下良好的基础,使学生毕业时就能直接顶岗工作。

本教材共设6个学习项目,12个工作任务,参考教学时数为48~56学时。其中项目1单相半波整流调光灯电路的设计与制作包括:任务1单相半波整流调光灯电路的设计,任务2单相半波整流调光灯电路的制作;项目2直流电动机调压调速电路的设计与制作包括:任务1直流电动机调压调速电路的设计,任务2直流电动机调压调速电路的制作;项目3单相异步电动机调压调速电路的设计与制作包括:任务1单相异步电动机调压调速电路的设计,任务2单相异步电动机调压调速电路的制作;项目4直流电动机调速系统的设计、安装与调试包括:任务1直流电动机调速系统的设计,任务2直流电动机调速系统的安装与调试;项目5开关电源的设计与调试包括:任务1开关电源的设计,任务2开关电源的调试;项目6变频器的设计与调试包括:任务1变频器的设计,任务2变频器的调试。

本教材由哈尔滨职业技术学院黄冬梅任主编,负责确定教材编制的体例、统稿工作,并负责编写项目1;由安徽职业技术学院马卫民任第二主编,并负责编写项目4及项目5;由哈尔滨职业技术学院王海涛、秦皇岛职业技术学院董爱娟、酒泉职业技术学院胡国武任副主编,分别负责编写项目2、项目3、项目6;重庆能源职业学院能源工程系王琴,哈尔滨职业技术学院戚本志、杨兆辉、郑翘、肖红军,襄阳汽车职业技术学院教务处包科杰、曾晓彤,佛山职业技术学院何金伟参与了部分项目案例编写。

本教材由哈尔滨职业技术学院电气工程学院院长雍丽英、哈尔滨职业技术学院教务处处长孙百鸣任主审,给编者提出了很多修改建议。在此特别感谢哈尔滨工程大学电工电子创新中心冯尧对教材编写的指导和大力帮助。

由于编者的业务水平和教学经验有限,书中难免有不妥之处,恳请读者批评指正。

编　者

# 目 录

前言

**项目1 单相半波整流调光灯电路的设计与制作** ································· 1
    任务1 单相半波整流调光灯电路的设计 ································· 1
    任务2 单相半波整流调光灯电路的制作 ································· 27
        实训一 晶闸管测试 ································· 42
        实训二 晶闸管导通关断条件测试 ································· 43
        实训三 单结晶体管测试 ································· 44
        实训四 单结晶体管触发电路调试 ································· 45
        实训五 单相半波可控整流电路电阻性负载调试 ································· 45
        实训六 单相半波可控整流电路阻感性负载调试 ································· 46
    习题 ································· 47

**项目2 直流电动机调压调速电路的设计与制作** ································· 48
    任务1 直流电动机调压调速电路的设计 ································· 48
    任务2 直流电动机调压调速电路的制作 ································· 69
        实训一 锯齿波同步触发电路调试（西门子TCA785集成触发电路调试） ································· 76
        实训二 单相桥式半控整流电路调试 ································· 77
        实训三 单相桥式全控整流电路电阻电感性负载调试 ································· 80
    习题 ································· 82

**项目3 单相异步电动机调压调速电路的设计与制作** ································· 84
    任务1 单相异步电动机调压调速电路的设计 ································· 84
    任务2 单相异步电动机调压调速电路的制作 ································· 91
        实训一 双向晶闸管测试 ································· 101
        实训二 双向晶闸管实现的单相交流调压电路调试 ································· 102
        实训三 普通晶闸管反并联实现的单相交流调压电路调试 ································· 103
    习题 ································· 104

**项目4 直流电动机调速系统的设计、安装与调试** ································· 105
    任务1 直流电动机调速系统的设计 ································· 105
    任务2 直流电动机调速系统的安装与调试 ································· 118
        实训一 三相半波可控整流电路的调试 ································· 127
        实训二 三相桥式全控整流电路的调试 ································· 129
    习题 ································· 134

**项目5 开关电源的设计与调试** ································· 136
    任务1 开关电源的设计 ································· 136
    任务2 开关电源的调试 ································· 151
        实训一 GTO晶闸管、MOSFET、GTR、IGBT的测试 ································· 153
        实训二 直流斩波电路的调试 ································· 157
    习题 ································· 159

**项目 6　变频器的设计与调试** ································· 161
　任务 1　变频器的设计 ································· 161
　任务 2　变频器的调试 ································· 184
　　实训　三相桥式有源逆变电路的调试 ················ 192
　习题 ··············································· 192
**参考文献** ··············································· 194

# 项目 1　单相半波整流调光灯电路的设计与制作

## 📌 项目导入

新入职电气设备相关公司的员工常要接受入职培训，培训内容为电力电子产品的应用，其中包含电力电子器件的检测、电力电子产品的设计与制作等内容。

## 📌 学习目标

1) 通过电力电子产品的典型应用，熟练电力电子产品的特性。
2) 熟练掌握电力电子产品的设计原理。
3) 熟练掌握电力电子产品的制作及工艺。
4) 掌握中级维修电工职业资格考试有关电力电子技术的应用。

## 📌 项目实施

## 任务 1　单相半波整流调光灯电路的设计

### 📖 任务解析

通过完成本任务，学生应掌握电力电子器件的特性、工作原理、器件的检测及设计计算等。

### 📖 知识链接

调光灯在日常生活中应用最广泛，旋动调光灯的按钮就可以调节灯泡的明暗。常用的方法有可变电阻调光法、调压器调光法、脉冲占空比调光法、晶闸管相控调光法、脉冲调频调光法等。晶闸管相控调光法是通过控制晶闸管的导通角，改变输出电压的大小，从而实现调光。图 1-1 为单相半波整流调光灯及其电路原理图。

### 一、电力二极管

电力二极管的导通与关断由器件所在的主电路决定，这种器件结构简单、工作可靠，广泛应用于电气设备中。常用的电力二极管有：普通二极管（又称整流二极管）、快速恢复二极管和肖特基二极管，如图 1-2 所示。

**1. 电力二极管的结构**

电力二极管是由一个 PN 结组成的半导体器件，其外形、结构及电气符号如图 1-3 所示。引出端分别称为阳极（A）、阴极（K），由一个面积较大的 PN 结和两端引线以及封装组成。从外形上看，大功率的电力二极管主要有螺栓式和平板式两种封装，小功率的电力二

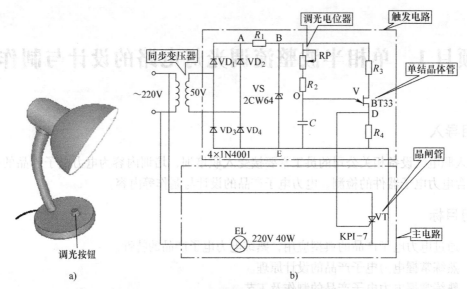

图 1-1　单相半波整流调光灯及其电路原理图
a）调光灯　b）晶闸管相控调光灯电路原理图

图 1-2　电力二极管
a）整流二极管　b）快速恢复二极管　c）肖特基二极管

极管和普通二极管一致。螺栓式二极管的阳极紧栓在散热器上。平板式二极管又分为风冷式和水冷式，它的阳极和阴极分别由两个彼此绝缘的散热器紧紧夹住。

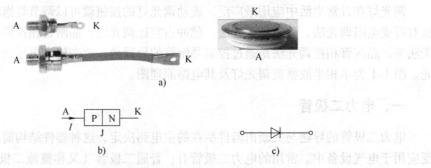

图 1-3　电力二极管的外形、结构和电气符号
a）外形　b）结构　c）电气符号

**2. 电力二极管的基本特性**

电力二极管的特性与图 1-1 中的二极管 1N4001 相似，具有单向导电性，即承受正向电压时器件处于导通状态，电流从阳极 A 流向阴极 K，否则处于阻断状态。

### 3. 主要参数

(1) 额定正向电流 $I_F$　即最大正向电流 $I_{FM}$，是指在规定的环境温度（40℃）和标准散热条件下，器件 PN 结温度稳定且不超 140℃ 时，允许长时间连续流过 50Hz 正弦半波的电流平均值。

(2) 反向重复峰值电压 $U_{RRM}$　在额定结温条件下，取器件反向伏安特性不重复峰值电压值 $U_{RSM}$ 的 80% 称为反向重复峰值电压 $U_{RRM}$。将 $U_{RRM}$ 值取规定的电压等级就是该器件的额定电压，如图 1-4 所示。

(3) 正向平均电压 $U_F$　在规定环境温度（40℃）和标准散热条件下，器件通过 50Hz 正弦半波额定正向电流时，器件阳极和阴极之间电压的平均值，取规定系列组别称为正向平均电压 $U_F$，通常在 0.45~1V 范围内。

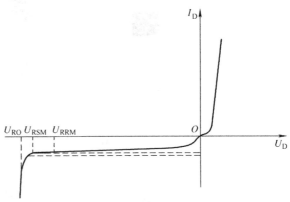

图 1-4　电力二极管的伏安特性

(4) 最高工作结温 $T_{JM}$　结温是指管芯 PN 结的平均温度，用 $T_J$ 表示。最高工作结温是指在 PN 结不致损坏的前提下所能承受的最高平均温度。$T_{JM}$ 通常在 125~175℃ 范围内。

### 4. 电力二极管的参数选择及使用注意事项

(1) 参数选择

1) 额定正向电流 $I_F$ 的选择原则。在规定的室温和冷却条件下，额定正向电流 $I_F$ 可按式 (1-1) 计算，即

$$I_F = (1.5 \sim 2)\frac{I_{DM}}{1.57} \tag{1-1}$$

式中　$I_{DM}$——流过二极管的最大电流有效值。

式 (1-1) 中，由于器件的过载能力较小，选择时考虑 1.5~2 倍的安全裕量。

2) 反向重复峰值电压 $U_{RRM}$ 的选择原则。电力二极管的反向重复峰值电压 $U_{RRM}$ 应为管子所工作的电路中可能承受到的最大反向瞬时值电压 $U_{DM}$ 的 2~3 倍，即

$$U_{RRM} = (2 \sim 3)U_{DM} \tag{1-2}$$

(2) 电力二极管使用注意事项

1) 必须保证规定的冷却条件，如强迫风冷或水冷。如不能满足规定的冷却条件，必须降低容量使用。如规定风冷器件使用在自冷时，只允许用到额定电流的 1/3 左右。

2) 平板型器件的散热器一般不应自行拆装。

3) 严禁用兆欧表检查器件的绝缘情况。如需检查整机的耐压时，可将器件短接。

## 二、晶闸管结构及导通关断条件

### (一) 晶闸管的结构

### 1. 晶闸管结构

晶闸管是一种大功率管，由 4 层（$P_1N_1P_2N_2$）3 个 PN 结半导体材料构成，引出 3 个

极、阳极 A、阴极 K、门极 G，其外形、符号及管脚名称（阳极 A、阴极 K、门极 G）如图 1-5 所示，图 1-5g 为晶闸管的图形符号及文字符号。晶闸管内部结构及等效电路如图 1-6 所示。

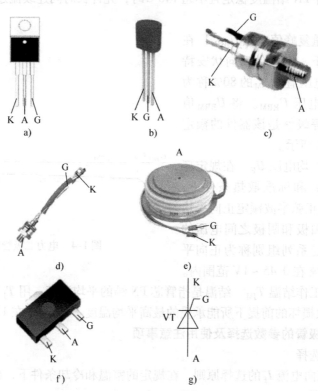

图 1-5　晶闸管的外形及符号
a) 小电流 TO-220AB 型塑封型　b) 小电流 TO-92 型塑封式　c) 小电流螺栓式
d) 大电流螺栓式　e) 大电流平板式　f) 贴片式　g) 电气图形符号及文字符号

**2. 晶闸管的常见封装外形**

封装通常有螺栓式、平板式和塑封式。而螺栓型封装，通常螺栓是其阳极，能与散热器紧密连接且安装方便；平板型封装的晶闸管可由两个散热器将其夹在中间。

**3. 晶闸管的管耗和散热**

管耗 = 流过器件的电流 × 器件两端的电压。

管耗将产生热量，使管芯温度升高。如果温度超过允许值，将损坏器件，所以必须对器件进行散热和冷却。

冷却方式：<u>自然冷却（散热片）、风冷（风扇）和水冷</u>。

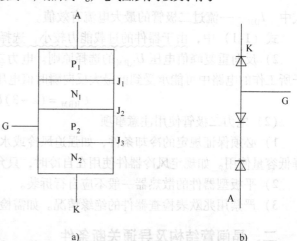

图 1-6　晶闸管内部结构及等效电路
a) 内部结构　b) 等效电路

**4. 晶闸管管脚判别**

管脚的外形如图 1-5 所示，螺栓式和平板式晶闸管可从外观上判断；小电流 TO-220AB 型塑封式和贴片式晶闸管面对印字面、管脚朝下，则从左向右依次为阴极 K、阳极 A 和门极 G；小电流 TO-92 型塑封式晶闸管面对印字面、管脚朝下，则从左向右依次为阴极 K、门极 G 和阳极 A；小功率螺栓式晶闸管的螺栓为阳极 A，门极 G 比阴极 K 细；而大功率螺栓式晶闸管的阳极 A 与散热器紧密连接，门极和阴极则用金属编制套引出，像一根辫子，粗辫子线是阴极 K，细辫子线是门极 G；平板式晶闸管中间金属环是门极 G，用一根导线引出，靠近门极的平面是阴极 K，另一面则为阳极 A。

**5. 普通晶闸管测试方法**

（1）阳极和阴极间正反向电阻测量

1）将万用表档位置于欧姆档 R×100，将红表笔接在晶闸管的阳极，黑表笔接在晶闸管的阴极，观察指针摆动情况，如图 1-7a、b 所示。

2）将黑表笔接晶闸管的阳极，红表笔接晶闸管的阴极，观察指针摆动情况，如图 1-7c 所示。

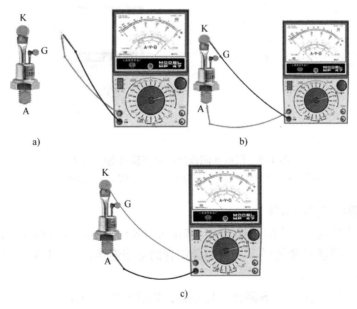

图 1-7　阳极和阴极间正反向电阻测量
a）调零　b）测量阳-阴极间正向电阻　c）测量阳-阴极间反向电阻

结果：正反向阻值均很大。

原因：晶闸管是 4 层 3 端半导体器件，在阳极和阴极之间有 3 个 PN 结，无论加什么电压，总有 1 个 PN 结处于反向阻断状态，因此正反向阻值均很大。

（2）门极和阴极间正反向电阻测量

1）将红表笔接晶闸管的阴极，黑表笔接晶闸管的门极，观察指针摆动情况，如图 1-8b 所示。

2）将黑表笔接晶闸管的阴极，红表笔接晶闸管的门极，观察指针摆动情况，如图 1-8c 所示。

理论结果：当黑表笔接门极，红表笔接阴极时，阻值很小；当红表笔接门极，黑表笔接阴极时，阻值较大。

实测结果：2次测量的阻值均不大。

原因：在晶闸管内部门极与阴极之间反并联了1个二极管，对加到门极与阴极之间的反向电压进行限幅，防止晶闸管门极与阴极之间的PN结反向击穿。

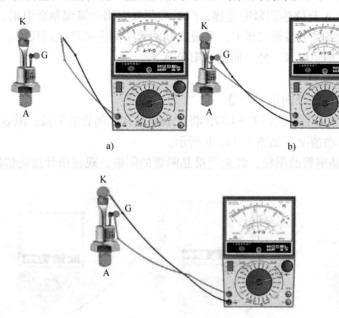

图1-8 门极和阴极间电阻正反向电阻测量
a）调零 b）测量门-阴极间正向电阻 c）测量门-阴极间反向电阻

### （二）晶闸管导通关断条件

晶闸管在工作过程中，它的阳极（A）和阴极（K）与电源和负载连接，组成晶闸管的主电路，晶闸管的门极G和阴极K与控制晶闸管的电路连接，如图1-9所示。

**1. 控制电路工作过程**

1）晶闸管承受正向电压，S断开，灯不亮，如图1-9a所示。

2）晶闸管承受正向电压，S闭合，灯亮，如图1-9b所示。

3）上一步之后S断开，灯亮，如图1-9c所示。

4）晶闸管承受反向电压，灯不亮，如图1-9d所示。

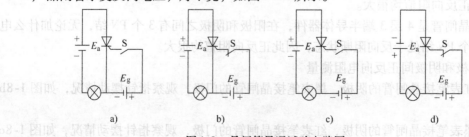

图1-9 晶闸管导通试验电路图

## 2. 总结

1) 晶闸管的导通条件是：阳极加正向电压、门极加适当正向电压。
2) 关断条件是：流过晶闸管阳极的电流小于维持电流。

### （三）晶闸管的工作原理

**1. 内部结构**

晶闸管由 $P_1N_1P_2$ 和 $N_1P_2N_2$ 构成的两个晶体管 $VT_1$、$VT_2$ 组合而成，如图 1-10a 所示。

**2. 工作原理**

晶闸管的工作原理如图 1-10b 所示。

1) 当晶闸管加正向阳极电压，门极也加上足够的门极电压时，则有电流 $I_G$ 从门极流入 NPN 管的基极，即 $I_{B2}$。
2) $I_{B2}$ 经 NPN 管放大后的集电极电流 $I_{C2}$ 流入 PNP 管的基极，再经 PNP 管放大。
3) PNP 管的集电极电流 $I_{C1}$ 又流入 NPN 管的基极，如此循环，产生强烈的增强式正反馈过程。
4) 该过程使两个晶体管很快饱和导通，从而使晶闸管由阻断迅速地变为导通。
5) 晶闸管一旦导通后，即使 $I_G=0$，但因 $I_{C1}$ 的电流在内部直接流入 NPN 管的基极，晶闸管仍将继续保持导通状态。
6) 若要晶闸管关断，只有降低阳极电压到零或对晶闸管加上反向阳极电压，使 $I_{C1}$ 的电流减少至 NPN 管接近截止状态，即流过晶闸管的阳极电流小于维持电流，晶闸管才可恢复阻断状态。

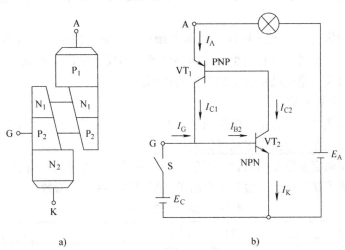

图 1-10 晶闸管工作原理图
a) 双晶体管模型 b) 工作原理

### （四）晶闸管的阳极伏安特性

晶闸管的阳极与阴极间的电压和阳极电流之间的关系，称为阳极伏安特性。其伏安特性如图 1-11 所示。

**1. 正向特性**

特性在第 I 象限，当 $I_G=0$ 时，如果在晶闸管两端所加正向电压 $U_A$ 没有增到正向转折电压 $U_{BO}$ 时，晶闸管都处于正向阻断状态，只有很小的正向漏电流。

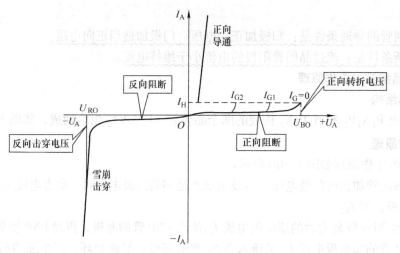

图 1-11 晶闸管阳极伏安特性

**2. 正向转折**

当 $U_A$ 增到 $U_{BO}$ 时,漏电流急剧增大,晶闸管导通,正向电压降低,特性和二极管的正向伏安特性相仿,称为正向转折或"硬开通"。

**3. 使用时应注意的问题**

多次"硬开通"会损坏管子,晶闸管通常不允许这样工作。一般采用对晶闸管的门极加足够大的触发电流的方法使其导通,门极触发电流越大,正向转折电压越低。

**4. 反向特性**

晶闸管的反向伏安特性如图 1-11 中第Ⅲ象限所示,它与整流二极管的反向伏安特性相似。处于反向阻断状态时,只有很小的反向漏电流,当反向电压超过反向击穿电压 $U_{RO}$ 时,反向漏电流急剧增大,造成晶闸管反向击穿而损坏。

**(五)晶闸管主要参数**

正确地选择和使用晶闸管主要包括两个方面:一方面要根据实际情况确定所需晶闸管的额定值;另一方面根据额定值确定晶闸管的型号。

晶闸管的各项额定参数在晶闸管生产后,由厂家经过严格测试而确定,使用者只需要能够正确地选择晶闸管就可以了。表 1-1 列出了晶闸管的一些主要参数。

表 1-1 晶闸管的主要参数

| 型号 | 通态平均电流 /A | 通态峰值电压 /V | 断态正反向重复峰值电流 /mA | 断态正反向重复峰值电压 /V | 门极触发电流 /mA | 门极触发电压 /mV | 断态电压临界上升率 /(V/μs) | 推荐用散热器 | 安装力 /kN | 冷却方式 |
|---|---|---|---|---|---|---|---|---|---|---|
| KP5 | 5 | ≤2.2 | ≤8 | 100~2000 | <60 | <3 | | SZ14 | | 自然冷却 |
| KP10 | 10 | ≤2.2 | ≤10 | 100~2000 | <100 | <3 | 250~800 | SZ15 | | 自然冷却 |
| KP20 | 20 | ≤2.2 | ≤10 | 100~2000 | <150 | <3 | | SZ16 | | 自然冷却 |
| KP30 | 30 | ≤2.4 | ≤20 | 100~2400 | <200 | <3 | 50~1000 | SZ16 | | 强迫风冷、水冷 |
| KP50 | 50 | ≤2.4 | ≤20 | 100~2400 | <250 | <3 | | SZ17 | | 强迫风冷、水冷 |
| KP100 | 100 | ≤2.6 | ≤40 | 100~3000 | <250 | <3.5 | | SZ17 | | 强迫风冷、水冷 |
| KP200 | 200 | ≤2.6 | ≤0 | 100~3000 | <350 | <3.5 | | L18 | 11 | 强迫风冷、水冷 |

（续）

| 型号 | 通态平均电流/A | 通态峰值电压/V | 断态正反向重复峰值电流/mA | 断态正反向重复峰值电压/V | 门极触发电流/mA | 门极触发电压/mV | 断态电压临界上升率/(V/μs) | 推荐用散热器 | 安装力/kN | 冷却方式 |
|---|---|---|---|---|---|---|---|---|---|---|
| KP300 | 300 | ≤2.6 | ≤50 | 100~3000 | <350 | <3.5 | | L18B | 15 | 强迫风冷、水冷 |
| KP500 | 500 | ≤2.6 | ≤60 | 100~3000 | <350 | <4 | 100~1000 | SF15 | 19 | 强迫风冷、水冷 |
| KP80 | 800 | ≤2.6 | | 100~3000 | | | | SS13 | | |
| KP1500 | 1000 | ≤2.6 | ≤80 | 100~3000 | <350 | <4 | | SF16 | 30 | 强迫风冷、水冷 |
| KP2000 | | | | | | | | SS13 | | |
| | 1500 | ≤2.6 | ≤80 | 100~3000 | <350 | <4 | | SS14 | 43 | 强迫风冷、水冷 |
| | 2000 | ≤2.6 | ≤80 | 100~3000 | <350 | <4 | | SS14 | 50 | 强迫风冷、水冷 |

**1. 晶闸管的电压**

（1）断态重复峰值电压 $U_{DRM}$　如图1-11所示的晶闸管的阳极伏安特性中，当门极断开，晶闸管处在额定结温时，允许重复加在管子上的正向峰值电压为晶闸管的断态重复峰值电压，用 $U_{DRM}$ 表示。它与正向转折电压 $U_{BO}$ 有关，故 $U_{DRM} = [U_{BO} - 裕量（通常取100V）] \times 0.9$。至于断态不重复峰值电压 $U_{DSM}$ 与正向转折电压 $U_{BO}$ 的差值，则由生产厂家自定。

需要注意的是，晶闸管正向工作时有两种工作状态：阻断状态（简称断态）、导通状态（简称通态）。参数中提到的断态和通态一定是正向的，因此，"正向"两字可以省去。

（2）反向重复峰值电压 $U_{RRM}$　与 $U_{DRM}$ 相似，当门极断开，晶闸管处在额定结温时，允许重复加在管子上的反向峰值电压为反向重复峰值电压，用 $U_{RRM}$ 表示。它与反向击穿电压 $U_{RO}$ 有关，$U_{RRM} = [U_{RO} - 裕量（通常取100V）] \times 0.9$。至于反向不重复峰值电压 $U_{RSM}$ 与反向转折电压 $U_{RO}$ 的差值，则由生产厂家自定。

（3）额定电压 $U_{TN}$　将 $U_{DRM}$ 和 $U_{RRM}$ 中的较小值按百位取整后作为该晶闸管的额定值。如：一晶闸管实测 $U_{DRM} = 812V$，$U_{RRM} = 760V$，将两者较小的760V取整得700V，该晶闸管的额定电压为700V。

在晶闸管的铭牌上，额定电压是以电压等级的形式给出的，通常标准电压等级规定为：电压在1000V以下，每100V为一级；电压为1000~3000V，每200V为一级，用百位数或千位和百位数表示级数，电压等级见表1-2。

表1-2　晶闸管标准电压等级

| 级别 | 正反向重复峰值电压/V | 级别 | 正反向重复峰值电压/V | 级别 | 正反向重复峰值电压/V |
|---|---|---|---|---|---|
| 1 | 100 | 8 | 800 | 20 | 2000 |
| 2 | 200 | 9 | 900 | 22 | 2200 |
| 3 | 300 | 10 | 1000 | 24 | 2400 |
| 4 | 400 | 12 | 1200 | 26 | 2600 |
| 5 | 500 | 14 | 1400 | 28 | 2800 |
| 6 | 600 | 16 | 1600 | 30 | 3000 |
| 7 | 700 | 18 | 1800 | | |

在使用过程中，环境温度、散热条件以及出现的各种过电压都会对晶闸管产生影响，因

此在选择管子的时候，应当使晶闸管的额定电压是实际工作时可能承受的最大电压的2~3倍，即

$$U_{TN} = (2 \sim 3)U_{TM} \tag{1-3}$$

（4）通态平均电压 $U_{T(AV)}$　在规定环境温度、标准散热条件下，器件以额定电流工作时，阳极和阴极间电压降的平均值，称通态平均电压（一般称管压降），以 $U_{T(AV)}$ 来表示，其数值见表1-3。从降低损耗和器件发热来看，应选 $U_{T(AV)}$ 较小的管子。实际当晶闸管流过较大的恒定直流电流时，通态平均电压比出厂时定义的值要大，约为1.5V。

表1-3　晶闸管通态平均电压组别

| 组别 | A | B | C | D | E |
|---|---|---|---|---|---|
| 通态平均电压/V | $U_{T(AV)} \leq 0.4$ | $0.4 < U_{T(AV)} \leq 0.5$ | $0.5 < U_{T(AV)} \leq 0.6$ | $0.6 < U_{T(AV)} \leq 0.7$ | $0.7 < U_{T(AV)} \leq 0.8$ |
| 组别 | F | G | H | I | |
| 通态平均电压/V | $0.8 < U_{T(AV)} \leq 0.9$ | $0.9 < U_{T(AV)} \leq 1.0$ | $1.0 < U_{T(AV)} \leq 1.1$ | $1.1 < U_{T(AV)} \leq 1.2$ | |

**2. 晶闸管的电流**

（1）额定电流 $I_{T(AV)}$　晶闸管的额定电流又称为额定通态平均电流，即晶闸管在环境温度为40℃和规定的冷却条件下，在导通角不小于170°的电阻性负载电路中，当不超过额定结温且稳定时，所允许通过的工频正弦半波电流的平均值。将该电流按晶闸管标准电流系列取值（表1-1）称为该晶闸管的额定电流。

由于决定晶闸管结温的是管子损耗的发热效应，因此，表征热效应的电流是以有效值表示的，两者的关系为

$$I_{TN} = 1.57 I_{T(AV)} \tag{1-4}$$

如额定电流为100A的晶闸管，其允许通过的电流有效值为157A。

由于晶闸管构成的电路、负载性质、导通角都有所不同，因此，流过晶闸管的电流波形不一样，从而它的电流平均值和有效值的关系也不一样。

实际选择晶闸管额定电流时，要依据实际波形的电流有效值等于按照规定流过工频正弦半波电流时的电流有效值的原则（即管芯温升结温一样）进行换算，即

$$I_{T(AV)} = \frac{I_{TN}}{1.57} \tag{1-5}$$

由于晶闸管的过载能力差，一般在选用时取（1.5~2）的安全裕量，即

$$I_{T(AV)} = \frac{(1.5 \sim 2)I_{TN}}{1.57} \tag{1-6}$$

（2）维持电流 $I_H$　在室温下门极断开时，晶闸管器件从较大的通态电流降到刚好能保持导通的最小阳极电流，称为维持电流 $I_H$。

应用时晶闸管的维持电流与器件容量、结温等因素有关，额定电流大的管子维持电流也大，同一管子结温低时维持电流增大，维持电流大的管子容易关断。同一型号的管子其维持电流也各不相同。

（3）擎住电流 $I_L$　在晶闸管加上触发电压，当晶闸管器件从阻断状态刚转为导通状态就断开触发电压，此时要保持器件持续导通所需要的最小阳极电流，称为擎住电流 $I_L$。对同一个晶闸管来说，通常擎住电流比维持电流大很多。

(4) 断态重复峰值电流 $I_{DRM}$ 和反向重复峰值电流 $I_{RRM}$  $I_{DRM}$ 和 $I_{RRM}$ 分别是对应于晶闸管承受断态重复峰值电压 $U_{DRM}$ 和反向重复峰值电压 $U_{RRM}$ 时的峰值电流,在应用晶闸管时应不大于表 1-1 中所规定的数值。

(5) 浪涌电流 $I_{TSM}$  $I_{TSM}$ 是一种由于电路异常情况引起的,并使结温超过额定结温的不重复性最大正向过载电流,通常用峰值表示,见表 1-1。浪涌电流有上下两个级,可以用它来设计保护电路。

**例 1-1**  根据图 1-1b 调光灯电路中的参数,确定本晶闸管的型号。

**提示**:该电路中,调光灯两端电压最大值为 $0.45U_2$,其中 $U_2$ 为电源电压。

**解**  1) 单相半波整流调光灯电路晶闸管可能承受的最大电压

$$U_{TM} = \sqrt{2}U_2 = \sqrt{2} \times 220\text{V} \approx 311\text{V}$$

2) 考虑 2~3 倍的裕量

$$(2 \sim 3)U_{TM} = (2 \sim 3) \times 311\text{V} = 622 \sim 933\text{V}$$

3) 确定所需晶闸管的额定电压等级:由于电路无储能元器件,因此选择电压等级为 7 的晶闸管就可以满足正常工作的需要了。

4) 根据白炽灯的额定值计算出其阻值的大小

$$R_d = \frac{220^2}{40}\Omega = 1210\Omega$$

5) 确定流过晶闸管电流的有效值:在单相半波整流调光灯电路中,当 $\alpha = 0°$ 时,流过晶闸管的电流最大,且电流的有效值是平均值的 1.57 倍。可以得到流过晶闸管的平均电流为

$$I_d = 0.45\frac{U_2}{R_d} = 0.45 \times \frac{220}{1210}\text{A} = 0.08\text{A}$$

当 $\alpha = 0°$ 时,流过晶闸管的电流最大有效值为

$$I_{TM} = 1.57 I_d = 1.57 \times 0.08\text{A} = 0.128\text{A}$$

6) 考虑 1.5~2 倍的裕量

$$(1.5 \sim 2)I_{TM} = (1.5 \sim 2) \times 0.128\text{A} \approx 0.193 \sim 0.256\text{A}$$

7) 确定晶闸管的额定电流 $I_{T(AV)}$

$$I_{T(AV)} \geq 0.256\text{A}$$

由于本电路无储能元器件,故选用额定电流为 1A 的晶闸管就可以满足正常工作的需要了。

由以上分析可以确定晶闸管应选用的型号为 KP1-7。

**例 1-2**  一晶闸管接在 220V 交流回路中,通过器件的电流有效值为 100A,试确定所应选择晶闸管的型号。

**解**  1) 晶闸管额定电压

$$U_{TN} = (2 \sim 3)U_{TM} = (2 \sim 3) \times \sqrt{2} \times 220\text{V} = 622 \sim 933\text{V}$$

按晶闸管参数系列取 800V,即 8 级。

2) 晶闸管的额定电流

$$I_{T(AV)} = (1.5 \sim 2)\frac{I_{TN}}{1.57} = (1.5 \sim 2) \times \frac{100}{1.57}\text{A} = 95 \sim 127\text{A}$$

按晶闸管参数系列取100A，所以选取晶闸管型号KP100-8E。

### 3. 门极参数

门极伏安特性是指门极电压与电流的关系，晶闸管的门极和阴极之间只有一个PN结，所以电压与电流的关系和普通二极管的伏安特性相似。门极伏安特性曲线可通过实验画出，如图1-12所示。

（1）门极触发电流 $I_{GT}$ 室温下，在晶闸管的阳极、阴极加上6V的正向阳极电压，晶闸管由断态转为通态所必需的最小门极电流，称为门极触发电流 $I_{GT}$。

（2）门极触发电压 $U_{GT}$ 产生门极触发电流 $I_{GT}$ 所必需的最小门极电压，称为门极触发电压 $U_{GT}$。

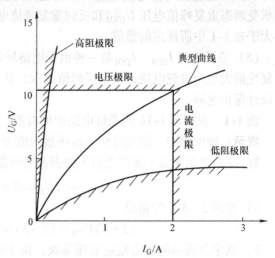

图1-12 晶闸管门极伏安特性曲线

实际应用时，为了保证晶闸管的可靠导通，实际的触发电流比规定的触发电流大。

（3）门极不触发电压 $U_{GD}$ 和门极不触发电流 $I_{GD}$ 不能使晶闸管从断态转入通态的最大门极电压称为门极不触发电压 $U_{GD}$，相应的最大电流称为门极不触发电流 $I_{GD}$。实际应用时若小于该数值时，处于阻断状态的晶闸管不可能被触发导通。

（4）门极正向峰值电压 $U_{GM}$、门极正向峰值电流 $I_{GM}$ 和门极峰值功率 $P_{GM}$ 在晶闸管触发过程中，不致造成门极损坏的最大门极电压、最大门极电流和最大瞬时功率分别称为门极正向峰值电压 $U_{GM}$、门极正向峰值电流 $I_{GM}$ 和门极峰值功率 $P_{GM}$。使用时晶闸管的门极触发脉冲不应超过以上数值。

### 4. 动态参数

（1）断态电压临界上升率 $\dfrac{du}{dt}$ $\dfrac{du}{dt}$ 是在额定结温和门极开路的情况下，不导致从断态到通态转换的最大阳极电压上升率。实际使用时的电压上升率必须低于此规定值，如表1-1所示。

应用时若 $\dfrac{du}{dt}$ 过大，即充电电流过大，就会造成晶闸管的误导通。所以在使用时应采取保护措施，使它不超过规定值。

（2）电流临界上升率 $\dfrac{di}{dt}$ $\dfrac{di}{dt}$ 是在规定条件下，晶闸管能承受且无有害影响的最大通态电流上升率。

如果阳极电流上升太快，则晶闸管刚一开通时，会有很大的电流集中在门极附近的小区域内，造成PN结局部过热而使晶闸管损坏。因此，在实际应用时要采取保护措施，使其被限制在允许值内。

### （六）晶闸管命名及型号含义

#### 1. 国产晶闸管的命名及型号含义

国产晶闸管KP系列的型号及含义如下：

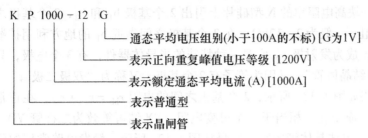

3CT 系列的型号及含义如下:

3 表示 3 个电极、C 表示 N 型硅材料、T 表示晶闸管器件, 3CT501 表示额定电压为 500V、额定电流为 1A 的普通晶闸管; 3CT12 表示额定电压为 400V、额定电流为 12A 的普通晶闸管。

**2. 国外晶闸管的命名及型号含义**

"SCR" 是晶闸管的统称。在这个命名前提下,各个生产商有其自己的产品命名方式。

1) 摩托罗拉半导体公司取 M 代表摩托罗拉、CR 代表单向,组合成单向晶闸管 MCR 的第一代命名,代表型号有 MCR100-6、MCR100-8、MCR22-6、MCR16M、MCR25M 等。

2) 飞利浦公司以字母 BT 来对晶闸管命名,如 BT145-500R、BT148-500R、BT149D、BT150-500R、BT151-500R、BT152-500R、BT169D、BT258-600R 等。

3) 日本三菱公司以 CR 命名,代表型号有 CR02AM、CR03AM 等。

4) 意法 ST 半导体公司对晶闸管的命名,型号前缀字母为 X、P、TN、TYN、TS、BTW,如 X0405MF、P0102MA、TYN412、TYN812、TYN825、BTW67-600、BTW69-1200 等。

5) 美国泰科以型号前缀字母 S 来对晶闸管命名,例如 S8065K、S6006D、S8008L、S8025L 等。

### 三、单结晶体管及其电路的调试

**(一) 单结晶体管的结构及测试方法**

**1. 单结晶体管的结构**

单结晶体管的结构原理如图 1-13a 所示,图中 e 为发射极, $b_1$ 为第一基极, $b_2$ 为第二基极。

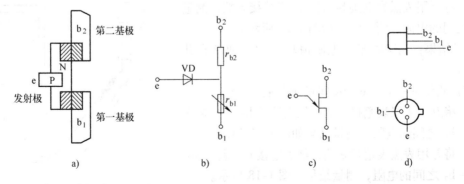

图 1-13 单结晶体管
a) 结构  b) 等效电路  c) 图形符号  d) 外形与管脚排列

如图 1-13a 所示，在一块高电阻率的 N 型硅片上引出 2 个基极 $b_1$ 和 $b_2$，2 个基极之间的电阻就是硅片本身的电阻，一般为 2～12kΩ。在 2 个基极之间靠近 $b_1$ 的地方利用扩散法掺入 P 型杂质并引出电极，成为发射极 e。它是一种特殊的半导体器件，有 3 个电极，只有 1 个 PN 结，因此称为"单结晶体管"，又因为管子有 2 个基极，又称为"双极二极管"。

单结晶体管的等效电路如图 1-13b 所示，2 个基极之间的电阻 $r_{bb} = r_{b1} + r_{b2}$，在正常工作时，$r_{b1}$ 随发射极电流大小而变化，相当于一个可变电阻。PN 结可等效为二极管 VD，它的正向导通压降常为 0.7V，单结晶体管的图形符号如图 1-13c 所示。触发电路常用的国产单结晶体管的型号主要有 BT31、BT33、BT35，其外形与管脚排列如图 1-13d 所示，其实物图、管脚如图 1-14 所示。

**2. 单结晶体管的电极判定**

在实际使用时，可以用指针式万用表来测试管子的 3 个电极，方法如下。

(1) 测量 $e-b_1$ 和 $e-b_2$ 间反向电阻

1) 万用表置于电阻档，将万用表红表笔接 e 端，黑表笔接 $b_1$ 端，测量 $e-b_1$ 两端的电阻，测量结果如图 1-15 所示。

图 1-14 单结晶体管实物及管脚

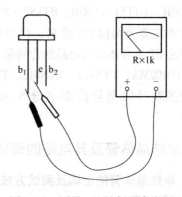

图 1-15 测量 $e-b_1$ 间反向电阻

2) 将万用表黑表笔接 $b_2$ 端，红表笔接 e 端，测量 $e-b_2$ 之间的电阻，测量结果如图 1-16 所示。

测试结果：两次测量的电阻值均较大（通常在几十千欧）。

(2) 测量 $e-b_1$ 和 $e-b_2$ 间正向电阻

1) 将万用表黑表笔接 e 端，红表笔接 $b_1$ 端，再次测量 $e-b_1$ 之间的电阻，测量结果如图 1-17 所示。

2) 将万用表黑表笔接 e 端，红表笔接 $b_2$ 端，再次测量 $e-b_2$ 之间的电阻，测量结果如图 1-18 所示。

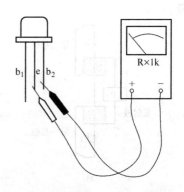

图 1-16 测量 $e-b_2$ 间反向电阻

测试结果：两次测量的电阻值均较小（通常在几千欧），且 $r_{b1} > r_{b2}$。

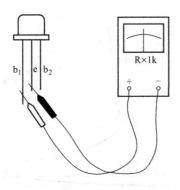
图 1-17 测量 e-$b_1$ 间正向电阻

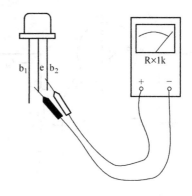
图 1-18 测量 e-$b_2$ 间正向电阻

(3) 测量 $b_1$-$b_2$ 间正反向电阻

1) 将万用表红表笔接 $b_1$ 端,黑表笔接 $b_2$ 端,测量 $b_1$-$b_2$ 之间的电阻,测量结果如图 1-19a 所示。

2) 将万用表黑表笔接 $b_1$ 端,红表笔接 $b_2$ 端,再次测量 $b_1$-$b_2$ 之间的电阻,测量结果如图 1-19b 所示。

测试结果:$b_1$-$b_2$ 间的电阻 $r_{bb}$ 为固定值。

由此用万用表可以很容易地判断出单结晶体管的发射极,只要发射极对了,即使 $b_1$、$b_2$ 接反了,也不会烧坏管子,只是没有脉冲输出或者脉冲幅度很小,这时只要将 2 个管脚调换一下就可以了。

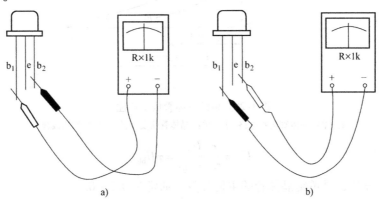
图 1-19 测量 $b_1$-$b_2$ 间电阻

### (二) 单结晶体管伏安特性及主要参数

**1. 单结晶体管的伏安特性**

当两个基极 $b_1$ 和 $b_2$ 间加某一固定直流电压 $U_{bb}$,发射极电流 $I_e$ 与发射极正向电压 $U_e$ 之间的关系曲线称为单结晶体管的伏安特性 $I_e=f(U_e)$,实验电路图及特性如图 1-20 所示。

当开关 S 打开,$I_{bb}$ 为 0,加发射极电压 $U_e$ 时,得如图 1-20b①所示伏安特性曲线,其曲线与二极管伏安特性曲线相似。当开关 S 闭合后,其伏安特性曲线如图 1-20b②所示。

(1) 截止区——$aP$ 段 当开关 S 闭合后,电压 $U_{bb}$ 通过单结晶体管等效电路中的 $r_{b1}$ 和 $r_{b2}$ 分压,得 A 点相应电压 $U_A$,表示为

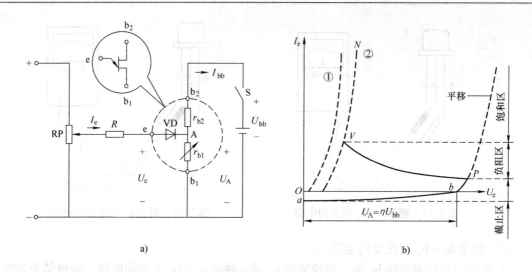

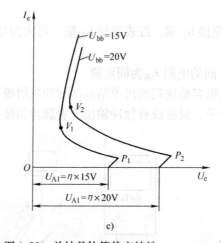

图 1-20 单结晶体管伏安特性
a) 单结晶体管实验电路  b) 单结晶体管伏安特性  c) 特性曲线簇

$$U_A = \frac{r_{b1} U_{bb}}{r_{b1} + r_{b2}} = \eta U_{bb} \tag{1-7}$$

式中 $\eta$——分压比，是单结晶体管的主要参数，通常为 0.3~0.9。

当 $U_e$ 从零逐渐增加，但 $U_e < U_A$ 时，单结晶体管的 PN 结反向偏置，只有很小的反向漏电流。当 $U_e$ 增加到与 $U_A$ 相等时，$I_e = 0$，即如图 1-20b 所示特性曲线与横坐标交点 $b$ 处。进一步增加 $U_e$，PN 结开始正偏，出现正向漏电流，直到当发射结电位 $U_e$ 增加到高出 $\eta U_{bb}$ 一个 PN 结正向压降 $U_D$ 时，即 $U_e = U_P = \eta U_{bb} + U_D$ 时，等效二极管 VD 才导通，这时单结晶体管由截止状态进入到导通状态，并将该转折点称为峰点 $P$。$P$ 点所对应的电流称为峰点电流 $I_P$，对应的电压称为峰点电压 $U_P$。

(2) 负阻区——PV 段  当 $U_e > U_P$ 时，等效二极管 VD 导通，$I_e$ 增大，这时大量的空穴载流子从发射极进入 A 点与 $b_1$ 间的硅片，使 $r_{b1}$ 迅速减小，导致 $U_A$ 下降，$U_e$ 也下降。$U_A$ 的下降，使 PN 结承受更大的正偏，引起更多的空穴载流子注入硅片中，使 $r_{b1}$ 变小，形成更大的发射极电流 $I_e$，这是一个强烈的增强式正反馈过程。当 $I_e$ 增大到一定程度，硅片中载流子的浓度趋于饱和，$r_{b1}$ 已减小至最小值，A 点的分压 $U_A$ 最小，因而 $U_e$ 也最小，得曲线上的 V 点，该点为谷点，谷点所对应的电压和电流称为谷点电压 $U_V$ 和谷点电流 $I_V$。这一区间称为特性曲线的负阻区。

（3）饱和区——VN 段  当硅片中载流子饱和后，欲使 $I_e$ 继续增大，则 $U_e$ 必增大，单结晶体管处于饱和导通状态。

如果改变 $U_{bb}$ 的电压，器件等效电路中的 $U_A$ 和特性曲线中的 $U_P$ 也随之改变，可获得一簇单结晶体管伏安特性曲线，如图 1-20c 所示。

**2. 单结晶体管的主要参数**

单结晶体管的主要参数有基极电阻 $r_{bb}$、分压比 $\eta$、峰点电流 $I_P$、谷点电压 $U_V$、谷点电流 $I_V$ 及耗散功率等。国产单结晶体管的型号主要有 BT31、BT33、BT35 等，主要参数见表 1-4。

表 1-4  单结晶体管的主要参数

| 参数名称 | | 分压比 $\eta$ | 基极电阻 $r_{bb}/\mathrm{k}\Omega$ | 峰点电流 $I_P/\mu\mathrm{A}$ | 谷点电流 $I_V/\mathrm{mA}$ | 谷点电压 $U_V/\mathrm{V}$ | 饱和电压 $U_{es}/\mathrm{V}$ | 最大反压 $U_{b2emax}/\mathrm{V}$ | 发射极反向漏电流 $I_{eo}/\mu\mathrm{A}$ | 耗散功率 $P_{max}/\mathrm{mW}$ |
|---|---|---|---|---|---|---|---|---|---|---|
| 测试条件 | | $U_{bb}=20\mathrm{V}$ | $U_{bb}=3\mathrm{V}$ $I_e=0$ | $U_{bb}=0$ | $U_{bb}=0$ | $U_{bb}=0$ | $U_{bb}=0$ $I_e=I_{emax}$ | $U_{b2e}$ 为最大值 | | |
| BT33 | A | 0.45~0.9 | 2~4.5 | <4 | >1.5 | <3.5 | <4 | ≥30 | <2 | 300 |
| | B | | | | | | | ≥60 | | |
| | C | 0.3~0.9 | >4.5~12 | | | <4 | <4.5 | ≥30 | | |
| | D | | | | | | | ≥60 | | |
| BT35 | A | 0.45~0.9 | 2~4.5 | | | <3.5 | <4 | ≥30 | | 500 |
| | B | | | | | >3.5 | | ≥60 | | |
| | C | 0.3~0.9 | >4.5~12 | | | >4 | <4.5 | ≥30 | | |
| | D | | | | | | | ≥60 | | |

**3. 单结晶体管的测试**

实际应用时可通过测量管子极间电阻或负阻特性的方法来判定它的好坏。

具体测试步骤如下。

（1）测量 PN 结正、反向电阻大小  将指针式万用表置于 R×100 档或 R×1k 档，黑表笔接 e，红表笔分别接 $b_1$ 或 $b_2$ 时，测得管子 PN 结的正向电阻应为几千欧至几十千欧，要比普通二极管的正向电阻稍大。再将红黑表笔对调，红表笔接 e，黑表笔分别接 $b_1$ 或 $b_2$，测得 PN 结的反向电阻，正常时指针偏向无穷大（∞）。一般地，反向电阻与正向电阻的比值应大于 100Ω 为好。

（2）测量基极电阻 $r_{bb}$  将指针式万用表的红、黑表笔分别任意接基极 $b_1$ 和 $b_2$，测量 $b_1 - b_2$ 间的电阻，应在 2~12kΩ 之间，注意此时阻值过大或过小都不好，如图 1-21 所示。

（3）测量负阻特性  单结晶体管负阻特性的测试如图 1-22 所示，在管子的基极 $b_1$、$b_2$ 之间外接 10V 直流电源，将万用表置于 R×100 档或 R×1k 档，红表笔接 $b_1$，黑表笔接 e，由于此时接通了仪表内部电池，相当于在 $e-b_1$ 之间加上 1.5V 正向电压。由于此时管子的输入电压（1.5V）远低于峰点电压 $U_P$，管子处于截止状态，且远离负阻区，所以发射极电流 $I_e$ 很小（微安级），仪表指针应偏向左侧，表明管子具有负阻特性。如果指针偏向右侧，即 $I_e$ 相当大（毫安级），与普通二极管伏安特性类似，则表明被测管子无负阻特性，该管子不能使用。

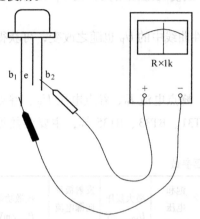 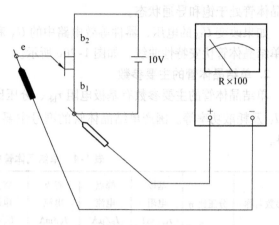

图 1-21 测量 $b_1 - b_2$ 间的电阻　　　　图 1-22 单结晶体管负阻特性的测试

### （三）单结晶体管自激振荡电路

利用单结晶体管的负阻特性和电容的充放电构成单结晶体管自激振荡电路，其电路图和波形图如图 1-23 所示。

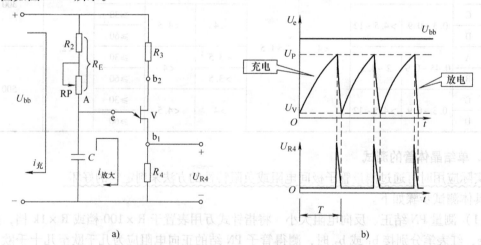

图 1-23 单结晶体管自激振荡电路图及波形图
a) 电路图　b) 波形图

### 1. 工作原理

1）设电容器初始电压为零，电路接通以后，单结晶体管是截止的，电源经电阻 $R_2$、RP 对电容 $C$ 进行充电，电容电压从零起按指数充电规律上升，充电时间常数为 $R_E C$。

2）当电容两端电压达到单结晶体管的峰点电压 $U_P$ 时，单结晶体管导通，电容开始放电，由于放电回路的电阻很小，因此放电很快，放电电流在电阻 $R_4$ 上产生了尖脉冲。

3)随着电容放电,电容电压降低,当电容电压降到谷点电压 $U_V$ 以下,单结晶体管截止。

4)接着电源又重新对电容进行充电,后再放电,在电容 $C$ 两端会产生一个锯齿波,在电阻 $R_4$ 两端将产生一个尖脉冲波,如图 1-23b 所示。

**2. 实际器件的选用**

1)$R_E$ 数值不易过大或过小,否则电路不能产生振荡。

2)$R_E$ 过大,充电电流在 $R_E$ 上产生的压降太大,电容 $C$ 上的充电电压达不到峰点电压 $U_P$,单结晶体管不能进入负阻区,管子处于截止状态,电路无法振荡。

3)$R_E$ 过小,单结晶体管导通后的 $I_E$ 将一直大于 $I_V$,单结晶体管不能关断。

4)电路振荡 $R_E$ 的取值范围

$$\frac{U_{bb} - U_V}{I_V} < R_E < \frac{U_{bb} - U_P}{I_P} \tag{1-8}$$

式中    $U_{bb}$——触发电路电源电压(V);

         $U_V$——单结晶体管的谷点电压(V);

         $I_V$——单结晶体管的谷点电流(A);

         $U_P$——单结晶体管的峰点电压(V);

         $I_P$——单结晶体管的峰点电流(A)。

5)电阻 $R_3$ 的选择:电阻 $R_3$ 是用来补偿温度对峰点电压 $U_P$ 的影响,通常取值范围为 200~600Ω。

6)输出电阻 $R_4$ 的选择:输出电阻 $R_4$ 的大小将影响输出脉冲的宽度与幅值,通常取值范围为 50~100Ω。

7)电容 $C$ 的选择:电容 $C$ 的大小与脉冲宽窄和 $R_E$ 的大小有关,通常取值范围为 0.1~1μF。

实际应用中,常用晶体管 VT 来代替可调电阻 $R_E$,以便实现自动移相。但是,这种电路只适用于控制精度要求不高的单相晶闸管变流系统。

**(四)单结晶体管触发电路**

上面单结晶体管自激振荡电路输出的尖脉冲可以用来触发晶闸管,实际应用时不能直接用作晶闸管的触发电路,需考虑触发脉冲与主电路同步的问题。具体单结晶体管触发电路如图 1-24 所示。

**1. 同步电路**

(1)同步信号  触发信号和电源电压在频率和相位上相互协调的关系称同步。如图 1-1 所示单相半波整流调光灯电路中,触发脉冲应出现在电源电压正半周范围内,而且每个周期的 α 角相同,确保电路输出波形不变,输出电压稳定。

(2)同步电路构成  同步电路由同步变压器、$VD_1$ 半波整流电路、电阻 $R_1$ 和稳压管($VS_1 \sim VS_3$)组成。同步变压器一次侧与晶闸管整流电路接在同一相电源上,交流电压经同步变压器降压为 60V,单相半波整流后再经过稳压管稳压削波形成一梯形波电压,作为触发电路的供电电压。梯形波电压零点与晶闸管阳极电压过零点一致,这样,实现触发电路与整流主电路的同步。其波形如图 1-25($u$、$u_1$、$u_2$、$u_3$)所示。

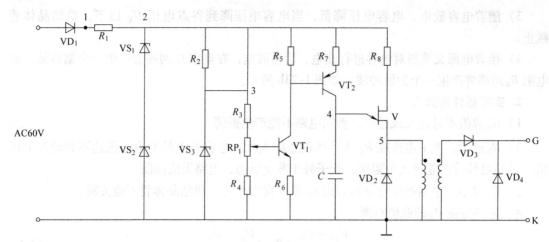

图 1-24 单结晶体管触发电路

**2. 脉冲移相与形成电路**

（1）电路构成 脉冲移相与形成电路就是单结晶体管自激振荡电路。脉冲移相电路由 $R_7$ 及等效可变电阻、$VT_2$ 和电容 $C$ 组成，脉冲形成电路由单结晶体管、温补电阻 $R_8$、脉冲变压器一次绕组组成。

（2）工作过程 梯形波通过 $R_7$ 及等效可变电阻、$VT_2$ 向电容充电，当充电电压达到单结晶体管的峰值电压 $U_P$ 时，单结晶体管 V 导通，电容通过脉冲变压器一次侧放电，脉冲变压器二次侧输出脉冲。同时由于放电时间常数很小，$C$ 两端的电压很快下降到单结晶体管的谷点电压 $U_V$，使 V 关断，$C$ 再次充电，反复多次，在电容 $C$ 两端呈现锯齿波形，在脉冲变压器二次侧输出尖脉冲。

在一个梯形波周期内，单结晶体管 V 可能导通、关断多次，但只有输出的第一个触发脉冲对晶闸管的触发时刻起作用。充电时间常数由电容 $C$ 和等效电阻等决定，调节 $RP_1$ 改变 $C$ 的充电时间，控制第一个尖脉冲的出现时刻，实现脉冲的移相控制。其波形如图 1-25（$u_4$、$u_5$、$u_{GK}$）所示。

实际电路中，脉冲的输出由脉冲变压器将触发信号传递，其作用是实现触发电路与主电路的电气隔离，防止强电信号传到控制电路中。

**3. 单结晶体管触发电路的移相范围**

（1）移相范围 移相范围是指一个周期内触发脉冲的移动范围，用电角度来表示。单结晶体管触发电路一个周期内有时有多个脉冲，只有第一个脉冲能触发晶闸管导通，因此，单结晶体管触发电路的脉冲可移动的范围是第一个脉冲离纵轴最近时的电角度到最远时的电角度。如图 1-26a 所示为最小触发延迟角 $\alpha_1$，图 1-26b 为最大触发延迟角 $\alpha_2$，移相范围为 $\alpha_1 \sim \alpha_2$。

（2）触发延迟角 $\alpha$ 的确定方法

1）调节示波器的垂直控制区的"SCAL"和水平控制区的"SCAL"，使示波器波形显示窗口的波形便于观察。

2）根据波形的一个周期 360°对应网格数，估算触发波形的触发延迟角。如图 1-27 所示，这个波形对应触发延迟角为 45°的波形。

**（五）单结晶体管构成调光灯触发电路**

图 1-28 为单结晶体管构成调光灯触发电路，该电路是从图 1-1b 中分解出来的，由同步

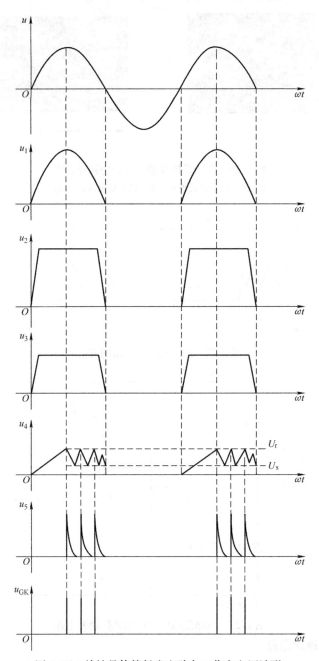

图 1-25　单结晶体管触发电路各工作点电压波形

电路和脉冲移相与形成电路两部分构成。

**1. 同步电路**

（1）同步电路构成　同步电路由同步变压器、桥式整流电路 $VD_1 \sim VD_4$、电阻 $R_1$ 及稳压管组成。

（2）工作过程　同步变压器一次侧与晶闸管整流电路接在同一相电源上，交流电压经同步变压器降压、单相桥式整流后再经过稳压二极管稳压削波，形成一梯形波电压，做调光灯触发电路的供电电压。

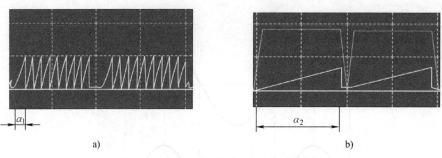

图 1-26 单结晶体管触发电路的移相范围
a) 最小触发延迟角 $\alpha_1$  b) 最大触发延迟角 $\alpha_2$

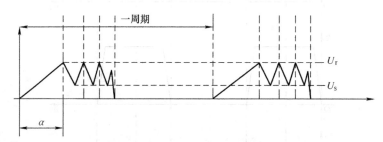

图 1-27 确定触发延迟角的方法

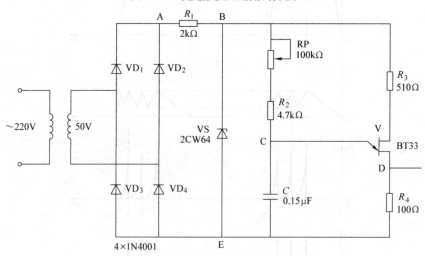

图 1-28 单结晶体管构成调光灯触发电路

**2. 脉冲移相与形成电路**

（1）电路构成　脉冲移相与形成电路是单结晶体管自激振荡电路。脉冲移相由电阻 $R_E$（RP 和 $R_2$ 组成）和电容 $C$ 组成，脉冲形成由单结晶体管、温补电阻 $R_3$、输出电阻 $R_4$ 组成。

（2）工作过程　改变自激振荡电路中电容 $C$ 的充电电阻的阻值，就可以改变充电的时间常数，通常用电位器 RP 来调节，工作过程：

RP↑→$\tau_c$↑→出现第一个脉冲的时间后移→$\alpha$↑→$U_d$↓。

**3. 各主要点波形**

1）桥式整流后脉动电压的波形（见图 1-28 中 "A" 点）。"A" 点波形为由 $VD_1 \sim VD_4$ 四个二极管构成的桥式整流电路输出波形，如图 1-29 所示。

2）削波后梯形波的电压波形（见图 1-28 中 "B" 点）。该点波形是经稳压管削波后得到的梯形波，如图 1-30 所示。

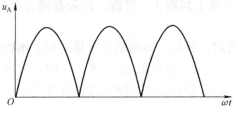
图 1-29 桥式整流后脉动电压的波形

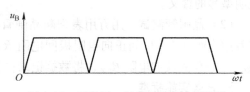
图 1-30 经稳压二极管削波的电压波形

3）电容电压的波形（见图 1-28 中 "C" 点）。由于电容每半个周期在电源电压过零点从零开始充电，当电容两端的电压上升到单结晶体管峰点电压时，单结晶体管导通，触发电路送出脉冲。电容 $C$ 的容量和充电电阻 $R_E$ 的大小决定了电容两端的电压从零上升到单结晶体管峰点电压的时间，波形如图 1-31 所示。

4）输出脉冲的波形（见图 1-28 中 "D" 点）。单结晶体管导通后，电容通过单结晶体管的 $e-b_1$ 迅速向输出电阻 $R_4$ 放电，在 $R_4$ 上得到很窄的尖脉冲。触发波形如图 1-32 所示。当调节电位器 RP 的旋钮，可以观察 D 点的波形变化范围。

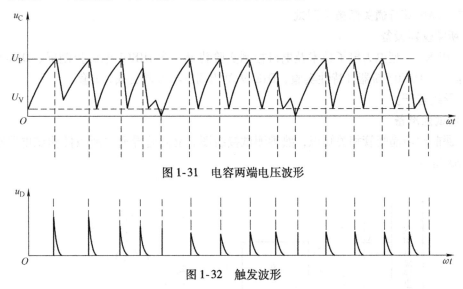

图 1-31 电容两端电压波形

图 1-32 触发波形

### 任务实施

根据任务要求对晶闸管测试前进行检测，并调试晶闸管的导通与关断电路和单结晶体管触发电路。

### 一、任务说明

这里以晶闸管器件的检测与导通关断条件的检验为例。

（一）晶闸管器件的识读与检测

**1. 所需仪器设备**

1）不同型号晶闸管 2 个。

2)指针式万用表1块。

**2. 操作步骤及注意事项**

(1)观察晶闸管外形　观察晶闸管外形,从外观上判断3个管脚,记录晶闸管型号,说明型号的含义。

(2)晶闸管测试　用万用表判断晶闸管3个管脚,并与观察判断的结果对照。用指针式万用表测试A-K间正向电阻极间电阻$R_{AK}$,A-K间反向电阻$R_{KA}$、K-G间正向电阻$R_{KG}$、K-G间反向电阻$R_{GK}$,将数据记录在任务单测试过程记录中并判断晶闸管好坏。

**3. 任务实施标准**

| 序号 | 内容 | 配分 | | 评分细则 | 得分 |
| --- | --- | --- | --- | --- | --- |
| 1 | 认识器件 | 10 | | 能从外形认识晶闸管,错误1个扣5分 | |
| 2 | 型号说明 | 10 | | 能说明型号含义,错误1个扣5分 | |
| 3 | 晶闸管测试 | 50 | 20 | 万用表使用,档位错误1次扣5分 | |
| | | | 10 | 测试方法,错误扣10分 | |
| | | | 20 | 测试结果,每错1个扣5分 | |
| 4 | 晶闸管好坏判断 | 10 | | 判断错误1个扣5分 | |
| 5 | 现场整理 | 20 | | 经提示后能将现场整理干净扣10分,不合格本项0分 | |
| | 合计 | | | | |

### (二)晶闸管导通关断条件测试

**1. 所需仪器设备**

1)DJDK-1型电力电子技术及电机控制实验装置(含DJK01电源控制屏、DJK06给定及实验器件、DJK07新器件特性实验、DJK09单相调压与可调负载)1套。

2)导线若干。

**2. 测试前准备**

1)课前预习晶闸管相关知识,熟悉测试接线图。晶闸管导通关断条件测试电路接线图如图1-33所示。

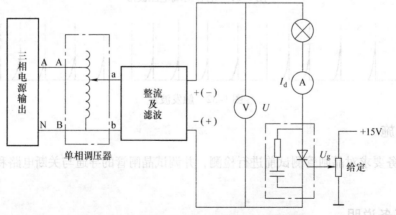

图1-33　晶闸管导通关断条件测试电路接线图

2)清点相关材料、仪器和设备。

3)填写任务单测试前准备部分。

**3. 操作步骤及注意事项**

(1)通电前

1) 按照接线图接线,将晶闸管阳极接反向电压,即晶闸管阳极接整流滤波"−"极,阴极接整流滤波"+"极,在任务单测试前准备相应处记录。

2) DJK06 上的给定电位器 RP,沿逆时针旋到底,S2 拨到"接地"侧,单相调压器逆时针调到底,在任务单测试前准备相应处记录。

3) 将 DJK01 的电源钥匙顺向打开,按启动按钮。将单相调压器输出由小到大缓慢增加,监视电压表的读数,使整流输出 $U_O = 40V$,停止调节单相调压器。在任务单测试前准备相应处记录。

4) 打开 DJK06 的电源开关,按下控制屏上的"启动"按钮,调节给定电位器 RP1,使门极电压约为 5V,在任务单测试前准备相应处记录。

(2) 导通条件测试

1) 晶闸管阳极接反向电压,门极接反向电压(给定 S1 拨到"负给定",S2 拨到"给定"),观察灯泡是否亮。

2) 晶闸管阳极接反向电压,门极电压为零(S2 拨到"零"),观察灯泡是否亮。

3) 晶闸管阳极接反向电压,门极接正向电压(给定 S1 拨到"正给定",S2 拨到"给定"),观察灯泡是否亮。

4) 晶闸管阳极接正向电压,门极接反向电压,观察灯泡是否亮。

5) 晶闸管阳极接正向电压,门极电压为零,观察灯泡是否亮。

6) 晶闸管阳极接正向电压,门极接正向电压,观察灯泡是否亮。

7) 根据实验测试结果,总结晶闸管导通条件。

(3) 关断条件测试

首先晶闸管阳极接正向电压,门极接正向电压,使晶闸管导通,灯泡亮。

1) 晶闸管阳极接正向电压,门极电压为零,观察灯泡是否熄灭。

2) 晶闸管阳极接正向电压,门极电压为反向电压,观察灯泡是否熄灭。

3) 断开门极电压,通过缓慢调节调压器减小阳极电压,并观察电流表的读数,当电流表突变到零时,并观察灯泡是否熄灭。

4) 根据实测结果,总结晶闸管关断条件。

## 4. 任务实施标准

| 序号 | 内容 | 配分 | | 评分细则 | 得分 |
| --- | --- | --- | --- | --- | --- |
| 1 | 接线 | 10 | | 接错 1 根扣 2 分 | |
| 2 | 导通条件测试 | 30 | 15 | 测试过程错误 1 处扣 5 分 | |
| | | | 10 | 参数记录,每缺 1 项扣 2 分 | |
| | | | 5 | 无结论扣 5 分,结论错误酌情扣分 | |
| 3 | 关断条件测试 | 30 | 15 | 测试过程错误 1 处扣 5 分 | |
| | | | 10 | 参数记录,每缺 1 项扣 2 分 | |
| | | | 5 | 无结论扣 5 分,结论不准确酌情扣分 | |
| 4 | 操作规范 | 20 | | 违反操作规程 1 次扣 10 分,元器件损坏 1 个扣 10 分,烧熔断器 1 次扣 5 分 | |
| 5 | 现场整理 | 10 | | 经提示后能将现场整理干净扣 5 分,不合格本项 0 分 | |
| | | | | 合计 | |

### (三) 单结晶体管测试
**1. 所需仪器设备**
1) 单结晶体管 3 个。
2) 指针式万用表 1 块。

**2. 测试前准备**
1) 掌握相关知识。
2) 清点相关材料、仪器和设备。
3) 填写任务单测试前准备部分。

**3. 操作步骤及注意事项**

(1) 观察单结晶体管外形　观察单结晶体管外形，从外观上判断 3 个管脚，记录单结晶体管型号，说明型号的含义。将数据记录在任务单测试过程记录中。

(2) 单结晶体管测试　用万用表 R×1k 的电阻挡测量单结晶体管的发射极（e）和第一基极（$b_1$）、第二基极（$b_2$）以及第一基极（$b_1$）、第二基极（$b_2$）之间正反向电阻，将数据记录在任务单测试过程记录中并判断单结晶体管好坏。

**4. 任务实施标准**

| 序号 | 内容 | 配分 | | 评分细则 | 得分 |
|---|---|---|---|---|---|
| 1 | 认识器件 | 10 | | 能从外形认识晶闸管，错误 1 个扣 5 分 | |
| 2 | 型号说明 | 20 | | 能说明型号含义，错误 1 个扣 5 分 | |
| 3 | 单结晶体管测试 | 50 | 20 | 万用表使用，档位错误 1 次扣 5 分 | |
| | | | 10 | 测试方法，错误扣 10 分 | |
| | | | 20 | 测试结果，每错 1 个扣 5 分 | |
| 4 | 单结晶体管好坏判断 | 20 | | 判断错误 1 个扣 5 分 | |

## 二、任务结束

操作结束后，拆除接线，整理操作台、断电，清扫场地。

## 三、任务思考

1) 晶闸管的导通条件是什么？导通后流过晶闸管的电流由什么决定？晶闸管的关断条件是什么？如何实现？晶闸管导通与阻断时其两端电压各为多少？
2) 说明晶闸管型号 KP100 - 8E 代表的意义。
3) 画出如图 1-34 所示电路电阻 $R_d$ 的电压波形。
4) 简述单结晶体管的测试方法。
5) 单结晶体管触发电路中，削波稳压管两端并接一只大电容，可控整流电路能工作吗？为什么？
6) 单结晶体管自激振荡电路是根据单结晶体管的什么特性组成工作的？振荡频率的高低与什么因素有关？

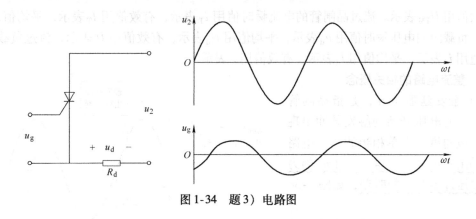

图 1-34　题 3）电路图

## 任务 2　单相半波整流调光灯电路的制作

### 任务解析

通过完成单相半波整流调光灯电路的制作任务，学生应掌握调光灯电路的工作原理，并在电路安装与调试过程中，培养职业素养。

### 知识链接

单相半波整流调光灯主电路是负载为纯电阻性的单相半波可控整流电路，依据电工所学知识，电阻负载的特点是负载两段电压波形和电流波形相似，电压、电流均允许突变。在调试及修理调光灯过程中，掌握其输出波形 $u_d$ 和晶闸管两端电压 $u_T$ 波形。

### 一、单相半波可控整流电路构成

**1. 电路构成**

单相半波可控整流电路是变压器的二次绕组与负载相接，中间串联一个晶闸管，利用晶闸管的单向可控导电性，在半个周期内通过控制晶闸管导通时间来控制电流流过负载的时间，另半个周期被晶闸管所阻，负载没有电流。电路结构如图 1-35 所示。

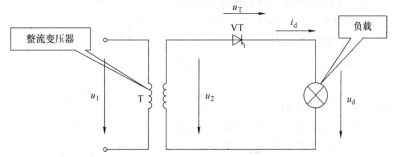

图 1-35　单相半波可控整流电路

整流变压器（调光灯电路可直接由电网供电，不采用整流变压器）具有变换电压和隔离的作用，其一次和二次电压瞬时值分别用 $u_1$ 和 $u_2$ 表示，瞬时电流用 $i_1$ 和 $i_2$ 表示，电压有效值用 $U_1$ 和 $U_2$ 表示，电流有效值用 $I_1$ 和 $I_2$ 表示。晶闸管两端电压用 $u_T$ 表示，晶闸管两端电

压最大值用 $U_{TM}$ 表示。流过晶闸管的电流瞬时值用 $i_T$ 表示，有效值用 $I_T$ 表示，平均值用 $I_{dT}$ 表示。负载两端电压瞬时值用 $u_d$ 表示，平均值用 $U_d$ 表示，有效值用 $U$ 表示，流过负载电流瞬时值用 $i_d$ 表示，平均值用 $I_d$ 表示，有效值用 $I$ 表示。

**2. 整流电路的相关概念**

1）触发延迟角 $\alpha$，是指晶闸管从承受正向电压开始到触发脉冲出现之间的电角度。在单相半波整流电路中，晶闸管承受正向电压开始时刻为电源电压过零变正的时刻，如图 1-36 所示。

2）导通角 $\theta$，是指晶闸管在一个周期内处于导通的电角度。单相半波可控整流电路带电阻性负载时，$\theta = 180° - \alpha$，如图 1-36 所示。不同电路或者同一电路不同性质的负载，导通角 $\theta$ 和触发延迟角 $\alpha$ 的关系不同。

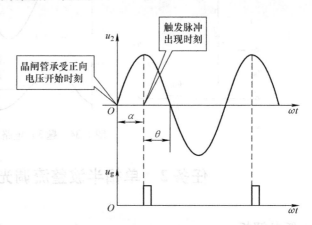

图 1-36　单相半波可控整流电路带电阻性负载触发延迟角及导通角

3）移相，是指改变触发脉冲出现的时刻，即改变触发延迟角 $\alpha$ 的大小。

4）移相范围，是指一个周期内触发脉冲能够移动的范围，它决定了输出电压的变化范围。单相半波可控整流电路带电阻性负载时，移相范围为 180°。不同电路或者同一电路不同性质的负载，移相范围不同。

## 二、单相半波可控整流电路电阻性负载工作原理

**1. 触发延迟角 $\alpha = 0°$ 时**

在 $\alpha = 0°$ 时，即在电源电压 $u_2$ 过零变正时，晶闸管门极触发脉冲出现，如图 1-37 所示。

1）在电源电压零点开始，晶闸管承受正向电压，此时触发脉冲出现，满足晶闸管导通条件，晶闸管导通，负载上得到输出电压 $u_d$ 的波形是与电源电压 $u_2$ 相同形状的波形，如图 1-37a 所示。

2）当电源电压 $u_2$ 过零点，流过晶闸管电流为 0，晶闸管关断，负载两端电压 $u_d$ 为零，如图 1-37a 所示。

3）在电源电压 $u_2$ 负半周内，晶闸管承受反向电压不能导通，直至第二周期 $\alpha = 0°$ 触发电路再次施加触发脉冲时，晶闸管再次导通，如图 1-37a 所示。

在晶闸管导通期间，忽略晶闸管的管压降，$u_T = 0$，在晶闸管截止期间，管子将承受全部反向电压，如图 1-37b 所示。

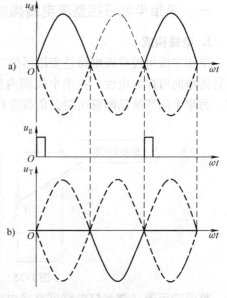

图 1-37　$\alpha = 0°$ 时输出电压和晶闸管两端电压波形

a）输出电压波形　b）晶闸管两端电压波形

## 2. 触发延迟角 $\alpha = 30°$ 时

改变晶闸管的触发时刻（即控制 $\alpha$ 的大小），可改变输出电压的波形，图 1-38a 为 $\alpha = 30°$ 的输出电压波形。

1）在 $\alpha = 30°$ 时，晶闸管承受正向电压，此时加入触发脉冲晶闸管导通，负载上得到输出电压 $u_d$ 的波形是与电源电压 $u_2$ 相同形状的波形。

2）同样当电源电压 $u_2$ 过零时，晶闸管也同时关断，负载上得到的输出电压 $u_d$ 为零。

3）在电源电压过零点到 $\alpha = 30°$ 之间的区间上，虽然晶闸管已经承受正向电压，但由于没有触发脉冲，晶闸管依然处于截止状态。

图 1-38b 为 $\alpha = 30°$ 时晶闸管两端的波形图。其原理与 $\alpha = 0°$ 相同。

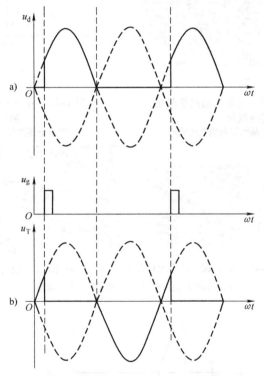

图 1-38　$\alpha = 30°$ 时输出电压和晶闸管两端电压波形
a）输出电压波形　b）晶闸管两端电压波形

图 1-39 为 $\alpha = 30°$ 时，用示波器测得的输出电压和晶闸管两端电压波形，可与图 1-38 波形对照进行比较。

将示波器 Y1 探头的测试端和接地端接于白炽灯两端，调节旋钮 "t/div" 和 "v/div"，使示波器稳定显示至少一个周期的完整波形，并且使每个周期的宽度在示波器上显示为 6 个方格（即每个方格对应的电角度为 60°），调节电路，使示波器显示的输出电压的波形对应于触发延迟角 $\alpha = 30°$，如图 1-39a 所示，可与图 1-38a 波形对照进行比较。

将 Y2 探头接于晶闸管两端，测试晶闸管在触发延迟角 $\alpha = 30°$ 时两端电压的波形，如图 1-39b 所示，可与图 1-38b 波形对照进行比较。

## 3. 触发延迟角为其他角度时

继续改变触发脉冲时刻，可以得到触发延迟角 $\alpha$ 为 60°、90°、120° 时输出电压和管子两端的波形，如图 1-40～图 1-45 所示。

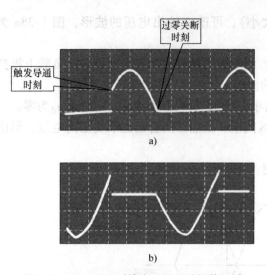

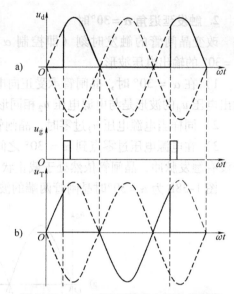

图 1-39  α = 30°时输出电压和晶闸管两端电压的实测波形
a) 输出电压波形  b) 晶闸管两端电压波形

图 1-40  α = 60°时输出电压和晶闸管两端电压波形
a) 输出电压波形  b) 晶闸管两端电压波形

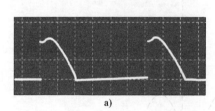

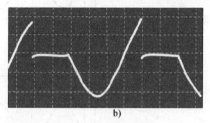

图 1-41  α = 60°时输出电压和晶闸管两端电压的实测波形
a) 输出电压波形  b) 晶闸管两端电压波形

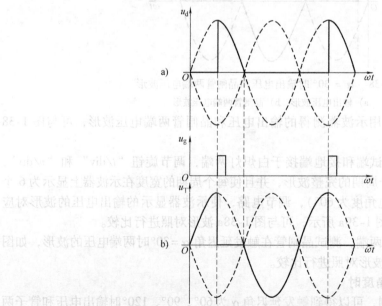

图 1-42  α = 90°时输出电压和晶闸管两端电压的波形
a) 输出电压波形  b) 晶闸管两端电压波形

图 1-43　α = 90°时晶闸管两端电压的实测波形

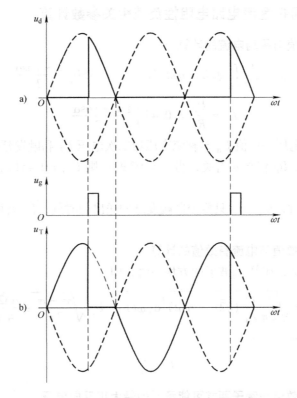

图 1-44　α = 120°时输出电压和晶闸管两端电压的波形
a）输出电压波形　b）晶闸管两端电压波形

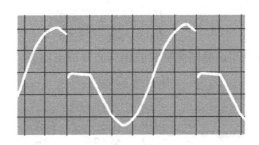

图 1-45　α = 120°时晶闸管两端电压的实测波形

由以上的分析和测试可以得出以下结论。

1) 在单相半波可控整流电路中,改变 α 大小即改变触发脉冲在每周期内出现的时刻,则 $u_d$ 和 $i_d$ 的波形变化,输出整流电压的平均值 $U_d$ 大小也随之改变,α 减小,$U_d$ 增大。反之,$U_d$ 减小。

因此,这种通过控制触发脉冲来控制直流输出电压大小的方式称为相位控制方式,简称相控方式。

2) 单相半波可控整流电路理论上移相范围0°~180°,但是实际电路到170°左右波形就结束。

### 三、单相半波可控整流电路电阻性负载相关参数计算

**1. 输出电压平均值与平均电流的计算**

$$U_d = \frac{1}{2\pi}\int_{\alpha}^{\pi}\sqrt{2}U_2\sin\omega t\,\mathrm{d}(\omega t) = 0.45U_2\frac{1+\cos\alpha}{2} \quad (1\text{-}9)$$

$$I_d = \frac{U_d}{R_d} = 0.45\frac{U_2}{R_d}\frac{1+\cos\alpha}{2} \quad (1\text{-}10)$$

可见,输出直流电压平均值 $U_d$ 与整流变压器二次电压 $U_2$ 和触发延迟角 α 有关。

1) 当 $U_2$ 给定后,$U_d$ 仅与 α 有关,当 α = 0° 时,则 $U_{d0} = 0.45U_2$,为最大输出直流平均电压。

2) 当 α = 180° 时,$U_d = 0$。只要控制触发脉冲送出的时刻,$U_d$ 就可以在 $0 \sim 0.45U_2$ 之间平滑可调。

**2. 负载上电压有效值与电流有效值的计算**

根据有效值的定义,应是 $u_d$ 波形的方均根值,即

$$U = \sqrt{\frac{1}{2\pi}\int_{\alpha}^{\pi}(\sqrt{2}U_2\sin\omega t)^2\mathrm{d}(\omega t)} = U_2\sqrt{\frac{\pi-\alpha}{2\pi}+\frac{\sin2\alpha}{4\pi}} \quad (1\text{-}11)$$

负载电流有效值为

$$I = \frac{U}{R_d} \quad (1\text{-}12)$$

**3. 晶闸管电流有效值与管子两端可能承受的最大正反向电压**

在单相半波可控整流电路中,晶闸管与负载串联,所以负载电流的有效值也就是流过晶闸管电流的有效值,其关系为

$$I_T = I = \frac{U_2}{R_d}\sqrt{\frac{\pi-\alpha}{2\pi}+\frac{\sin2\alpha}{4\pi}} \quad (1\text{-}13)$$

由图 1-37 中 $u_T$ 波形得知,晶闸管承受的正反向峰值电压为

$$U_{TM} = \sqrt{2}U_2 \quad (1\text{-}14)$$

**4. 功率因数 $\cos\varphi$**

$$\cos\varphi = \frac{P}{S} = \frac{UI}{U_2 I} = \sqrt{\frac{\pi-\alpha}{2\pi}+\frac{\sin2\alpha}{4\pi}} \quad (1\text{-}15)$$

**例 1-3** 某单相半波可控整流电路,电阻性负载,电源电压 $U_2$ 为 220V,要求的直流输出电压为 60V,直流输出平均电流为 20A,试计算:

1) 晶闸管的触发延迟角 α;2) 输出电流有效值;3) 电路功率因数;4) 晶闸管的额

定电压和额定电流，并选择晶闸管的型号。

**解** 1）由 $U_d = 0.45U_2 \dfrac{1+\cos\alpha}{2}$ 计算输出电压为60V时的晶闸管触发延迟角 $\alpha$

$$\cos\alpha = \dfrac{2\times 60}{0.45\times 220} - 1 = 0.212$$

得到

$$\alpha = 77.75°$$

2）$R_d = \dfrac{U_d}{I_d} = \dfrac{60}{20}\Omega = 3\Omega$

当 $\alpha = 77.75°$ 时，$I = I_T = \dfrac{U_2}{R_d}\sqrt{\dfrac{\pi-\alpha}{2\pi} + \dfrac{\sin 2\alpha}{4\pi}} = 39.12\text{A}$

3）$\cos\varphi = \dfrac{P}{S} = \dfrac{UI}{U_2 I} = \sqrt{\dfrac{\pi-\alpha}{2\pi} + \dfrac{\sin 2\alpha}{4\pi}} = 0.28458$

4）根据额定电流有效值 $I_T$ 大于等于实际电流有效值 $I$ 的原则，即 $I_T \geqslant I$，则 $I_{T(AV)} \geqslant (1.5\sim 2)\dfrac{I_T}{1.57}$，取2倍安全裕量，晶闸管的额定电流为 $I_{T(AV)} \geqslant 37.38\sim 49.83\text{A}$。按电流等级可取额定电流50A。

晶闸管的额定电压为 $U_{TN} = (2\sim 3)U_{TM} = (2\sim 3)\times\sqrt{2}\times 220\text{V} = 622\sim 933\text{V}$

按电压等级可取额定电压700V，即7级。选择晶闸管型号为：KP50 – 7。

### 四、单相半波可控整流电路阻感性负载工作原理

**1. 阻感性负载的特点**

为了便于分析，在电路中把电感 $L_d$ 与电阻 $R_d$ 分开，如图1-46所示。

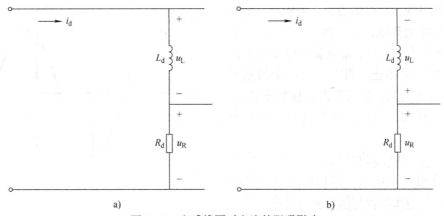

图1-46 电感线圈对电流的阻碍影响

a）电流 $i_d$ 增大时 $L_d$ 两端感应电动势方向 b）电流 $i_d$ 减小时 $L_d$ 两端感应电动势方向

由于电感线圈是储能元件，当电流 $i_d$ 流过线圈时，该线圈就储存有磁场能量，$i_d$ 越大，线圈储存的磁场能量越大。当 $i_d$ 减小时，电感线圈就要将所储存的磁场能量释放出来，试图维持原有的电流方向和电流大小。电感本身是不消耗能量的，能量的存放是不能突变，可

见当流过电感线圈的电流增大时，$L_d$ 两端就要产生感应电动势，即 $u_L = L_d \dfrac{di_d}{dt}$，其方向应阻止 $i_d$ 的增大，如图 1-46a 所示。反之，$i_d$ 要减小时，$L_d$ 两端感应的电动势方向应阻碍 $i_d$ 的减小，如图 1-46b 所示。

**2. 不接续流二极管时工作原理**

（1）电路结构　单相半波可控整流电路阻感性负载电路构成如图 1-47 所示。

（2）工作原理　如图 1-48 所示为阻感性负载无续流二极管触发延迟角为 α 时输出电压、电流的波形，从波形图上可以看出以下几点。

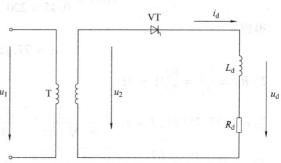

图 1-47　单相半波可控整流电路阻感性负载电路构成

1）在 $0 \sim \omega t_1$ 期间：晶闸管阳极电压大于零，这时晶闸管门极没有触发信号，晶闸管处于正向阻断状态，输出电压和电流都等于零。

2）在 $\omega t_1$ 时刻：门极加上触发信号，晶闸管被触发导通，电源电压 $u_2$ 施加在负载上，输出电压 $u_d = u_2$。由于电感的存在，在 $u_d$ 的作用下，负载电流 $i_d$ 从零按指数规律逐渐上升。

3）在 π 时刻：交流电压过零，由于电感的存在，流过晶闸管的阳极电流仍大于零，晶闸管会继续导通，此时电感储存的能量一部分释放变成电阻的热能，另一部分送回电网，电感的能量全部释放完后，晶闸管在电源电压 $u_2$ 的反压作用下而截止。当下一个周期的正半周，即 $2\pi + \alpha$ 时刻，晶闸管再次被触发导通。如此循环，其输出电压、电流波形如图 1-48 所示。

结论：由于电感的存在，晶闸管的导通角增大，在电源电压由正到负的过零点也不会关断，使负载电压波形出现部分负值，其结果使输出电压平均值 $U_d$ 减小。电感越大，维持导电时间越长，输出电压负值部分占的比例越大，$U_d$ 减少越多。当电感 $L_d$ 非常大时（通常 $\omega L_d > 10 R_d$ 即可），对于不同的触发延迟角 α，导通角 θ 将接近 $2\pi - 2\alpha$，此时负载上得到的电压波形正负面积相等，平均电压

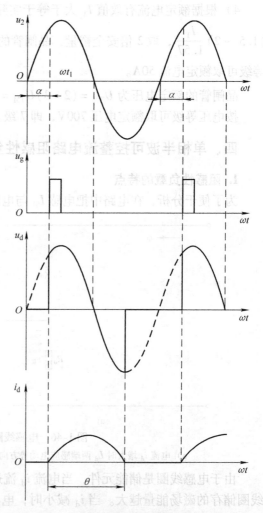

图 1-48　阻感性负载无续流二极管时输出电压和电流波形

$U_d \approx 0$。可见，不管如何调节触发延迟角 $\alpha$，$U_d$ 值总是很小，电流平均值 $I_d$ 也很小，电路没有实用价值。

实际应用的单相半波可控整流电路在带有阻感性负载时，应在负载两端并联有续流二极管。

**3. 接续流二极管时工作原理**

（1）电路结构　为了使电源电压过零变负时能及时地关断晶闸管，使 $U_d$ 波形不出现负值，又能给电感线圈 $L_d$ 提供续流的旁路，可以在整流输出端并联二极管，如图 1-49 所示。该二极管在晶闸管关断时为阻感性负载提供续流回路，又称续流二极管。

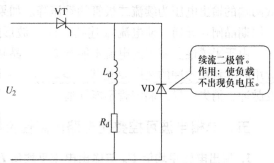

图 1-49　阻感性负载接续流二极管的电路

（2）工作原理　图 1-50 为阻感性负载接续流二极管触发延迟角为 $\alpha$ 的输出电压、电流的波形。

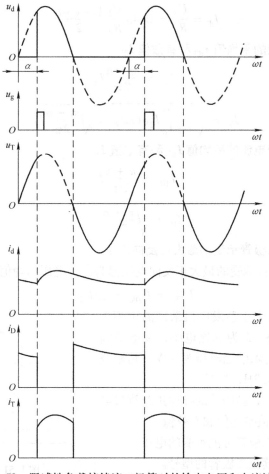

图 1-50　阻感性负载接续流二极管时的输出电压和电流波形

由波形图上可以看出：

1）在电源电压正半周（$0 \sim \pi$ 区间），晶闸管承受正向电压，触发脉冲在 $\alpha$ 时刻触发晶闸管导通，负载上有输出电压和电流。在此期间续流二极管 VD 承受反向电压而关断。

2）在电源电压负半周（π~2π 区间），电感的感应电压使续流二极管 VD 承受正向电压导通并续流，此时电源电压 $u_2 < 0$，$u_2$ 通过续流二极管使晶闸管承受反向电压而关断，负载两端的输出电压为续流二极管的管压降。如果电感足够大，续流二极管一直导通维持到下一周期晶闸管导通，使电流 $i_d$ 连续，且 $i_d$ 波形近似为一条直线。

由于阻感性负载中的电流不能突变，当晶闸管被触发导通后，阳极电流上升较慢，实际应用时其触发脉冲的宽度要宽些（>20°），免得阳极电流尚未升到晶闸管擎住电流时，触发脉冲已消失，导致晶闸管不能导通。

### 五、单相半波可控整流电路阻感性负载相关参数计算

**1. 输出电压平均值 $U_d$ 与输出电流平均值 $I_d$**

$$U_d = 0.45 U_2 \frac{1+\cos\alpha}{2} \tag{1-16}$$

$$I_d = \frac{U_d}{R_d} = 0.45 \frac{U_2}{R_d} \frac{1+\cos\alpha}{2} \tag{1-17}$$

**2. 流过晶闸管电流的平均值 $I_{dT}$ 和有效值 $I_T$**

$$I_{dT} = \frac{\pi - \alpha}{2\pi} I_d \tag{1-18}$$

$$I_T = \sqrt{\frac{1}{2\pi}\int_\alpha^\pi I_d^2 d(\omega t)} = \sqrt{\frac{\pi-\alpha}{2\pi}} I_d \tag{1-19}$$

**3. 流过续流二极管电流的平均值 $I_{dD}$ 和有效值 $I_D$**

$$I_{dD} = \frac{\pi + \alpha}{2\pi} I_d \tag{1-20}$$

$$I_D = \sqrt{\frac{\pi+\alpha}{2\pi}} I_d \tag{1-21}$$

**4. 晶闸管和续流二极管承受的最大正反向电压**

晶闸管和续流二极管承受的最大正反向电压都为电源电压的峰值，即

$$U_{TM} = U_{DM} = \sqrt{2} U_2 \tag{1-22}$$

**例 1-4** 图 1-51 为中小型发电机采用的单相半波晶闸管自激励磁电路，$L$ 为励磁电感，发电机满载时相电压为 220V，要求励磁电压为 40V，励磁绕组内阻为 2Ω，电感为 0.2H，试求：

1）满足励磁要求时，晶闸管的导通角及流过晶闸管与续流二极管的电流平均值和有效值。

2）晶闸管与续流二极管可能承受的电压。

3）选择晶闸管与续流二极管的型号。

**解** 1）先求触发延迟角 $\alpha$。

$$U_d = 0.45 U_2 \frac{1+\cos\alpha}{2}$$

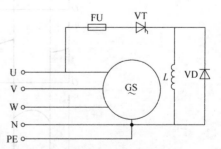

图 1-51 例 1-4 电路图

$$\cos\alpha = \frac{2}{0.45} \times \frac{40}{220} - 1 = -0.192$$

得到 $\alpha = 101°$

$$\theta_T = 180° - 101° = 79°$$
$$\theta_D = 180° + 101° = 281°$$

因为 $\omega L_d = 2\pi f L_d = 2 \times 3.14 \times 50 \times 0.2\Omega = 62.8\Omega$，所以为大电感负载，其各部分值为

$$I_d = \frac{U_d}{R_d} = \frac{40}{2}A = 20A$$

$$I_{dT} = \frac{180° - \alpha}{360°} I_d = \frac{180° - 101°}{360°} \times 20A = 4.4A$$

$$I_T = \sqrt{\frac{180° - \alpha}{360°}} I_d = 9.4A$$

$$I_{dD} = \frac{180° + \alpha}{360°} I_d = \frac{180° + 101°}{360°} \times 20A = 15.6A$$

$$I_D = \sqrt{\frac{180° + \alpha}{360°}} I_d = 17.6A$$

2）晶闸管与续流二极管承受电压为

$$U_{TM} = \sqrt{2} U_2 = 311V$$
$$U_{DM} = \sqrt{2} U_2 = 311V$$

3）选择晶闸管与续流二极管的型号为

$$U_{TN} = (2 \sim 3) U_{TM} = (2 \sim 3) \times 311V = 622 \sim 933V$$

$$I_{T(AV)} = (1.5 \sim 2) \frac{I_T}{1.57} = (1.5 \sim 2) \frac{9.4}{1.57}A = 9 \sim 12A$$

因此，取 $U_{TN} = 700V$，$I_{T(AV)} = 10A$，选择晶闸管的型号为 KP10-7。

$$U_{DN} = (2 \sim 3) U_{DM} = (2 \sim 3) \times 311V = 622 \sim 933V$$

$$I_{D(AV)} = (1.5 \sim 2) \frac{I_D}{1.57} = (1.5 \sim 2) \frac{17.6}{1.57}A = 16.8 \sim 22A$$

因此，取 $U_{DN} = 700V$，$I_{D(AV)} = 20A$，选择续流二极管的型号为 ZP20-7。

## 任务实施

根据任务要求对单相半波可控整流电路电阻性负载及阻感性负载进行调试。

## 一、任务说明

这里以单相半波可控整流电路电阻性负载及阻感性负载为例。

### （一）单相半波可控整流电路电阻性负载调试

**1. 所需仪器设备**

1）DJDK-1型电力电子技术及电机控制实验装置（含 DJK01 电源控制屏、DJK02 晶闸管主电路、DJK03-1 晶闸管触发电路、DJK06 给定及实验器件）1套。

2）慢扫描示波器1台。

3) 螺钉旋具1把。
4) 指针式万用表1块。
5) 导线若干。

**2. 测试前准备**

1) 课前预习相关知识。
2) 清点相关材料、仪器和设备。
3) 用指针式万用表测试晶闸管、过电压过电流保护等器件的好坏。
4) 填写任务单测试前准备部分。

**3. 操作步骤及注意事项**

(1) 接线

1) 触发电路接线。将DJK01电源控制屏的电源选择开关打到"直流调速"侧，使输出线电压为200V，用两根导线将200V交流电压（A、B）接到DJK03 – 1的"外接220V"端。

2) 主电路接线。将DJK01电源控制屏的三相电源输出A接DJK02三相整流桥路中VT的阳极，VT阴极接DJK02直流电流表"+"，直流电流表的"−"接DJK06给定及实训器件中灯泡的一端，灯泡的另一端接DJK01电源控制屏的三相电源输出B。将VT阴极接DJK02直流电压表"+"，直流电压表"−"接三相电源输出B。

3) 触发脉冲连接。将单结晶体管触发电路G接VT的门极，K接VT的阴极，如图1-52所示。

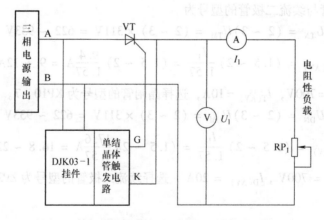

图1-52 单相半波可控整流电路电阻性负载调试电路

**需要注意：**

电源选择开关不能打到"交流调速"侧工作；A、B接"外接220V"端，严禁接到触发电路中其他端子。把DJK02中"正桥触发脉冲"对应控制VT的触发脉冲$G_1$、$K_1$的开关打到"断"的位置。

(2) 单结晶体管触发电路调试

1) 按下电源控制屏绿色的"启动"按钮，打开DJK03 – 1电源开关，电源指示灯亮，这时挂件中所有的触发电路都开始工作。

2) 用慢扫描示波器分别测试单结晶体管触发电路的同步电压（~60V上面端子）和1、

2、3、4、5 五个测试孔的波形，调节电位器 $RP_1$，观察波形的周期变化及输出脉冲波形的移相范围，并在任务单记录调试结果。

(3) 调光灯电路调试

1) 观察灯泡明暗亮度的变化。按下电源控制屏的"启动"按钮，打开 DJK03-1 电源开关，用螺钉旋具调节 DJK03-1 单结晶体管触发电路的移相电位器 $RP_1$，观察直流电压表、直流电流表的读数以及灯泡明暗亮度的变化。

2) 观察负载两端波形并记录输出电压大小。调节电位器 $RP_1$，观察并记录 $\alpha = 0°$、30°、60°、90°、120°、150°、180°时的 $u_d$、$u_T$ 波形，测量直流输出电压 $U_d$ 和电源电压 $U_2$ 值并记录。

(4) 操作结束　操作结束后，断开电源，拆除接线，按要求整理操作台，清扫场地，填写任务单。

### 4. 任务实施标准

| 序号 | 内容 | 配分 | | 评分细则 | 得分 |
|---|---|---|---|---|---|
| 1 | 接线 | 10 | | 接线错误1根扣5分 | |
| 2 | 示波器使用 | 20 | | 使用错误1次扣5分 | |
| 3 | 单结晶体管触发电路调试 | 10 | 5 | 调试过程错误1处扣5分 | |
| | | | 5 | 没观察记录触发脉冲移相范围扣5分 | |
| 4 | 调光灯电路调试 | 30 | 15 | 测试过程错误1次扣5分 | |
| | | | 15 | 参数记录，每缺1项扣2分 | |
| 5 | 操作规范 | 20 | | 违反操作规程1次扣10分，元器件损坏1个扣10分，烧熔断器1次扣5分 | |
| 6 | 现场整理 | 10 | | 经提示后能将现场整理干净扣5分，不合格本项0分 | |
| | 合计 | | | | |

### (二) 单相半波可控整流电路阻感性负载调试

**1. 所需仪器设备**

1) DJDK-1 型电力电子技术及电机控制实验装置（含 DJK01 电源控制屏、DJK02 晶闸管主电路、DJK03-1 晶闸管触发电路、DJK06 给定及实验器件、D42 三相可调电阻）1 套。

2) 慢扫描示波器 1 台。

3) 螺钉旋具 1 把。

4) 指针式万用表 1 块。

5) 导线若干。

**2. 测试前准备**

1) 课前预习相关知识。

2) 清点相关材料、仪器和设备。

3) 用指针式万用表测试晶闸管、过电压过电流保护等器件的好坏。

4) 填写任务单测试前准备部分。

**3. 操作步骤及注意事项**

(1) 单相半波可控整流电路带阻感性负载接线

1) 触发电路接线。将 DJK01 电源控制屏的电源选择开关打到"直流调速"侧，使输出线电压为200V，用两根导线将200V交流电压（A、B）接到DJK03-1的"外接220V"端。

2）主电路接线。将DJK01电源控制屏的三相电源输出A接DJK02三相整流桥路中VT的阳极，VT阴极接DJK02直流电流表"+"，直流电流表的"-"接DJK02平波电抗器的"*"，电抗器的700mH接D42负载电阻的一端，负载电阻的另一端接DJK01电源控制屏的三相电源输出B；将VT阴极接DJK02直流电压表"+"，直流电压表"-"接三相电源输出B；DJK06中二极管阳极接直流电压表"-"，开关的一端接电流表的"-"。

3）触发脉冲连接。将单结晶体管触发电路G接VT的门极，K接VT的阴极，如图1-53所示。

需要注意：

电源选择开关不能打到"交流调速"侧工作；A、B接"外接220V"端，严禁接到触发电路中其他端子；把DJK02中"正桥触发脉冲"对应控制VT的触发脉冲$G_1$、$K_1$的开关打到"断"的位置、负载电阻调到最大值、二极管极性不能反接，调试前将与二极管串联的开关拨到"断"。

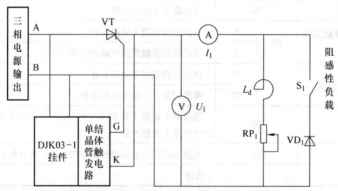

图1-53 单相半波可控整流电路阻感性负载调试电路

（2）单相半波可控整流电路阻感性负载不接续流二极管调试（注意：与二极管串联的开关拨到"断"）

需要注意：

主电路电压为200V，测试时防止触电。改变$RP_1$的电阻值过程中，注意观察电流表，电流表读数不要超过1A。

1）按下电源控制屏绿色的"启动"按钮，打开DJK03-1电源开关，电源指示灯亮，这时挂件中所有的电路都开始工作。

2）用示波器测试单结晶体管触发电路的同步电压和1、2、3、4、5五个测试孔的波形，调节电位器$RP_1$，观察波形的周期变化及输出脉冲波形的移相范围，并记录调试过程。

3）观察负载两端波形并记录输出电压大小。调节电位器$RP_1$，使触发延迟角$\alpha=30°$、60°、90°、120°时（在每一触发延迟角时，可保持电感量不变，改变$RP_1$的阻值，注意电流不要超过1A），观察$u_d$的波形，并记录波形及$U_d$输出电压值。

（3）单相半波可控整流电路阻感性负载接续流二极管调试

1）将与二极管串联的开关拨到"通"。

2）观察负载两端波形并记录输出电压大小。调节电位器$RP_1$，使触发延迟角$\alpha=30°$、

60°、90°、120°时（在每一触发延迟角时，可保持电感量不变，改变 $RP_1$ 的电阻值，注意电流不要超过 1A），观察 $u_d$ 的波形，并记录波形及 $U_d$ 输出电压值。

（4）操作结束 操作结束后，请确认电源已经断开，拆除接线，按要求整理操作台，清扫场地，填写数据。

**4. 任务实施标准**

| 序号 | 内容 | 配分 | | 评分细则 | 得分 |
|---|---|---|---|---|---|
| 1 | 接线 | 15 | | 每接错 1 根扣 5 分，二极管接反扣 10 分 | |
| 2 | 示波器使用 | 10 | | 使用错误 1 次扣 5 分 | |
| 3 | 不接 VD 电路调试 | 15 | 5 | 调试过程错误 1 处扣 5 分 | |
| | | | 10 | 参数记录，每缺 1 项扣 2 分 | |
| 4 | 接 VD 电路调试 | 30 | 15 | 测试过程错误 1 次扣 5 分 | |
| | | | 15 | 参数记录，每缺 1 项扣 2 分 | |
| 5 | 操作规范 | 20 | | 违反操作规程 1 次扣 10 分，元器件损坏 1 个扣 10 分，烧熔断器 1 次扣 5 分 | |
| 6 | 现场整理 | 10 | | 经提示后能将现场整理干净扣 5 分，不合格本项 0 分 | |
| | 合计 | | | | |

## 二、任务结束

任务结束后，请再次确认电源已经断开，整理清扫场地。

## 三、任务思考

（1）有一单相半波可控整流电路，带电阻性负载 $R_d = 10\Omega$，交流电源直接从 220V 电网获得，试：

1）求输出电压平均值 $U_d$ 的调节范围；

2）计算晶闸管电压与电流并选择晶闸管；

3）画出电压输出波形及晶闸管两端电压波形。

（2）单相半波可控整流电路，电阻性负载。要求输出的直流平均电压为 52～92V 之间连续可调，最大输出直流平均电流为 30A，直接由交流电网 220V 供电，试求：

1）触发延迟角 α 应有的可调范围；

2）负载电阻的最大有功功率及最大功率因数；

3）选择晶闸管型号规格（安全裕量取 2 倍）。

（3）某电阻性负载要求 0～24V 直流电压，最大负载电流 $I_d = 30A$，如用 220V 交流直接供电和用变压器降压到 60V 供电，都采用单相半波整流电路，是否都能满足要求？试比较两种供电方案所选晶闸管的导通角、额定电压、额定电流值以及电源和变压器二次侧的功率因数和对电源的容量的要求有何不同、两种方案哪种更合理（考虑 2 倍裕量）。

（4）画出单相半波可控整流电路，当 α=60°时，以下两种情况的 $u_d$、$i_T$ 及 $u_T$ 的波形。

1）大电感负载不接续流二极管；

2）大电感负载接续流二极管。

(5) 具有续流二极管的单相半波可控整流电路对大电感负载供电，其阻值 $R=7.5\Omega$，电源电压 220V，试计算当触发延迟角 $\alpha=30°$和 60°时，晶闸管和续流二极管的电流平均值和有效值。在什么情况下续流二极管中的电流平均值大于晶闸管中的电流平均值？

(6) 单相半波可控整流电路，大电感负载接续流二极管，电源电压 220V，负载电阻 $R=10\Omega$，要求输出整流电压平均值为 0~30V 连续可调。试求触发延迟角 $\alpha$ 的范围，选择晶闸管型号并计算变压器的二次侧容量。

(7) 某单相半波可控整流电路，分别考虑在门极不加触发脉冲、晶闸管内部短路、晶闸管内部电极断开三种情况晶闸管和负载两端的波形。

(8) 有一感性负载单相半波桥式整流电路，当触发脉冲突然消失或 $\alpha$ 突然增大到 $\pi$，电路会产生什么现象？电路失控时，可用什么方法判断哪个晶闸管一直导通，哪个晶闸管一直关断？

(9) 在主电路没有整流变压器，用示波器观察主电路各点波形时，务必采取什么措施？用双踪示波器同时观察电路两处波形时，应注意什么问题？

(10) 在单相半波可控整流电路接大电感负载，为什么必须接上续流二极管电路才能正常工作？

## 项目总结

本项目主要介绍了常用晶闸管、单结晶体管电路、调光灯电路的设计制作与调试，学生在本项目任务完成了元器件质量的鉴别、单结晶体管构成的自激振荡电路连接及调试，为后续学习单相桥式全控整流调压调速电路的设计与制作奠定了基础。

## 实训项目

### 实训一　晶闸管测试

#### 一、训练目标

1) 要求学会用指针式万用表测试晶闸管的质量。
2) 掌握用指针式万用表测试晶闸管的质量。

#### 二、训练器材

1) 指针式万用表 1 块。
2) 螺栓式、平板式、塑封式晶闸管若干。

#### 三、训练内容

1) 指针式万用表的使用。
2) 用指针式万用表检测晶闸管元器件。
① 螺栓式晶闸管检测。
② 平板式晶闸管检测。
③ 塑封式晶闸管检测。

## 四、测评标准

| 测评内容 | 配分 | 评分标准 | 扣分 | 得分 |
|---|---|---|---|---|
| 指针式万用表的使用 | 30 | （1）使用前的准备工作没进行扣 5 分<br>（2）读数不正确扣 15 分<br>（3）操作错误每处扣 5 分<br>（4）由于操作不当导致仪表损坏扣 20 分 | | |
| 检测晶闸管的质量 | 70 | （1）使用前的准备工作没进行扣 5 分<br>（2）检测档位不正确扣 15 分<br>（3）操作错误每处扣 5 分<br>（4）由于操作不当导致元器件损坏扣 30 分 | | |
| 安全文明操作 | | 违反安全生产规程视现场具体违规情况扣分 | | |
| 合计总分 | | | | |

## 实训二　晶闸管导通关断条件测试

### 一、训练目标

1）要求学会用指针式万用表测试晶闸管的质量。
2）掌握用指针式万用表测试晶闸管导通和关断数据。

### 二、训练器材

1）指针式万用表 1 块。
2）螺栓式、平板式、塑封式晶闸管若干。

### 三、训练内容

1）指针式万用表的使用。
2）测试以下晶闸管导通条件。
① 晶闸管阳极接反向电压，门极接反向电压，观察灯泡是否亮。
② 晶闸管阳极接反向电压，门极电压为零，观察灯泡是否亮。
③ 晶闸管阳极接反向电压，门极接正向电压，观察灯泡是否亮。
④ 晶闸管阳极接正向电压，门极接反向电压，观察灯泡是否亮。
⑤ 晶闸管阳极接正向电压，门极电压为零，观察灯泡是否亮。
⑥ 晶闸管阳极接正向电压，门极接正向电压，观察灯泡是否亮。
3）测试以下晶闸管关断条件。
① 晶闸管阳极接正向电压，门极电压为零，观察灯泡是否熄灭。
② 晶闸管阳极接正向电压，门极电压为反向电压，观察灯泡是否熄灭。
③ 断开门极，观察灯泡是否熄灭。

### 四、测评标准

| 测评内容 | 配分 | 评分标准 | 扣分 | 得分 |
|---|---|---|---|---|
| 指针式万用表的使用 | 30 | (1) 使用前的准备工作没进行扣 5 分<br>(2) 读数不正确扣 15 分<br>(3) 操作错误每处扣 5 分<br>(4) 由于操作不当导致仪表损坏扣 30 分 | | |
| 检测晶闸管的导通与关断条件 | 70 | (1) 使用前的准备工作没进行扣 5 分<br>(2) 检测档位不正确扣 15 分<br>(3) 操作错误每处扣 5 分<br>(4) 由于操作不当导致元器件损坏扣 30 分 | | |
| 安全文明操作 | | 违反安全生产规程视现场具体违规情况扣分 | | |
| 合计总分 | | | | |

## 实训三  单结晶体管测试

### 一、训练目标

1) 要求学会用指针式万用表测试单结晶体管的质量。
2) 掌握用指针式万用表测试单结晶体管的管脚。

### 二、训练器材

1) 指针式万用表 1 块。
2) 单结晶体管若干。

### 三、训练内容

1) 指针式万用表的使用。
2) 测试单结晶体管的管脚。

### 四、测评标准

| 测评内容 | 配分 | 评分标准 | 扣分 | 得分 |
|---|---|---|---|---|
| 指针式万用表的使用 | 30 | (1) 使用前的准备工作没进行扣 5 分<br>(2) 读数不正确扣 15 分<br>(3) 操作错误每处扣 5 分<br>(4) 由于操作不当导致仪表损坏扣 20 分 | | |
| 检测单结晶体管的管脚 | 70 | (1) 使用前的准备工作没进行扣 5 分<br>(2) 检测档位不正确扣 15 分<br>(3) 操作错误每处扣 5 分<br>(4) 由于操作不当导致元器件损坏扣 30 分 | | |
| 安全文明操作 | | 违反安全生产规程视现场具体违规情况扣分 | | |
| 合计总分 | | | | |

## 实训四　单结晶体管触发电路调试

### 一、训练目标

1）要求学会用指针式万用表测试单结晶体管的质量。
2）掌握用慢扫描示波器测试单结晶体管触发电路的波形。

### 二、训练器材

1）指针式万用表 1 块。
2）单结晶体管若干。
3）慢扫描示波器 1 台。

### 三、训练内容

1）指针式万用表、慢扫描示波器的使用。
2）测试单结晶体管触发电路的波形。

### 四、测评标准

| 测评内容 | 配分 | 评分标准 | 扣分 | 得分 |
| --- | --- | --- | --- | --- |
| 指针式万用表、慢扫描示波器的使用 | 30 | （1）使用前的准备工作没进行扣 5 分<br>（2）读数不正确扣 15 分<br>（3）操作错误每处扣 5 分<br>（4）由于操作不当导致仪表损坏扣 20 分 | | |
| 测试单结晶体管触发电路的波形 | 70 | （1）使用前的准备工作没进行扣 5 分<br>（2）检测档位不正确扣 15 分<br>（3）操作错误每处扣 5 分<br>（4）由于操作不当导致元器件损坏扣 30 分 | | |
| 安全文明操作 | | 违反安全生产规程视现场具体违规情况扣分 | | |
| 合计总分 | | | | |

## 实训五　单相半波可控整流电路电阻性负载调试

### 一、训练目标

1）要求学会用指针式万用表测试单结晶体管、晶闸管的质量。
2）掌握用慢扫描示波器测试单结晶体管触发电路、晶闸管输出的波形。

### 二、训练器材

1）指针式万用表 1 块。
2）单结晶体管、晶闸管等若干。
3）慢扫描示波器 1 台。

### 三、训练内容

1）指针式万用表、慢扫描示波器的使用。
2）测试单结晶体管触发电路、晶闸管输出的波形，调试调光灯电路。

### 四、测评标准

| 测评内容 | 配分 | 评分标准 | 扣分 | 得分 |
|---|---|---|---|---|
| 指针式万用表、慢扫描示波器的使用 | 30 | (1) 使用前的准备工作没进行扣 5 分<br>(2) 读数不正确扣 15 分<br>(3) 操作错误每处扣 5 分<br>(4) 由于操作不当导致仪表损坏扣 20 分 | | |
| 测试单结晶体管触发电路、晶闸管输出的波形，调试调光灯电路 | 70 | (1) 使用前的准备工作没进行扣 5 分<br>(2) 检测档位不正确扣 15 分<br>(3) 操作错误每处扣 5 分<br>(4) 由于操作不当导致元器件损坏扣 30 分 | | |
| 安全文明操作 | | 违反安全生产规程视现场具体违规情况扣分 | | |
| 合计总分 | | | | |

## 实训六　单相半波可控整流电路阻感性负载调试

### 一、训练目标

1）要求学会用指针式万用表测试单结晶体管、晶闸管、二极管的质量。
2）掌握用慢扫描示波器测试单结晶体管触发电路、晶闸管输出的波形。

### 二、训练器材

1）指针式万用表 1 块。
2）单结晶体管、晶闸管、二极管等若干。
3）慢扫描示波器 1 台。

### 三、训练内容

1）指针式万用表、慢扫描示波器的使用。
2）测试单结晶体管触发电路、晶闸管输出的波形，调试单相半波可控整流电路阻感性负载。

### 四、测评标准

| 测评内容 | 配分 | 评分标准 | 扣分 | 得分 |
|---|---|---|---|---|
| 指针式万用表、慢扫描示波器的使用 | 30 | (1) 使用前的准备工作没进行扣 5 分<br>(2) 读数不正确扣 15 分<br>(3) 操作错误每处扣 5 分<br>(4) 由于操作不当导致仪表损坏扣 20 分 | | |
| 测试单结晶体管触发电路、晶闸管输出的波形，调试单相半波可控整流电路阻感性负载 | 70 | (1) 使用前的准备工作没进行扣 5 分<br>(2) 检测档位不正确扣 15 分<br>(3) 操作错误每处扣 5 分<br>(4) 由于操作不当导致元器件损坏扣 30 分 | | |
| 安全文明操作 | | 违反安全生产规程视现场具体违规情况扣分 | | |
| 合计总分 | | | | |

## 习 题

### 一、填空题

1. 晶闸管导通的条件是_____。
2. 导通后流过晶闸管的电流由_____决定。
3. 晶闸管的关断条件是_____。
4. 实现关断晶闸管方法是_____。
5. 晶闸管导通与阻断时其两端电压各为_____。
6. 型号 KP100-8E 的晶闸管电压_____电流_____。
7. 测得晶闸管器件 $U_{DRM}=840V$，$U_{RRM}=980V$，此晶闸管的额定电压是_____。
8. 晶闸管触发导通后，触发脉冲结束时又关断的原因是_____。

### 二、综合题

1. 某电阻性负载要求 0～24V 直流电压，最大负载电流 $I_d=20A$，如用 220V 交流直接供电与用变压器降压到 60V 供电，都采用单相半波可控整流电路，是否都能满足要求？试比较两种供电方案所选晶闸管的导通角、额定电压、额定电流值以及电源和变压器二次侧的功率因数和对电源的容量的要求有何不同、两种方案哪种更合理（考虑 2 倍裕量）。

2. 单相半波可控整流电路，如门极不加触发脉冲、晶闸管内部短路、晶闸管内部断开，试分析上述 3 种情况下晶闸管两端电压和负载两端电压波形。

# 项目 2　直流电动机调压调速电路的设计与制作

## 📝 项目导入

李强是某煤矿公司的电工，刚刚上岗不久，他就接到了矿井卷扬机电源故障问题。该卷扬机由单相整流电路供电的直流电动机拖动，为此，他全面了解了该卷扬机电源组成及工作原理，根据故障现象，顺利地解决了卷扬机电源故障问题。

## 📖 学习目标

1）通过了解单相桥式全控整流调压调速系统的设计，熟练掌握单相桥式全控整流电路组成、工作原理。
2）能进行单相桥式全控整流调压调速系统的主要器件的选取。
3）能安装和调试单相桥式全控整流调压调速电路。
4）能根据测试波形或相关点电压电流值对电路现象进行分析。
5）掌握中级维修电工职业资格考试涉及该部分电力电子技术应用的知识。

## 📋 项目实施

## 任务 1　直流电动机调压调速电路的设计

### ▣ 任务解析

通过完成本任务，学生应掌握单相桥式全控整流电路和单相桥式半控整流电路的组成、工作原理及设计计算等。

### 🔗 知识链接

直流电动机调速广泛应用于机床设备和交通运输车辆等。过去采用在直流电动机电路中串接电阻的方法来达到调速的目的，但该方法能量消耗大，且不能实现无级调速。采用晶闸管调速系统，通过改变电动机的电枢电压，就能实现无级调速，且能节约电能。图 2-1 为晶闸管直流调速系统的电路原理图与框图。

#### 一、主电路

晶闸管 $VT_3$、$VT_4$ 和二极管 $VD_1$、$VD_2$ 组成单相桥式半控整流电路，输入电压为交流 220V 电压。改变加在 $VT_3$、$VT_4$ 门极上触发脉冲的触发延迟角，就可以调节桥式半控整流电路输出到电动机电枢两端的电压，电路输出的直流电压越大，电动机转得越快，从而实现了对电动机转速的控制。

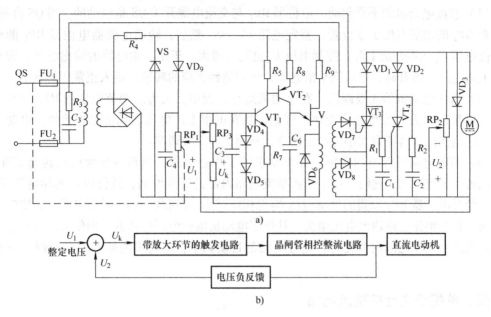

图 2-1 晶闸管直流调速系统电路原理图和框图
a) 电路原理图 b) 框图

## 二、触发电路

晶闸管的触发延迟角 α 是由触发电路来控制的。在图 2-1 所示电路中，晶闸管的触发电路采用具有放大环节的单结晶体管触发电路。在这个电路中，通过 $C_6$ 的充放电，使单结晶体管导通和截止，从而在脉冲变压器的二次侧产生尖脉冲，为晶闸管 $VT_3$、$VT_4$ 提供触发信号。改变充电的时间，就可以改变单结晶体管的导通时间，即改变晶闸管的触发延迟角 α，使桥式半控整流电路输出电压得到调节。

## 三、控制电路

在图 2-1 的电路中，加在放大管 $VT_1$ 基极的控制电压 $U_k$ 为

$$U_k = U_1 - U_2 \tag{2-1}$$

式中　$U_1$——整定电压（V）；

$U_2$——反馈电压（V）；

$U_1$ 为稳压管 VS 上的电压经电容 $C_4$ 滤波后，再经电位器 $RP_1$ 分压取得，它可根据拖动系统所需要的转速进行整定。$U_2$ 为从主电路中的电位器 $RP_2$ 分压取得，它反映了电枢两端电压的变化情况，因此间接反映了电动机转速的变化。

当控制电压 $U_k$ 增大时，触发电路输出的脉冲提前，晶闸管的导通角增大，主电路输出的直流电压升高。这样，由于加在电动机电枢上的电压增加，电动机的转速将升高。反之，当控制电压 $U_k$ 减小时，主电路输出电压降低。这时，加在电枢上的电压降低，电动机的转速便下降。

调整转速的工作原理如下。

(1) 直流电动机的平滑起动　电位器 $RP_1$ 与交流电源开关 QS 是联动的。当 QS 合闸时，电位器 $RP_1$ 的动触点处于零位置，整定电压 $U_1=0$。然后，转动电位器电位器 $RP_1$ 的动触点，使电压 $U_1$ 从零开始上升，控制电压 $U_k$ 也随之增大。于是，主电路的输出电压，即加在电枢上的电压逐渐升高，电动机平滑起动，最后达到相应的转速，进入正常运转状态。

(2) 直流电动机的无级调速　在电动机运行过程中，人为地调节电位器 $RP_1$ 的可动触点，可使整定电压 $U_1$ 发生连续变化，因此，加在电枢上的电压变化也是连续的，电动机便可在一定范围内获得任意大小的给定转速，从而实现无级调速。

(3) 直流电动机转速的稳定　在电动机的工作过程中，当负载加大引起转速下降时，电枢电流也相应增大。这时，由于相控整流电路内部的压降增加，致使电枢两端电压降低。因此，经过电位器 $RP_2$ 取得的反馈电压 $U_2$ 也相应减小，控制电压 $U_k$ 则相应增大，使触发脉冲提前，相控整流电路输出电压增大，补偿了电动机电枢电压的降低，而使电动机转速下降甚微。负载在一定范围内变化时，通过电路的自动调节，电动机能够基本保持恒定的转速运转。

## 四、单相桥式全控整流电路

单相半波可控整流电路线路简单、调试方便，但其电源电压仅半周工作，负载电流脉动大，设备利用率不高，在同样的直流电流时，要求晶闸管额定电流、导线截面以及变压器和电源容量增大。如果不用电源变压器，则交流回路中有直流电流流过，引起电网产生额外的损耗、波形畸变；如果采用变压器，则变压器二次绕组中存在直流电流分量，造成铁心直流磁化。为了使变压器不饱和，必须增大铁心截面，所以单相半波整流电路只适应于对整流指标要求低、容量小、装置体积要求小、重量轻等技术要求不高的场合。为了克服这些缺点，可采用单相桥式全控整流电路。单相桥式全控整流电路能使交流电源正、负半周都能输出同方向的直流电压，脉动小，应用比较多。

### （一）电阻性负载

**1. 电路结构**

单相桥式全控整流电路由整流变压器 $T_r$、四只晶闸管 $VT_1$、$VT_2$ 和 $VT_3$、$VT_4$ 组成的两对桥臂及负载 $R_d$ 组成，如图 2-2 所示。晶闸管 $VT_1$ 和 $VT_2$ 的阴极接在一起，称为共阴极接法，$VT_3$ 和 $VT_4$ 的阳极接在一起，称为共阳极接法。变压器二次电压 $u_2$ 接在桥臂的中点 a、b 端。

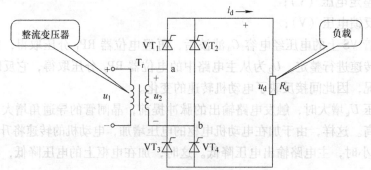

图 2-2　单相桥式全控整流电路

## 2. 电路工作原理

（1）输出电压和电流分析　在变压器二次电压 $u_2$ 的正半周（即 a 端为正，b 端为负）区间，a 端电位高于 b 端电位，晶闸管 $VT_1$ 和 $VT_4$ 承受正向电压，如果此时门极无触发信号，则两晶闸管均处于正向阻断状态。若在 $\omega t = \alpha$ 时，给 $VT_1$ 和 $VT_4$ 同时加触发脉冲，两只晶闸管立即被触发导通，电源电压 $u_2$ 将通过 $VT_1$ 和 $VT_4$ 加在负载电阻 $R_d$ 上，负载电流 $i_d$ 从电源 a 端经 $VT_1$、电阻 $R_d$、$VT_4$ 回到电源的 b 端，如图 2-3 所示。负载上得到电压 $u_d$ 为电源电压 $u_2$（忽略了 $VT_1$ 和 $VT_4$ 的导通电压降），方向为上正下负，$VT_2$ 和 $VT_3$ 则因为 $VT_1$ 和 $VT_4$ 的导通而承受反向的电源电压 $u_2$ 不会导通。因为是电阻性负载，所以电流 $i_d$ 随电压的变化而变化。当电源电压过零时（$\omega t = \pi$ 时刻），电流 $i_d$ 降低为零，即两只晶闸管的阳极电流降低为零，故 $VT_1$ 和 $VT_4$ 会因电流小于维持电流而关断。

在变压器二次电压 $u_2$ 的负半周（即 a 端为负，b 端为正）区间，b 端电位高于 a 端电位，晶闸管 $VT_2$ 和 $VT_3$ 承受正向电压，当 $\omega t = \pi + \alpha$ 时，同时给 $VT_2$ 和 $VT_3$ 施加触发脉冲，则 $VT_2$ 和 $VT_3$ 被触发导通。电流 $i_d$ 从电源 b 端经 $VT_2$、负载 $R_d$、$VT_3$ 回到电源 a 端，如图 2-4 所示。负载上得到电压 $u_d$ 大小为电源电压 $u_2$，方向仍为上正下负，与正半周一致。此时，$VT_1$ 和 $VT_4$ 则因为 $VT_2$ 和 $VT_3$ 的导通而承受反向的电源电压而处于截止状态。直到电源电压负半周结束，电源电压 $u_2$ 过零时，电流 $i_d$ 也过零，使得 $VT_2$ 和 $VT_3$ 关断。下一周期重复上述过程。

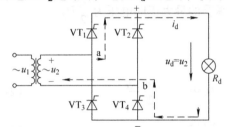
图 2-3　$VT_1$ 和 $VT_4$ 导通时输出电压和电流

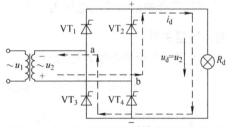
图 2-4　$VT_2$ 和 $VT_3$ 导通时输出电压和电流

图 2-5 为触发延迟角 $\alpha = 30°$ 时负载两端电压 $u_d$ 和晶闸管 $VT_1$ 两端电压 $u_{T1}$ 波形。

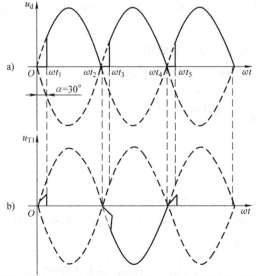

图 2-5　触发延迟角 $\alpha = 30°$ 时负载两端电压 $u_d$ 和晶闸管 $VT_1$ 两端电压 $u_{T1}$ 波形
a）$u_d$ 波形　b）$u_{T1}$ 波形

(2) 晶闸管两端电压分析　图2-5b 为 $\alpha = 30°$ 晶闸管两端电压波形。从图中可以看出，在一个周期内整个波形分为 4 部分。

1) 在 $0 \sim \omega t_1$ 期间，电源电压 $u_2$ 处于正半周，触发脉冲尚未到来，$VT_1 \sim VT_4$ 都处于阻断状态，$VT_1$ 和 $VT_4$ 正向阻断，若忽略晶闸管的正向漏电流，电源电压 $u_2$ 将全部加在 $VT_1$ 和 $VT_4$ 上，每个晶闸管承受电源电压的一半，即 $u_2/2$。

2) 在 $\omega t_1 \sim \omega t_2$ 期间，晶闸管 $VT_1$ 导通，忽略管子的管压降，晶闸管两端电压为 0。

3) 在 $\omega t_2 \sim \omega t_3$ 期间，晶闸管 $VT_1 \sim VT_4$ 都处于阻断状态，$VT_1$ 和 $VT_4$ 反向阻断，晶闸管 $VT_1$ 承受电源电压的一半，即 $u_2/2$。

4) 在 $\omega t_3 \sim \omega t_4$ 期间，晶闸管 $VT_2$ 被触发导通后，$VT_1$ 承受全部电源电压 $u_2$。

通过分析可以得出如下结论。

1) 在单相全控桥式整流电路中，两组晶闸管（$VT_1$、$VT_4$ 和 $VT_2$、$VT_3$）轮流导通，相位上互差 180°，将交流电转变成脉动的直流电。负载上的直流电压输出波形比单相半波时多了一倍。

2) 晶闸管的触发延迟角调节范围为 0°～180°，即电路移相范围为 0°～180°，导通角 $\theta_T = \pi - \alpha$。

3) 晶闸管承受的最大反向电压为 $\sqrt{2}U_2$，而其承受的最大正向电压为 $\frac{\sqrt{2}}{2}U_2$。

**3. 基本数量关系**

(1) 输出直流电压平均值及平均电流

$$U_d = \frac{1}{\pi}\int_\alpha^\pi \sqrt{2}U_2\sin\omega t\, d(\omega t) = 0.9U_2\frac{1+\cos\alpha}{2} \tag{2-2}$$

$$I_d = \frac{U_d}{R_d} = 0.9\frac{U_2}{R_d}\frac{1+\cos\alpha}{2} \tag{2-3}$$

由式 2-2 可知，直流平均电压是触发延迟角 $\alpha$ 的函数，是单相半波整流电路时的两倍。当 $\alpha = 0°$ 时，$U_d = 0.9U_2$ 为最大值；当 $\alpha = \pi$ 时，$U_d = 0$ 为最小值，故电路的移相范围为 0°～180°。

(2) 输出直流电压有效值及电流有效值

输出直流电压有效值是单相半波时的 $\sqrt{2}$ 倍，即

$$U = \sqrt{\frac{1}{\pi}\int_\alpha^\pi (\sqrt{2}U_2\sin\omega t)^2 d(\omega t)} = U_2\sqrt{\frac{1}{2\pi}\sin 2\alpha + \frac{\pi-\alpha}{\pi}} \tag{2-4}$$

输出直流电流有效值

$$I = \frac{U_2}{R_d}\sqrt{\frac{1}{2\pi}\sin 2\alpha + \frac{\pi-\alpha}{\pi}} \tag{2-5}$$

(3) 流过晶闸管电流的平均值和有效值

两组晶闸管 $VT_1$、$VT_4$ 和 $VT_2$、$VT_3$ 在一个周期中轮流导通，故流过每个晶闸管的平均电流为负载平均电流的一半，即

$$I_{dT} = \frac{1}{2}I_d = 0.45\frac{U_2}{R_d}\frac{1+\cos\alpha}{2} \tag{2-6}$$

流过晶闸管的电流有效值

$$I_T = \sqrt{\frac{1}{2\pi}\int_\alpha^\pi \left(\frac{\sqrt{2}U_2}{R_d}\sin\omega t\right)^2 d(\omega t)} = \frac{U_2}{R_d}\sqrt{\frac{1}{4\pi}\sin 2\alpha + \frac{\pi-\alpha}{2\pi}} = \frac{1}{\sqrt{2}}I \quad (2\text{-}7)$$

（4）晶闸管承受的最大电压

$$U_{TM} = \sqrt{2}U_2 \quad (2\text{-}8)$$

### （二）大电感负载

**1. 不接续流二极管**

单相桥式全控整流电路大电感负载电路如图 2-6 所示。在单相半波可控整流电路大电感负载电路中，如果不并接续流二极管，在电源电压过零变负时，电路波形会出现负面积。图 2-7 为触发延迟角 α=30°时负载两端电压和晶闸管 VT$_1$ 两端电压波形。

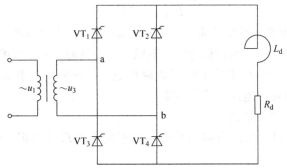

图 2-6　单相桥式全控整流电路大电感负载电路

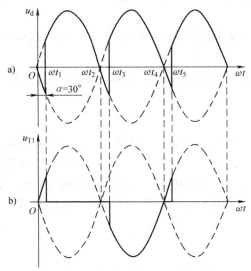

图 2-7　触发延迟角 α=30°时负载两端电压和晶闸管 VT$_1$ 两端电压波形
a) 负载两端 $u_d$ 波形图　b) 晶闸管两端 $u_{T1}$ 波形图

从图 2-7 中可见，当 α=0°时，波形不出现负面积，此时波形与单相不可控桥式整流电路输出电压波形相同。增大触发延迟角 α，在一定范围内，虽然波形也会出现负面积，但正面积总是大于负面积。在这区间输出电压平均值与触发延迟角 α 的关系为

$$U_d = \frac{1}{\pi}\int_\alpha^{\pi+\alpha} \sqrt{2}U_2\sin\omega t\, d(\omega t) = \frac{2\sqrt{2}}{\pi}U_2\cos\alpha = 0.9U_2\cos\alpha \quad (2\text{-}9)$$

在这区间输出电流平均值与触发延迟角 α 的关系为

$$I_d = \frac{U_d}{R_d} = 0.9 \frac{U_2}{R_d}\cos\alpha \qquad (2\text{-}10)$$

若电路电感很大,输出电流连续,为脉动很小的直流,波形近似为一条平直的直线,电路处于稳态。

晶闸管的电流平均值、有效值为

$$I_{dT} = \frac{1}{2}I_d \qquad (2\text{-}11)$$

$$I_T = \frac{1}{\sqrt{2}}I_d \qquad (2\text{-}12)$$

晶闸管承受的最大电压为

$$U_{TM} = \sqrt{2}U_2 \qquad (2\text{-}13)$$

在 $\alpha = 90°$ 时,晶闸管被触发导通,一直要持续到下半周接近 $90°$ 时才被关断,负载两端波形正负面积接近相等,平均值近似为零,其输出电流波形是一条幅度很小的脉动直流。在 $\alpha > 90°$ 时,出现的波形和单相半波大电感负载相似,无论如何调节 $\alpha$,波形正负面积都相等,且波形断续,此时输出电压平均值为零。

通过分析可以得出以下结论。

1)在 $0° \leqslant \alpha < 90°$ 时,虽然负载两端电压波形也会出现负面积,但正面积总是大于负面积。

2)在 $\alpha = 90°$ 时,理想情况下,负载两端电压波形正负面积接近相等,输出电压平均值为 0。

3)在 $\alpha > 90°$ 时,无论如何调节触发延迟角 $\alpha$,负载两端电压波形正负面积都接近相等,且波形断续,输出电压平均值均为 0。

因此,单相桥式全控整流电路大电感负载,不接续流二极管时,有效移相范围是 $0° \sim 90°$。

**2. 接入续流二极管**

为了扩大移相范围,不让负载两端出现负值,并且使输出电流更加平稳,可在负载两端并接续流二极管,如图 2-8 所示。接续流二极管后,$\alpha$ 的移相范围可扩大到 $0 \sim \pi$。在这区间内变化,只要电感量足够大,输出电流就可以保持连续且平稳。如图 2-9 所示为触发延迟角 $\alpha = 60°$ 时负载两端电压、负载电流和晶闸管 $VT_1$ 两端电压波形。

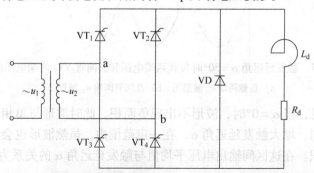

图 2-8 单相桥式全控整流电路大电感负载接续流二极管电路

电源电压正半周,在 $\alpha = 60°$ 时触发晶闸管 $VT_1$ 和 $VT_4$ 导通,负载两端电压与电源电压正半周波形相同,电流方向与没接续流二极管时相同,如图 2-10a 所示。忽略管子的管压降,晶闸管两端电压为 0。

电源电压过零变负时,续流二极管 VD 承受正向电压而导通,晶闸管 $VT_1$ 和 $VT_4$ 承受反向电压而关断,忽略续流二极管的管压降,负载两端电压为 0。此时负载电流不再流回电源,而是经过续流二极管 VD 进行续流,如图 2-10b 所示,释放电感中储存的能量。此时,晶闸管 $VT_1$ 承受电源电压的一半。

电源电压负半周,在 $\alpha = 60°$ 时刻触发 $VT_2$ 和 $VT_3$ 导通,续流二极管 VD 承受反向电压关断,负载两端电压,负载电流方向如图 2-10c 所示,晶闸管 $VT_1$ 承受电压等于电源电压。

电源电压过零变负时,续流二极管 VD 再次导通续流,如图 2-10b 所示。直到晶闸管 $VT_1$ 和 $VT_4$ 再次触发导通。下一周期重复上述过程。

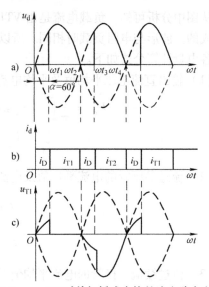

图 2-9 $\alpha = 60°$ 时单相桥式全控整流电路大电感负载接续流二极管电路波形
a) 负载两端电压波形 b) 负载电流波形
c) 晶闸管 $VT_1$ 两端电压波形

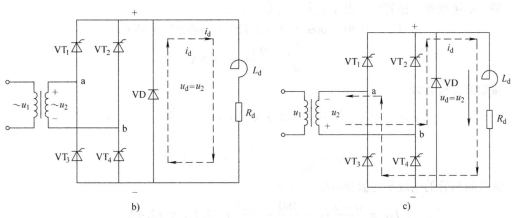

图 2-10 单相桥式全控整流电路大电感负载接续流二极管时电路电流路径
a) $VT_1$ 和 $VT_4$ 导通时输出电流路径 b) 电源电压过零时,续流二极管导通进行续流
c) $VT_2$ 和 $VT_3$ 导通时输出电路路径

从图中分析可知，负载电流是由VT1、VT₄和VT₂、VT₃及续流二极管VD相继轮流导通而形成的。波形与电阻负载时相同。所以，单相桥式全控整流电路大电感负载并接续流二极管的各电量计算公式如下。

（1）输出直流电压平均值及平均电流

$$U_d = \frac{1}{\pi}\int_\alpha^\pi \sqrt{2}U_2\sin\omega t \mathrm{d}(\omega t) = 0.9U_2\frac{1+\cos\alpha}{2} \qquad (2\text{-}14)$$

$$I_d = \frac{U_d}{R_d} = 0.9\frac{U_2}{R_d}\frac{1+\cos\alpha}{2} \qquad (2\text{-}15)$$

（2）流过晶闸管的电流平均值及电流有效值

$$I_{dT} = \frac{\pi-\alpha}{2\pi}I_d \qquad (2\text{-}16)$$

$$I_T = \sqrt{\frac{\pi-\alpha}{2\pi}}I_d \qquad (2\text{-}17)$$

（3）流过续流二极管的电流平均值及电流有效值

$$I_{dD} = \frac{\alpha}{\pi}I_d \qquad (2\text{-}18)$$

$$I_D = \sqrt{\frac{\alpha}{\pi}}I_d \qquad (2\text{-}19)$$

（4）晶闸管和续流二极管承受的最大电压

$$U_{TM} = U_{DM} = \sqrt{2}U_2 \qquad (2\text{-}20)$$

单相桥式全控整流电路具有输出电压脉动小、电压平均值大、整流变压器没有直流磁化及利用率高等优点，但使用的晶闸管器件较多，工作时要求桥臂两管同时导通，脉冲变压器二次侧要求有3~4个绕组，绕组间要承受耐压，绝缘要求较高。单相桥式全控整流电路较适合在逆变电路中应用。

**例2-1** 单相桥式全控整流电路，大电感负载，交流侧电压有效值为220V，负载电阻为4Ω，计算当α=60°时，直流输出电压平均值、输出电流平均值。若在负载两端并接续流二极管，其$U_d$、$I_d$又是多少？取2倍的裕量，选择晶闸管型号。

**解** 不接续流二极管时，由于是大电感负载，故

$$U_d = 0.9U_2\cos\alpha = 0.9 \times 220 \times \cos60°\text{V} = 99\text{V}$$

$$I_d = \frac{U_d}{R_d} = \frac{99}{4}\text{A} = 24.8\text{A}$$

接续流二极管时

$$U_d = 0.9U_2\frac{1+\cos\alpha}{2} = 0.9 \times 220 \times \frac{1+0.5}{2}\text{V} = 148.5\text{V}$$

$$I_d = \frac{U_d}{R_d} = \frac{148.5}{4}\text{A} = 37.1\text{A}$$

流过晶闸管的电流平均值及电流有效值

$$I_{dT} = \frac{\pi-\alpha}{2\pi}I_d = \frac{180°-60°}{360°} \times 37.1\text{A} = 12.4\text{A}$$

$$I_T = \sqrt{\frac{\pi-\alpha}{2\pi}}I_d = \sqrt{\frac{180°-60°}{360°}} \times 37.1\text{A} = 21.4\text{A}$$

确定晶闸管定额电压

$$U_{TM} = U_{DM} = \sqrt{2}U_2 = \sqrt{2} \times 220V = 311V$$
$$2U_{TM} = 2 \times 311V = 622V$$

确定晶闸管定额电流

$$I_{T(AV)} = 2 \times \frac{21.4}{1.57}A = 27.3A$$

故选择晶闸管型号为 KP50 – 7。

## 五、单相桥式整流电路的触发电路

### (一) 锯齿波同步触发电路

对于大、中电流容量的晶闸管，电流容量越大，要求的触发功率就越大，为了保证其触发脉冲具有足够的功率，往往采用由晶体管组成的触发电路。同步电压为锯齿波的触发电路就是其中之一，该电路不受电网波动和波形畸变的影响，移相范围宽，应用广泛。

**1. 锯齿波同步触发电路的组成**

锯齿波同步触发电路由同步环节、锯齿波形成环节、移相控制环节、脉冲形成放大与输出环节组成，其原理如图 2-11 所示。

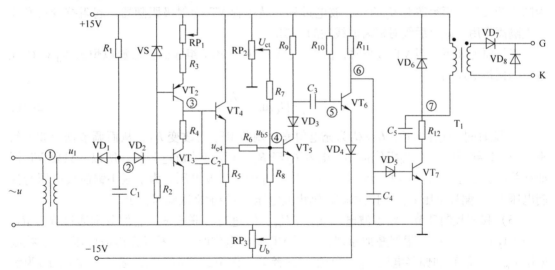

图 2-11　锯齿波同步触发电路的原理

同步环节由同步变压器、$VT_3$、$VD_1$、$VD_2$、$C_1$ 等元器件组成，其作用是利用同步电压来控制锯齿波产生的时刻及锯齿波的宽度。

锯齿波形成环节为 VS、$VT_2$ 等元器件组成的恒流源电路，当 $VT_3$ 截止时，恒流源对 $C_2$ 充电形成锯齿波；当 $VT_3$ 导通时，电容 $C_2$ 通过 $R_4$、$VT_3$ 放电。调节电位器 $RP_1$ 可以调节恒流源的电流大小，从而改变锯齿波的斜率。

移相控制环节由控制电压 $U_{ct}$、偏移电压 $U_b$ 和锯齿波电压在 $VT_5$ 基极综合叠加构成，$RP_2$、$RP_3$ 分别调节控制电压 $U_{ct}$ 和偏移电压 $U_b$ 的大小。

脉冲形成放大与输出环节由 $VT_6$、$VT_7$ 构成，$C_5$ 为强角触发电容改善脉冲的前沿，由脉冲变压器输出触发脉冲。

**2. 锯齿波同步触发电路工作原理及波形分析**

（1）同步环节　同步就是要求锯齿波的频率与主回路电源的频率相同。锯齿波同步电压是由起开关作用的 $VT_3$ 控制的，$VT_3$ 截止期间产生锯齿波，$VT_3$ 截止持续的时间就是锯齿波的宽度，$VT_3$ 开关的频率就是锯齿波的频率。要使触发脉冲与主电路电源同步，必须使 $VT_3$ 开关的频率与主电路电源频率相同。在该电路中将同步变压器和整流变压器接在同一电源上，用同步变压器二次电压来控制 $VT_3$ 的通断，这就保证了触发脉冲与主回路电源的同步。

同步环节工作原理如下：同步变压器二次电压间接加在 $VT_3$ 的基极上，当二次电压为负半周的下降段时，$VD_1$ 导通，电容 $C_1$ 被迅速充电，②点为负电位，$VT_3$ 截止。在二次电压负半周的上升段，电容 $C_1$ 已充至负半周的最大值，$VD_1$ 截止，+15V 通过 $R_1$ 给电容 $C_1$ 反向充电，当②点电位上升至 1.4V 时，$VT_3$ 导通，②点电位被钳位在 1.4V。以上分析可见，$VT_3$ 截止的时间长短，与 $C_1$ 反充电的时间常数 $R_1C_1$ 有关，直到同步变压器二次电压的下一个负半周到来时，$VD_1$ 重新导通，$C_1$ 迅速放电后又被充电，$VT_3$ 又变为截止，如此周而复始。在一个正弦波周期内，$VT_3$ 具有截止与导通两个状态，对应的锯齿波恰好是一个周期，与主电路电源频率完全一致，达到同步的目的。

（2）锯齿波形成环节　该环节由晶体管 $VT_2$ 组成恒流源向电容 $C_2$ 充电，晶体管 $VT_3$ 作为同步开关控制恒流源对 $C_2$ 的充、放电过程，晶体管 $VT_4$ 为射极跟随器，起阻抗变换和前后级隔离作用，减小后级对锯齿波线性的影响。

工作原理如下：当 $VT_3$ 截止时，由 $VT_2$、$VS$、$R_3$、$RP_1$ 组成的恒流源以恒流 $I_{C1}$ 对 $C_2$ 充电，$C_2$ 两端电压为

$$u_{C2} = \frac{1}{C_2}\int I_{C1} dt = \frac{I_{C1}}{C_2}t \tag{2-21}$$

$u_{C2}$ 随时间 $t$ 线性增长。$I_{C1}/C_2$ 为充电斜率，调节 $RP_1$ 可改变 $I_{C1}$，从而调节锯齿波的斜率。当 $VT_3$ 导通时，因 $R_4$ 阻值很小，电容 $C_2$ 经 $R_4$、$VT_3$ 迅速放电到零。所以，只要 $VT_3$ 周期性关断、导通，电容 $C_2$ 两端就能得到线性很好的锯齿波电压。为了减小锯齿波电压与控制电压 $U_{ct}$、偏移电压 $U_b$ 之间的影响，锯齿波电压 $u_{C2}$ 经射极跟随器输出。

（3）移相控制环节　锯齿波电压 $u_{e4}$ 与 $U_{ct}$、$U_b$ 进行并联叠加，它们分别通过 $R_6$、$R_7$、$R_8$ 与 $VT_5$ 的基极相接。根据叠加原理，分析 $VT_5$ 基极电位时，可看成锯齿波电压 $u_{e4}$、控制电压 $U_{ct}$（正值）和偏移电压 $U_b$（负值）三者单独作用的叠加。当三者合成电压 $u_{b5}$ 为负时，$VT_5$ 管截止；合成电压 $u_{b5}$ 由负过零变正时，$VT_5$ 由截止转为饱和导通，$u_{b5}$ 被钳位到 0.7V。

电路工作时，通常将负偏移电压 $U_b$ 调整到某值固定，改变控制电压 $U_{ct}$ 就可以改变 $u_{b5}$ 的波形与横坐标（时间）的交点，也就改变了 $VT_5$ 转为导通的时刻，即改变了触发脉冲产生的时刻，达到移相的目的。设置负偏移电压 $U_b$ 的目的是为了使 $U_{ct}$ 为正，实现从小到大单极性调节。通常设置 $U_{ct}=0$ 时为对应整流电压输出电压为零时的 $\alpha$ 角，作为触发脉冲的初始位置，随着 $U_{ct}$ 的调大 $\alpha$ 角减小，输出电压增加。

（4）脉冲形成放大与输出环节　脉冲形成放大与输出环节由晶体管 $VT_5$、$VT_6$、$VT_7$ 组成，同步移相电压加在晶体管 $VT_5$ 的基极，触发脉冲由脉冲变压器二次侧输出。

工作原理如下：当 $VT_5$ 的基极电位 $u_{b5} < 0.7V$ 时，$VT_5$ 截止，$VT_6$ 经 $R_{10}$ 提供足够的基极

电流使之饱和导通，因此⑥点电位为 -14V（二极管正向压降按0.7V，晶体管饱和压降按0.3V 计算），$VT_7$ 截止，脉冲变压器无电流流过，二次侧无触发脉冲输出。此时电容 $C_3$ 充电。充电回路为：由电源 +15V 端经 $R_9 \to VT_6 \to VD_4 \to$ 电源 -15V 端。$C_3$ 充电电压为 28.4V，极性为左正右负。

当 $u_{b5} = 0.7V$ 时，$VT_5$ 导通，电容 $C_3$ 左侧电位由 +15V 迅速降低至 1V 左右，由于电容 $C_3$ 两端电压不能突变，使 $VT_6$ 的基极电位⑤点跟着突降到 -27.4V，导致 $VT_6$ 截止，它的集电极⑥点电位升至 1.4V，于是 $VT_7$ 导通，脉冲变压器输出脉冲。与此同时，电容 $C_3$ 由 15V 经 $R_{10}$、$VD_3$、$VT_5$ 放电后又反向充电，使⑤点电位逐渐升高，当⑤点电位升到 -13.6V 时，$VT_6$ 发射结正偏导通，使⑥点电位从 1.4V 又降为 -14V，迫使 $VT_7$ 截止，输出脉冲结束。

由以上分析可知，$VT_5$ 开始导通的瞬时是输出脉冲产生的时刻，也是 $VT_6$ 转为截止的瞬时。$VT_6$ 截止的持续时间就是输出脉冲的宽度，脉冲宽度由 $C_3$ 反向充电的时间常数（$\tau_3 = C_3 R_{10}$）来决定，输出窄脉冲时，脉宽通常为 1ms（即 18°）。

此外，$R_{12}$ 为 $VT_7$ 的限流电阻；电容 $C_5$ 用于改善输出脉冲的前沿陡度；$VD_6$ 可以防止 $VT_7$ 截止时脉冲变压器一次侧的感应电动势与电源电压叠加造成 $VT_7$ 的击穿；$VD_7$、$VD_8$ 是为了保证输出脉冲只能正向加在晶闸管的门极和阴极两端。

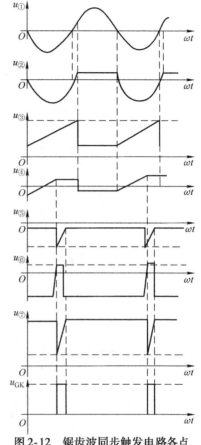

图 2-12 锯齿波同步触发电路各点电压波形（$\alpha = 90°$）

锯齿波同步触发电路各点电压波形如图 2-12 所示。

### 3. 具有双窄脉冲、强触发和脉冲封锁环节的锯齿波同步触发电路

要求较高的触发电路需带有强触发环节，特殊情况下还需要脉冲封锁等环节。图 2-13 是具有这几个环节的锯齿波同步触发电路。

（1）双窄脉冲的形成　三相桥式全控整流电路要求触发脉冲为双脉冲，相邻两个脉冲间隔为 60°，该电路可以实现双脉冲输出去触发晶闸管。

双脉冲形成环节的工作原理如下：$VT_5$、$VT_6$ 两个晶体管构成"或门"电路，当 $VT_5$、$VT_6$ 都导通时，$VT_7$、$VT_8$ 都截止，没有脉冲输出。但只要 $VT_5$、$VT_6$ 中有一个截止，就会使 $VT_7$、$VT_8$ 导通，脉冲就可以输出。$VT_5$ 基极端由本相同步移相环节送来的负脉冲信号使其截止，导致 $VT_8$ 导通，送出第 1 个窄脉冲，接着由滞后 60° 的后相触发电路在产生其本相脉冲的同时，由 $VT_4$ 管的集电极经 $R_{12}$ 的 X 端送到本相的 Y 端，经电容 $C_4$（微分）产生负脉冲送到 $VT_6$ 基极，使 $VT_6$ 截止，于是本相的 $VT_8$ 又导通一次，输出滞后 60° 的第 2 个窄脉冲。$VD_3$、$R_{12}$ 的作用是为了防止双脉冲信号的相互干扰。

对于三相桥式全控整流电路，电源三相 U、V、W 为正相序时，6 只晶闸管的触发顺序

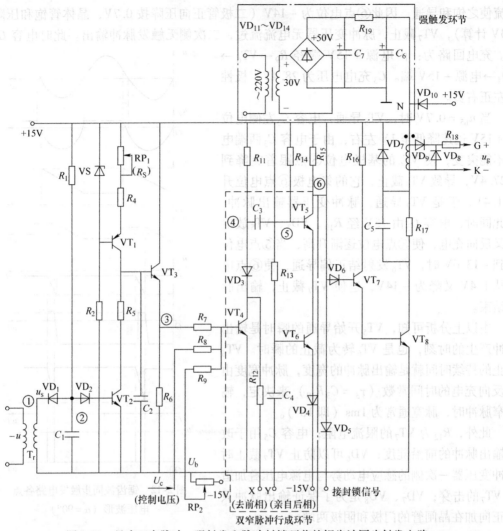

图 2-13 具有双窄脉冲、强触发和脉冲封锁环节的锯齿波同步触发电路

为 $VT_1 \to VT_2 \to VT_3 \to VT_4 \to VT_5 \to VT_6$，彼此间隔 $60°$，为了得到双脉冲，6 块触发板的 X、Y 可按图 2-14 所示方式连接，即后相的 X 端与前相的 Y 端相连。应当注意的是，使用这种触发电路的晶闸管装置，三相电源的相序是确定的，在安装使用时，应该先测定电源的相序，进行正确的连接。如果电源的相序接反了，装置将不能正常的工作。

(2) 强触发及脉冲封锁环节  在晶闸管串、并联使用或桥式全控整流电路中，为了保证被触发的晶闸管同时导通，可采用输出幅值高、前沿陡的强脉冲触发电路。强触发环节为图 2-13 中右上角那部分电路。

工作原理：变压器二次侧 30V 电压经桥式整流，电容和电阻 π 形滤波，得到近似 50V 的直流电压，当 $VT_8$ 导通时，$C_6$ 经过脉冲变压器、$R_{17}$（$C_5$）、$VT_8$ 迅速放电，由于放电回路电阻较小，电容 $C_6$ 两端电压衰减很快，N 点电位迅速下降。当 N 点电位稍低于 15V 时，二极管 $VD_{10}$ 由截止变为导通，这时虽然 50V 电源电压较高，但它向 $VT_8$ 提供较大电流时，在 $R_{19}$ 上的压降较大，使 $R_{19}$ 的左端不可能超过 15V，因此 N 点电位被钳制在 15V。当 $VT_8$ 由导通变为截止时，50V 电源又通过 $R_{19}$ 向 $C_6$ 充电，使 N 点电位再次升到 50V，为下一次强触发做准备。波形如图 2-15 所示。

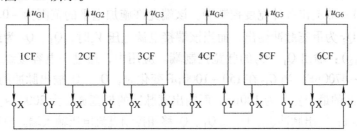

图 2-14 双脉冲实现的连接图

电路中的脉冲封锁信号为零电位或负电位，是通过 $VD_5$ 加到 $VT_5$ 集电极的。当封锁信号接入时，晶体管 $VT_7$、$VT_8$ 就不能导通，触发脉冲无法输出。二极管 $VD_5$ 的作用是防止封锁信号接地时，经 $VT_5$、$VT_6$ 和 $VD_4$ 到 -15V 之间产生大电流通路。

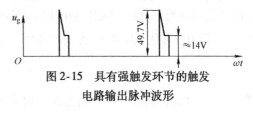

图 2-15 具有强触发环节的触发电路输出脉冲波形

锯齿波同步触发电路具有抗干扰能力强、不受电网电压波动与波形畸变的直接影响、移相范围宽的优点，缺点是整流装置的输出电压 $u_d$ 与控制电压之间不成线性关系，电路较复杂。

**（二）西门子 TCA785 集成触发电路**

TCA785 是德国西门子（Siemens）公司于 1988 年前后开发的第三代晶闸管单片移相触发集成电路，与其他芯片相比，具有温度适用范围宽、对过零点时识别更加可靠、输出脉冲的整齐度更好、移相范围更宽等优点。另外，由于它输出脉冲的宽度可手动自由调节，所以适用范围更广泛。

**1. 西门子 TCA785 介绍**

（1）西门子 TCA785 引脚介绍　TCA785 采用标准的双列直插式 16 引脚（DIP - 16）封装，它的引脚排列如图 2-16 所示。

各引脚的名称、功能及用法如下。

引脚 16（$V_S$）：电源端。使用中直接接用户为该集成电路工作提供的工作电源正端。

引脚 1（$Q_S$）：接地端。使用中与直流电源 $V_S$、同步电压 $V_{SYNC}$ 及移相控制信号 $V_{11}$ 的地端相连接。

引脚 4（$\overline{Q_1}$）和引脚 2（$\overline{Q_2}$）：输出脉冲 1 与 2 的非端。该两端可输出宽度变化的脉冲信号，其相位互差 180°，两路脉冲的宽度均受非脉冲宽度控制端引脚 13（L）的控制。它们的高电平最高幅值为电源电压 $V_S$，允许最大负载电流为 10mA。若该两端输出脉冲在系统中不用时，电路自身结构允许其开路。

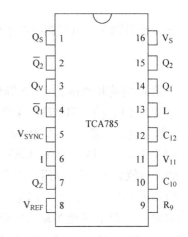

图 2-16 TCA785 的引脚排列

引脚 14（$Q_1$）和引脚 15（$Q_2$）：输出脉冲 1 和 2 端。该两端也可输出宽度变化的脉冲，相位同样互差 180°，脉冲宽度受它们的脉宽控制端（引脚 12）的控制。两路脉冲输出高电平的最高幅值为$V_S$。

引脚13（L）：非输出脉冲宽度控制端。该端允许施加电平的范围为$-0.5V \sim V_S$，当该端接地时，$\overline{Q}_1$、$\overline{Q}_2$为最宽脉冲输出，而当该端接电源电压$V_S$时，$\overline{Q}_1$、$\overline{Q}_2$为最窄脉冲输出。

引脚12（$C_{12}$）：输出$Q_1$、$Q_2$的脉宽控制端。应用中，通过一电容接地，电容$C_{12}$的电容量范围为150~4700pF，当$C_{12}$在150~1000pF变化时，$Q_1$、$Q_2$输出脉冲的宽度亦在变化，该两端输出窄脉冲的最窄宽度为$100\mu s$，而输出宽脉冲的最宽宽度为$2000\mu s$。

引脚11（$V_{11}$）：输出脉冲$\overline{Q}_1$、$\overline{Q}_2$及$Q_1$、$Q_2$移相控制直流电压输入端。应用中，通过输入电阻接用户控制电路输出，当TCA785工作于50Hz，且自身工作电源电压$V_S$为15V时，则该电阻的典型值为$15k\Omega$，移相控制电压$V_{11}$的有效范围为$0.2V \sim (V_S - 2)V$，当其在此范围内连续变化时，输出脉冲$\overline{Q}_1$、$\overline{Q}_2$及$Q_1$、$Q_2$的相位便在整个移相范围内变化，其触发脉冲出现的时刻为

$$t_{rr} = \frac{V_{11} R_9 C_{10}}{U_{REF} K} \tag{2-22}$$

式中 $R_9$、$C_{10}$、$U_{REF}$——分别为连接到TCA785引脚9的电阻、引脚10的电容及引脚8输出的基准电压；

$K$——常数，其作用为降低干扰。

应用中引脚11通过$0.1\mu F$的电容接地，通过$2.2\mu F$的电容接正电源。

引脚10（$C_{10}$）：外接锯齿波电容连接端。$C_{10}$的使用范围为$500pF \sim 1\mu F$。该电容的最小充电电流为$10\mu A$，最大充电电流为$1mA$，它的大小受连接于引脚9的电阻$R_9$控制，$C_{11}$两端锯齿波的最高峰值为$V_S - 2V$，其典型后沿下降时间为$80\mu s$。

引脚9（$R_9$）：锯齿波电阻连接端。该端的电阻$R_9$决定着$C_{10}$的充电电流，其充电电流可按下式计算

$$I_{10} = V_{REF} \frac{K}{R_9} \tag{2-23}$$

连接于引脚9的电阻亦决定了引脚10锯齿波电压幅值的高低，锯齿波幅值为

$$V_{10} = \frac{V_{REF} K t}{R_9 C_{10}} \tag{2-24}$$

电阻$R_9$的应用范围为$3 \sim 300k\Omega$。

引脚8（$V_{REF}$）：TCA785自身输出的高稳定基准电压端。该端负载能力为驱动10块CMOS集成电路。随着TCA785应用的工作电源电压$V_S$及其输出脉冲频率的不同，$V_{REF}$的变化范围为$2.8 \sim 3.4V$，当TCA785应用的工作电源电压为15V，输出脉冲频率为50Hz时，$V_{REF}$的典型值为3.1V。如用户电路中不需要应用$V_{REF}$，则该端可以开路。

引脚7（$Q_Z$）和引脚3（$Q_V$）：TCA785输出的两个逻辑脉冲信号端。其高电平脉冲幅值最大为$V_S - 2V$，高电平最大负载能力为10mA。$Q_Z$为窄脉冲信号，它的频率为输出脉冲$\overline{Q}_1$与$\overline{Q}_2$或$Q_1$与$Q_2$的两倍，是$\overline{Q}_1$与$\overline{Q}_2$或$Q_1$与$Q_2$的或信号，$Q_V$为宽脉冲信号，其宽度为移相控制角$\phi + 180°$，它与$\overline{Q}_1$、$\overline{Q}_2$或$Q_1$、$Q_2$同步，频率与$Q_1$、$Q_2$或$\overline{Q}_1$、$\overline{Q}_2$相同，该两逻辑脉冲信号可用来提供给用户的控制电路作为同步信号或其他用途，不用时该两端可开路。

引脚6（I）：脉冲信号禁止端。该端的作用是封锁$Q_1$、$Q_2$或$\overline{Q}_1$、$\overline{Q}_2$的输出脉冲，该端通常通过阻值$10k\Omega$的电阻接地或接正电源，允许施加的电压范围为$-0.5V \sim V_S$。当该端通过电阻接地或该端电压低于2.5V时，则封锁功能起作用，输出脉冲被封锁；而该端通过

电阻接正电源或该端电压高于 4V 时，则封锁功能不起作用。该端允许低电平最大灌电流为 0.2mA，高电平最大拉电流为 0.8mA。

引脚 5（$V_{SYNC}$）：同步电压输入端。应用中，需对地端接两个正、反向并联的限幅二极管。随着该端与同步电源之间所接电阻阻值的不同，同步电压可以取不同的值。当所接电阻为 200kΩ 时，同步电压可直接取交流 220V。

（2）西门子 TCA785 内部结构　TCA785 的内部结构如图 2-17 所示。TCA785 内部主要由过零检测电路、同步寄存器、锯齿波产生电路、基准电源电路、放电监视比较器、移相比较器、定时控制与脉冲控制电路、逻辑运算与功放电路组成。

TCA785 内部的同步寄存器和逻辑运算电路均由基准电源供电，基准电压的稳定性对整个电路的性能有很大影响，通过引脚 8 可测量基准电压是否正常。

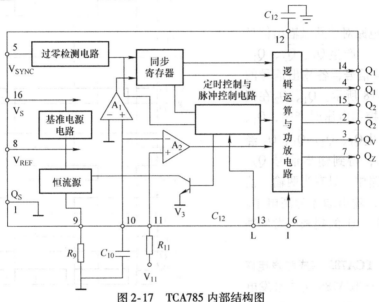

图 2-17　TCA785 内部结构图
$A_1$—放电监视比较器　$A_2$—移相比较器

锯齿波产生电路主要由内部的恒流源、放电晶体管和外接的 $R_9$、$C_{10}$ 等组成，恒流源的输出电流由电阻 $R_9$ 决定，该电流对电容 $C_{10}$ 充电。由于充电电流恒定，所以 $C_{10}$ 两端可形成线性度极佳的锯齿波电压。定时控制电路输出脉冲到放电晶体管的基极，该输出脉冲为低电平时，放电管截止，恒流源对 $C_{10}$ 充电；定时控制电路输出脉冲为高电平时，放电管导通，$C_{10}$ 通过放电管放电。由于定时控制电路输出脉冲的频率为同步信号频率的两倍，所以同步信号经过半个周期，$C_{10}$ 两端就产生一个锯齿波电压，波形如图 2-18 所示。

锯齿波电压加到移相比较器的反相端，与加到同相端的移相控制电压比较。当锯齿波电压高于控制电压时，移相比较器输出信号立即翻转，该信号经倒向后，加到逻辑运算电路。

锯齿波电压也加到放电监控比较器的同相端。由于该比较器反相端所加的基准电压很低（一般为几十毫伏），所以，只有锯齿波电压起始处，锯齿波电压才小于基准电压，此时放电监控比较器输出一个极窄的低电平脉冲，为由 D 触发器构成的同步寄存器提供开启电压。

过零检测电路把正弦波同步信号变换成频率相同的、占空比为 50% 的方波信号。该方波信号经同步寄存器变换后，可直接送入后级的逻辑运算电路。

定时控制电路的作用是为锯齿波产生器和移相比较器提供周期性的放电脉冲,使放电晶体管交替导通和截止。脉冲控制电路的作用是:在激励信号的作用下,根据外接电容 $C_{12}$ 的充放电特性,产生控制输出脉冲宽度的信号。输出脉冲宽度由引脚12的外接电容器 $C_{12}$ 决定。不接 $C_{12}$ 时,脉冲宽度由内部电容器决定,脉宽约为 $30\mu s$,外接电容与脉宽的关系可查阅相关资料。

逻辑运算电路对前几级输出信号进行逻辑运算,产生 $\overline{Q_1}$、$\overline{Q_2}$、$Q_1$、$Q_2$、$Q_Z$、$Q_V$ 等信号,各输出信号的波形,如图2-18所示。$Q_1$、$Q_2$ 在锯齿波电压高于控制电压时产生,$Q_1$、$Q_2$ 经非门后产生 $\overline{Q_1}$、$\overline{Q_2}$。$\overline{Q_1}$、$\overline{Q_2}$ 经异或非运算后,得到输出信号 $Q_Z$。在异或非门电路中,只有当两输入信号完全相同时,输出端才为高电平。$Q_V$ 则是随着 $Q_1$、$Q_2$ 的到来而发生翻转的输出信号。

**2. 西门子TCA785集成触发电路**

(1) 西门子TCA785集成触发电路组成 西门子TCA785集成触发电路如图2-19所示。同步信号从TCA785集成触发器的第5脚输入,"过零检测"部分对同步电压信号进行检测,当检测到同步信号过零时,信号送"同步寄存器","同步寄存器"输出控制锯齿波发生电路。锯齿波的斜率大小由第9脚外接电阻和10脚外接电容决定;输出脉冲宽度由12脚外接电容的大小决定;14、15脚输出对应负半周和正半周的触发脉冲,移相控制电压从11脚输入。

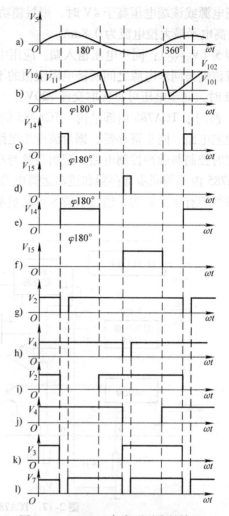

图2-18 TCA785各主要引脚的输入、输出电压波形

a) 第5脚同步电压 $V_5$ 波形  b) 10脚锯齿波电压 $V_{10}$ 及11脚移相控制电压 $V_{11}$ ($V_{101}$ 为最小锯齿波电压,$V_{102}$ 为最大锯齿波电压)
c) 引脚12接电容时14脚波形  d) 引脚12接电容时15脚波形
e) 引脚12接地时14脚波形  f) 引脚12接地时15脚波形
g) 引脚13接地时2脚波形  h) 引脚13接地时4脚波形
i) 引脚13接 $V_S$ 时2脚波形  j) 引脚13接 $V_S$ 时4脚波形
k) 引脚3 $Q_V$ 波形  l) 引脚7 $Q_Z$ 波形

(2) 西门子TCA785集成触发电路工作原理及波形分析 电位器 $RP_1$ 调节锯齿波的斜率,电位器 $RP_2$ 则调节输入的移相控制电压,调节晶闸管触发延迟角。脉冲从14、15脚输出,输出的脉冲恰好互差180°,各点波形如图2-20所示。

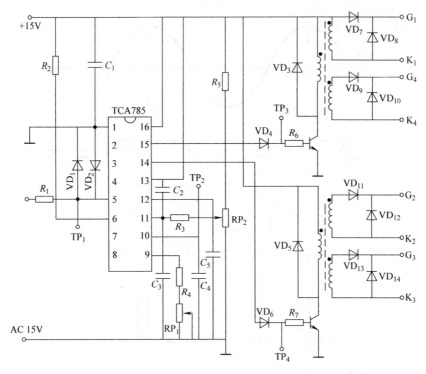

图 2-19 西门子 TCA785 基础触发电路

### 🔷 任务实施

根据任务要求调试锯齿波同步触发电路、西门子 TCA785 集成触发电路、单相桥式全控整流电路电阻性负载。

### 一、任务说明

触发电路调试可以选做锯齿波同步触发电路调试或西门子 TCA785 集成触发电路调试，主电路可以选做单相桥式全控整流电路电阻性负载的调试。

### 二、实施步骤

**（一）锯齿波同步触发电路调试**

**1. 所需仪器设备**

1）DJDK-1 型电力电子技术及电机控制实验装置（含 DJK01 电源控制屏、DJK03-1 晶闸管触发电路）1 套。

2）示波器 1 台。

3）螺钉旋具 1 把。

4）万用表 1 块。

5）导线若干。

**2. 测试前准备**

1）课前预习相关知识。

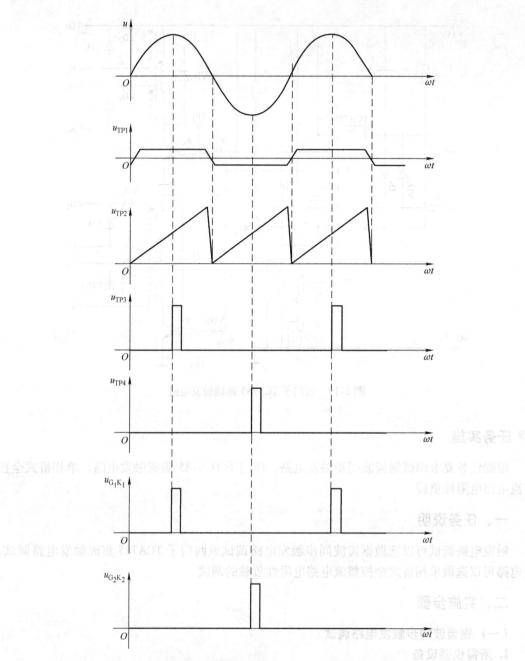

图2-20　TCA785集成触发电路的各点电压波形（$\alpha = 90°$）

2）清点相关材料、仪器和设备。
3）填写任务单测试前准备部分。

**3. 操作步骤及注意事项**

1）接线。与单结晶体管触发电路接线相同。
2）锯齿波同步触发电路调试。
注意：主电路电压为200V，测试时防止触电。

① 按下电源控制屏的"启动"按钮,打开 DJK03-1 电源开关,这时挂件中所有的触发电路都开始工作。

② 用示波器观察锯齿波同步触发电路各点波形。用示波器分别测试锯齿波同步触发电路的同步电压(~7V 上面端子)和1、2、3、4、5、6 七个测试孔的波形。观察同步电压和"1"点的电压波形,了解"1"点波形形成的原因;观察"1""2"点的电压波形,了解锯齿波宽度和"1"点电压波形的关系;调节电位器 $RP_1$,观测"2"点锯齿波斜率的变化;观察"3"~"6"点电压波形,在任务单的调试过程记录中记下各波形的幅值与宽度,并比较"3"点电压 $U_3$ 和"6"点电压 $U_6$ 的对应关系。

③ 调节脉冲的移相范围。将控制电压 $U_{ct}$ 调至零(将电位器 $RP_2$ 顺时针旋到底),用示波器观察同步电压信号和"6"点波形,调节偏移电压 $U_b$(即调 $RP_3$ 电位器),使 $\alpha=170°$,其波形如图 2-21 所示。

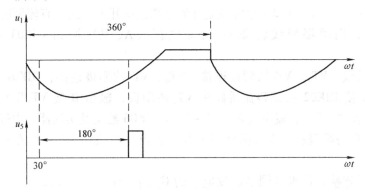

图 2-21 锯齿波同步移相触发电路

④ 调节 $U_{ct}$(即电位器 $RP_2$)使 $\alpha=60°$,观察并记录 $U_1 \sim U_6$ 及输出波形"G、K"脉冲电压的波形,标出其幅值与宽度,并记录在任务单的调试过程记录中。

**4. 任务实施标准**

| 序号 | 内容 | 配分 | | 评分细则 | 得分 |
|---|---|---|---|---|---|
| 1 | 接线 | 5 | | 接线错误1根扣5分 | |
| 2 | 示波器使用 | 20 | | 使用错误1次扣5分 | |
| 3 | 锯齿波同步触发电路波形测试 | 45 | 15 | 测试过程错误1处扣5分 | |
| | | | 15 | 参数记录,每缺1项扣2分 | |
| | | | 15 | 无波形分析扣15分,分析错误或不全酌情扣分 | |
| 4 | 操作规范 | 20 | | 违反操作规程1次扣10分,元器件损坏1个扣10分,烧熔断器1次扣5分 | |
| 5 | 现场整理 | 10 | | 经提示后能将现场整理干净扣5分,不合格本项0分 | |
| | | 合计 | | | |

**(二)单相桥式全控整流电路电阻性负载调试**

**1. 所需仪器设备**

1)DJDK-1 型电力电子技术及电机控制实验装置(含 DJK01 电源控制屏、DJK02 晶闸管主电路、DJK03-1 晶闸管触发电路、DJK06 给定及实验器件）1 套。

2）示波器 1 台。

3）螺钉旋具 1 把。

4）万用表 1 块。

5）导线若干。

**2. 测试前准备**

1）课前预习相关知识。

2）清点相关材料、仪器和设备。

3）填写任务单测试前准备部分。

**3. 操作步骤及注意事项**

（1）接线

1）触发电路接线。将 DJK01 电源控制屏的电源选择开关打到"直流调速"侧，使输出线电压为 200V，用两根导线将 200V 交流电压（A、B）接到 DJK03-1 的"外接 220V"端。

2）主电路接线。$VT_1$、$VT_3$ 的阴极连接，$VT_4$、$VT_6$ 的阳极连接；DJK01 电源控制屏的三相电源输出 A 接 DJK02 三相整流桥路中 $VT_1$ 的阳极，输出 B 接 $VT_3$ 阳极，$VT_1$ 阴极接 DJK02 直流电流表"+"，直流电流表的"-"接 DJK06 给定及实训器件中灯泡的一端，灯泡的另一端接 $VT_4$ 的阳极；将 $VT_1$ 阴极接 DJK02 直流电压表"+"，直流电压表接 $VT_4$ 的阳极。

3）触发脉冲连接。锯齿波同步触发电路的 $G_1$、$K_1$ 接 $VT_1$ 的门极和阴极，$G_4$、$K_4$ 接 $VT_6$ 的门极和阴极，$G_2$、$K_2$ 接 $VT_3$ 的门极和阴极，$G_3$、$K_3$ 接 $VT_4$ 的门极和阴极，如图 2-22 所示。

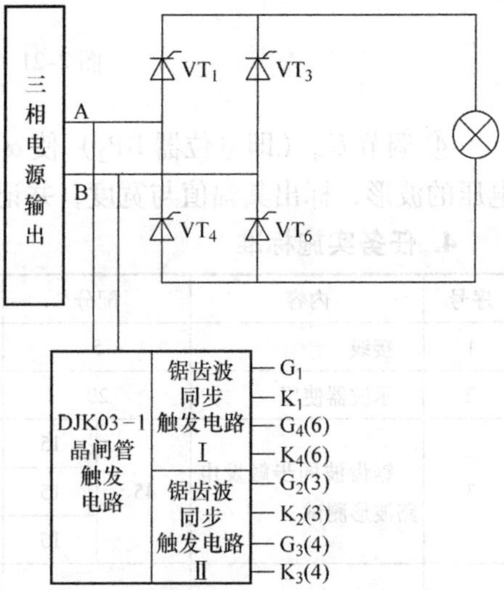

注意：电源选择开关不能打到"交流调速"侧工作；A、B 接"外接 220V"端，严禁接到触发电路中其他端子。把 DJK02 中"正桥触发脉冲"对应晶闸管的触发脉冲开关打到"断"的位置。

（2）触发电路调试

1）按下电源控制屏的"启动"按钮，打开 DJK03-1 电源开关，电源指示灯亮，这时挂件中所有的触发电路都开始工作。

2）用示波器测试触发电路各点的波形，将控制电压 $U_{ct}$ 调至零（将电位器 $RP_2$ 顺时针旋到底），观察同步电压信号和"6"点 $U_6$ 的波形，调节偏移电压 $U_b$（即调节 $RP_3$ 电位器），使 $\alpha = 180°$。

图 2-22 单相桥式全控整流电路电阻性负载接线图

（3）调光灯电路调试

1）观察灯泡亮度的变化。按下电源控制屏的"启动"按钮，打开 DJK03-1 电源开关，保持 $U_b$ 偏移电压不变（即 $RP_3$ 固定），逐渐增加 $U_{ct}$（调节 $RP_2$），观察电压表、电流表的读数以及灯泡亮度的变化。

2）观察负载两端波形并记录输出电压大小。保持偏移电压 $U_b$ 不变（即 $RP_3$ 固定），逐渐增加 $U_{ct}$（调节 $RP_2$），用示波器观察并记录 $α = 0°、30°、60°、90°、120°$ 时的 $U_d、U_T$ 波形，并测量直流输出电压 $U_d$ 和电源电压 $U_2$ 值，记录于任务单的测试过程记录表中。

**4. 任务实施标准**

| 序号 | 内容 | 配分 | | 评分细则 | 得分 |
|---|---|---|---|---|---|
| 1 | 接线 | 10 | | 接线错误1根扣5分 | |
| 2 | 示波器使用 | 20 | | 使用错误1次扣5分 | |
| 3 | 锯齿波同步触发电路调试 | 10 | 5 | 调试过程错误1处扣5分 | |
| | | | 5 | 没观察记录触发脉冲移相范围扣5分 | |
| 4 | 调光灯电路调试 | 30 | 15 | 测试过程错误1处扣5分 | |
| | | | 15 | 参数记录，每缺1项扣2分 | |
| 5 | 操作规范 | 20 | | 违反操作规程1次扣10分，元器件损坏1个扣10分，烧熔断器1次扣5分 | |
| 6 | 现场整理 | 10 | | 经提示后能将现场整理干净扣5分，不合格本项0分 | |
| | | 合计 | | | |

## 三、任务结束

操作结束后，拆除接线，整理操作台、断电，清扫场地。
注意：拆线前请确认电源已经断开。

## 四、任务思考

（1）简述锯齿波同步触发电路的基本组成。
（2）锯齿波同步触发电路中如何实现触发脉冲与主回路电源的同步？
（3）锯齿波触发电路中如何改变触发脉冲产生的时刻，达到移相的目的？
（4）锯齿波电路中输出脉冲的宽度由什么来决定？
（5）TCA785 触发电路有哪些特点？TCA785 触发电路的移相范围和脉冲宽度与哪些参数有关？

# 任务2　直流电动机调压调速电路的制作

## 任务解析

通过完成本任务，学生应掌握单相桥式全控整流调压调速电路的安装与调试。

## 知识链接

在实际的生产中可以利用晶闸管电路把直流电转变为交流电送回到电网中去，例如：应用晶闸管调速的电力机车，当机车下坡时，使直流电动机当作发电机运行，就能将机车的位能通过晶闸管转变成电能送回电网中去。单相整流电路供电的直流电动机就可以利用到这种属于位能性负载的卷扬机系统中。

## 一、单相桥式半控整流电路

将单相桥式全控整流电路中一对晶闸管换成两只整流二极管，就构成了单相桥式半控整流电路，如图2-23a所示。它与单相桥式全控整流电路相比，较为经济，触发装置也相应简单一些。在中、小容量的相控整流装置中得到广泛应用。

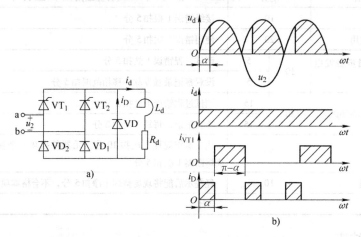

图2-23 单相桥式半控整流带电感性负载电路及波形
a) 电路图 b) 波形图

单相桥式半控整流电路的工作特点：晶闸管需触发才导通；整流二极管则自然换相导通。在接电阻性负载时，其工作情况与单相桥式全控整流电路相同，输出电压、电流波形及元器件参数的计算公式也都一样，下面只着重分析接电感性负载的工作情况。

**1. 电路工作原理**

假设负载中电感量足够大，负载电流连续，其波形近似为一直线。在电源电压的正半周时，触发晶闸管 $VT_1$，则 $VT_1$、$VD_1$ 导通，电流从电源 a 端经 $VT_1$、负载、$VD_1$ 回到电源 b 端，负载两端整流电压，当电源电压过零进入负半周时，电感上的感应电动势将使 $VT_1$ 承受正向电压而继续保持导通，而此时由于 b 端电位较 a 端电位高，二极管 $VD_2$ 承受正偏电压而导通，$VD_1$ 承受反偏电压截止，电流从 $VD_1$ 转换到 $VD_2$，负载电流经 $VD_2$、$VT_1$ 构成回路而继续导通，不经过变压器自然续流。在续流期间，忽略 $VT_1$、$VD_2$ 管压降，负载上的整流电压。触发 $VT_2$ 使其导通，$VT_1$ 承受反向电压而关断，电流从电源 b 端经 $VT_2$、负载、$VD_2$ 回到电源 a 端，负载上得到相同的整流电压。同样，当过零变正时，$VD_1$ 自然换相导通，$VD_2$ 截止，$VT_2$、$VD_1$ 自然换相。

整流输出电压、负载电流及各元器件流过的电流波形如图2-23b所示。移相范围为 $0 \sim \alpha$（晶闸管导通角）。

由于电路波形与桥式全控整流大电感负载接续流二极管电路相似，所以计算式也相同，输出直流电压、电流平均值分别为

$$U_d = 0.9 U_2 \frac{1 + \cos\alpha}{2} \tag{2-25}$$

$$I_d = \frac{U_d}{R_d} \tag{2-26}$$

晶闸管中流过的电流平均值、有效值及可能承受的最高电压分别为

$$I_{dT} = \frac{\pi - \alpha}{2\pi} I_d \tag{2-27}$$

$$I_T = \sqrt{\frac{\pi - \alpha}{2\pi}} I_d \tag{2-28}$$

$$U_{TM} = \sqrt{2} U_2 \tag{2-29}$$

流过续流二极管的电流平均值、有效值及可能承受的最高电压分别为

$$I_{dD} = \frac{\alpha}{\pi} I_d \tag{2-30}$$

$$I_D = \sqrt{\frac{\alpha}{\pi}} I_d \tag{2-31}$$

$$U_{DM} = \sqrt{2} U_2 \tag{2-32}$$

关于晶闸管及整流二极管上的波形，根据上述电路工作原理，可自行分析。但值得注意的是，当两只晶闸管均不导通时，一只晶闸管承受电源电压，另一只管则因阳极与阴极等电位而不承受电压。

**2. 大电感负载不接续流二极管时的情况**

（1）失控现象　从上述工作原理可知，共阴极连接的晶闸管 $VT_1$、$VT_2$ 被触发后才导通；$VD_1$、$VD_2$ 自然换相导通，改变触发延迟角 $\alpha$ 即可改变整流输出电压平均值的大小。电路似乎可以不必接续流二极管就能正常工作。但实际运行中，该电路在接大电感负载的情况下，若突然关断触发脉冲或将 $\alpha$ 迅速移到180°，在没有接入续流二极管 VD 时，可能出现一只晶闸管直通、两只整流二极管交替导通的失控现象。如在正半周，当 $VT_1$ 触发导通后，欲停止工作而停发触发脉冲（或因故障造成丢失脉冲），此后 $VT_2$ 无触发脉冲而处于阻断状态，在过零进入负半周后，电流从 $VD_1$ 换到 $VD_2$。由于电感上感应电动势的作用，电流经 $VT_1$、$VT_2$ 继续流通，如图 2-24a 中虚线所示。如果电感量很大，晶闸管 $VT_1$ 将维持导通到电源电压进入下一个周期的正半周，$VT_1$ 承受正向电压继续导通，电流又从 $VD_2$ 自动换相到 $VD_1$，依次循环工作下去，出现 $VT_1$ 直通，$VD_1$、$VD_2$ 轮流导通现象，电路失去控制。输出变成为单相半波不可控整流电压波形，晶闸管 $VT_1$ 也会过热而损坏。其失控电压波形如图 2-24b 所示。

（2）续流二极管的作用　为了防止失控现象发生，在负载回路两端并接一续流二极管 VD。续流二极管的作用是取代晶闸管和桥臂中整流二极管的续流作用。在波形的正半周，$VT_1$、$VD_1$ 导通，VD 承受反向电压截止，从过零变负时，在电感的感应电动势作用下，使 VD 承受正偏电压而导通，负载电流经感性负载及续流二极管 VD 构成通路，电感释放能量，晶闸管 $VT_1$ 将随过零而恢复阻断，防止了失控现象发生。接续流二极管后，输出整流电压的波形与不接续流二极管时相同，但流过晶闸管和整流二极管的波形则因二者导通角不同而不一样。图 2-23b 所示为单相桥式半控带续流二极管电路的电压、电流波形。

**例 2-2**　某电感性负载采用带续流二极管的单相桥式半控整流电路供电，如图 2-24a 所示。已知：电感线圈的内阻 $R_d = 5\Omega$，输入交流电压有效值 $U_2 = 220V$，触发延迟角 $\alpha = 60°$。

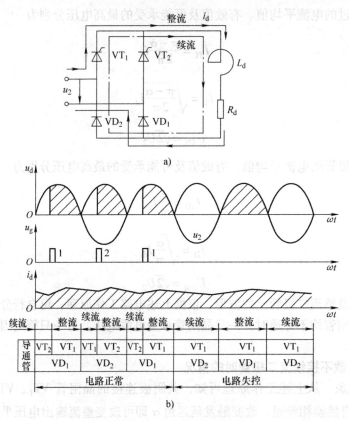

图 2-24 单相桥式半控整流大电感负载不接续流二极管失控现象
a) 电路图 b) 波形图

试求晶闸管与续流二极管的电流平均值及有效值,并选择整流电路中的电力电子器件。

**解** 整流输出电压平均值

$$U_d = 0.9 U_2 \frac{1+\cos\alpha}{2} = 0.9 \times 220 \frac{1+\cos 60°}{2} V = 149 V$$

负载电流平均值

$$I_d = \frac{U_d}{R_d} = \frac{149}{5} A = 30 A$$

流过晶闸管的电流平均值及电流有效值

$$I_{dT} = \frac{\pi-\alpha}{2\pi} I_d = \frac{180°-60°}{360°} \times 30A = 10A$$

$$I_T = \sqrt{\frac{\pi-\alpha}{2\pi}} I_d = \sqrt{\frac{180°-60°}{360°}} \times 30A = 17.3A$$

流过续流二极管的电流平均值及电流有效值

$$I_{dD} = \frac{\alpha}{\pi} I_d = \frac{60°}{180°} \times 30A = 10A$$

$$I_D = \sqrt{\frac{\alpha}{\pi}} I_d = \sqrt{\frac{60°}{180°}} \times 30A = 17.3A$$

确定晶闸管定额电压
$$U_{TM} = U_{DM} = \sqrt{2}U_2 = \sqrt{2} \times 220V = 311V$$
$$2U_{TM} = 2 \times 311V = 622V$$

确定晶闸管定额电流
$$I_{T(AV)} = 2 \times \frac{17.3}{1.57}A = 22A$$

故选择晶闸管型号为 KP20-7，整流管和续流二极管的型号为 KZ20-7。

### ◆ 任务实施

根据任务要求调试单相桥式全控整流电阻电感性负载电路。

### 一、任务说明

主电路做单相桥式全控整流电路电阻电感性负载电路的调试。

### 二、实施步骤

**1. 所需仪器设备**

1）DJDK-1 型电力电子技术及电机控制实验装置（含 DJK01 电源控制屏、DJK02 晶闸管主电路、DJK03-1 晶闸管触发电路、DJK06 给定及实验器件）1 套。

2）示波器 1 台。

3）螺钉旋具 1 把。

4）万用表 1 块。

5）导线若干。

**2. 测试前准备**

1）课前预习相关知识。

2）清点相关材料、仪器和设备。

3）填写任务单测试前准备部分。

**3. 操作步骤及注意事项**

（1）接线

1）触发电路接线。将 DJK01 电源控制屏的电源选择开关打到"直流调速"侧，使输出线电压为 200V，用两根导线将 200V 交流电压（A、B）接到 DJK03-1 的"外接 220V"端。

2）主电路接线。$VT_1$、$VT_3$ 的阴极连接，$VT_4$、$VT_6$ 的阳极连接；DJK01 电源控制屏的三相电源输出 A 接 DJK02 三相整流桥路中 $VT_1$ 阳极，输出 B 接 $VT_3$ 阳极，$VT_1$ 阴极接 DJK02 电感的"*"，电感 700mH 端接直流电流表"+"，直流电流表的"-"接 D42 的负载电阻的一端，电阻的另一端接 $VT_4$ 的阳极；将 $VT_1$ 阴极接 DJK02 直流电压表"+"，直流电压表"-"接 $VT_4$ 的阳极；DJK06 中二极管阳极接直流电压表"-"，开关的一端接电流表的"-"，如图 2-25 所示。

3）触发脉冲连接。将锯齿波同步触发电路的 $G_1$、$K_1$ 接 $VT_1$ 的门极和阴极，$G_4$、$K_4$ 接 $VT_6$ 的门极和阴极，$G_2$、$K_2$ 接 $VT_3$ 的门极和阴极，$G_3$、$K_3$ 接 $VT_4$ 的门极和阴极，如图 2-25

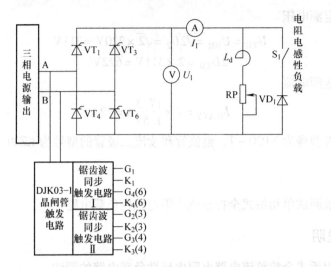

图 2-25　单相桥式全控整流电路电阻电感性负载接线图

所示。

注意：电源选择开关不能打到"交流调速"侧；A、B 接"外接 220V"端，严禁接到触发电路中其他端子；把 DJK02 中"正桥触发脉冲"对应晶闸管触发脉冲的开关打到"断"的位置；负载电阻调到最大值；二极管极性不能接反；通电调试前将与二极管串联的开关拨到"断"位置。

（2）单相桥式全控整流电路电阻电感性负载不接续流二极管调试（与二极管串联的开关拨到"断"）

注意：主电路电压为 200V，测试时防止触电。改变 RP 的电阻值过程中，注意观察电流表，电流表读数不能超过 1A。

1）按下电源控制屏的"启动"按钮，打开 DJK03 - 1 电源开关，电源指示灯亮，这时挂件中所有的触发电路都开始工作。

2）示波器测试触发电路各点的波形，将控制电压 $U_{ct}$ 调至零（将电位器 $RP_2$ 顺时针旋到底），观察同步电压信号和"6"点 $U_6$ 的波形，调节偏移电压 $U_b$（即调节电位器 $RP_3$），使 $\alpha = 180°$。

3）观察负载两端波形并记录输出电压大小。调节电位器 $RP_2$，使触发延迟角 $\alpha = 30°$、60°、90°、120°时（在每一触发延迟角时，可保持电感量不变，改变 RP 的电阻值，注意电流不要超过 1A），观察最理想的 $u_d$ 波形，并在任务单的调试过程记录中记录此时输出电压 $u_d$ 波形和输出电压 $U_d$ 值。

（3）单相桥式全控整流电路电阻电感性负载接续流二极管调试

1）将与二极管串联的开关拨到"通"。

2）观察负载两端波形并记录输出电压大小。调节电位器 $RP_1$，使触发延迟角 $\alpha = 30°$、60°、90°、120°时（在每一触发延迟角时，可保持电感量不变，改变 RP 的电阻值，注意电流不要超过 1A），观察最理想的 $u_d$ 波形，并在任务单的调试过程记录中记录此时输出电压 $u_d$ 波形和输出电压 $U_d$ 值。

## 4. 任务实施标准

| 序号 | 内容 | 配分 | | 评分细则 | 得分 |
|---|---|---|---|---|---|
| 1 | 接线 | 15 | | 每接错1根扣5分，二极管接反扣10分 | |
| 2 | 示波器使用 | 10 | | 使用错误1次扣5分 | |
| 3 | 不接VD电路调试 | 15 | 5 | 调试过程错误1处扣5分 | |
| | | | 10 | 参数记录，每缺1项扣2分 | |
| 4 | 接VD电路调试 | 30 | 15 | 测试过程错误1次扣5分 | |
| | | | 15 | 参数记录，每缺1项扣2分 | |
| 5 | 操作规范 | 20 | | 违反操作规程1次扣10分，元器件损坏1个扣10分，烧熔断器1次扣5分 | |
| 6 | 现场整理 | 10 | | 经提示后能将现场整理干净扣5分，不合格本项0分 | |
| | 合计 | | | | |

## 三、任务结束

操作结束后，拆除接线，整理操作台、断电、清扫场地。
注意：拆线前请确认电源已经断开。

## 四、任务思考

（1）单相桥式全控整流电路中，若有一只晶闸管因过电流而烧成短路，结果会怎样？若这只晶闸管烧成断路，结果又会怎样？

（2）如图2-26所示电路，已知电源电压220V，电阻电感性负载，负载电阻$R_d = 5\Omega$，晶闸管的触发延迟角为60°。

1）试画出晶闸管两端承受的电压波形。

2）晶闸管和续流二极管每周期导通多少度？

3）选择晶闸管型号。

（3）已知单相桥式全控整流电路，带大电感负载，$U_2 = 220V$，$R_d = 412\Omega$。当$\alpha = 60°$时分别计算负载两端并接续流二极管前、后的$U_d$、$I_{dT}$、$I_{dD}$及$I_T$、$I_D$值；画出$u_d$、$i_T$、$u_T$的波形；选择晶闸管的型号。

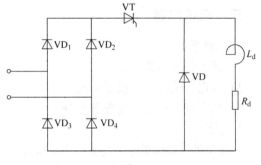

图2-26 任务思考（2）图

（4）晶闸管在使用时突然损坏，有哪些可能的原因？

（5）单相桥式半控整流电路其主电路和触发电路工作都正常，当所带白炽灯泡灯丝被烧断后，用示波器观察晶闸管两端电压波形、二极管两端电压波形以及灯泡两端电压波形有何不同？

（6）某电阻负载$R = 50\Omega$，要求输出电压在0~600V可调，试用单相半波和单相全波两种供电，分别计算：①晶闸管额定电压、电流值。②负载电阻上消耗的最大功率。

## 项目总结

本项目主要介绍了单相桥式全控整流调压调速电路的设计制作与调试，学生通过本项目任务的操作完成了锯齿波同步触发电路、单相桥式全控整流电路的连接及调试工作，为后续学习三相桥式全控整流调压调速电路的设计与制作奠定了基础。

## 实训项目

### 实训一　锯齿波同步触发电路调试（西门子 TCA785 集成触发电路调试）

#### 一、训练目标

1) 加深理解锯齿波集成同步移相触发电路的工作原理及各元器件的作用。
2) 掌握西门子的 TCA785 集成锯齿波同步移相触发电路的调试方法。

#### 二、训练器材

1) DJDK-1 型电力电子技术及电机控制实验装置（含 DJK01 电源控制屏、DJK03-1 晶闸管触发电路）1 套。
2) 示波器 1 台。
3) 螺钉旋具 1 把。
4) 万用表 1 块。
5) 导线若干。

#### 三、训练内容

**1. 测试前准备**

1) 课前预习相关知识。
2) 清点相关材料、仪器和设备。
3) 填写任务单测试前准备部分。

**2. 接线**

接线与单结晶体管触发电路接线相同。

**3. 西门子 TCA785 触发电路调试**

注意：主电路电压为 200V，测试时防止触电。

1) 按下电源控制屏的"启动"按钮，打开 DJK03-1 电源开关，这时挂件中所有的触发电路都开始工作。

2) 用示波器观察西门子 TCA785 触发电路各点波形。

用示波器分别测试单相晶闸管触发电路的同步电压（~15V 上面端子）和 1、2、3、4 五个测试孔的波形。观察同步电压和"1"点的电压波形，了解"1"点波形形成的原因；观察"2"点的锯齿波波形，调节电位器 $RP_1$，观测"2"点锯齿波斜率的变化；观察"3""4"两点输出脉冲的波形，计算两波形相位差，并记录在任务单的调试过程记录中。

3) 调节触发脉冲的移相范围。调节 $RP_2$ 电位器，用示波器观察同步电压信号和"3"

点 G 的波形，观察和记录触发脉冲的移相范围。

4）调节电位器 $RP_2$ 使 $\alpha=60°$，观察并记录 $u_1 \sim u_4$ 输出波形，标出其幅值与宽度，并记录在任务单的调试过程记录中。

## 四、测评标准

| 测评内容 | 配分 | 评分标准 | 扣分 | 得分 |
| --- | --- | --- | --- | --- |
| 指针式万用表的使用 | 30 | （1）使用前的准备工作没进行扣 5 分<br>（2）读数不正确扣 15 分<br>（3）操作错误每处扣 5 分<br>（4）由于操作不当导致仪表损坏扣 20 分 | | |
| 检测晶闸管的质量 | 30 | （1）使用前的准备工作没进行扣 5 分<br>（2）检测档位不正确扣 15 分<br>（3）操作错误每处扣 5 分<br>（4）由于操作不当导致元器件损坏扣 30 分 | | |
| 示波器的使用 | 40 | （1）使用前的准备工作没进行扣 5 分<br>（2）检测档位不正确扣 15 分<br>（3）操作错误每处扣 5 分<br>（4）由于操作不当导致元器件损坏扣 30 分 | | |
| 安全文明操作 | | 违反安全生产规程视现场具体违规情况扣分 | | |
| 合计总分 | | | | |

## 实训二 单相桥式半控整流电路调试

### 一、训练目标

1）加深对单相桥式半控整流电路带电阻性、电阻电感性负载时各工作情况的理解。

2）了解续流二极管在单相桥式半控整流电路中的作用，学会对实验中出现的问题加以分析和解决。

### 二、训练器材

1）DJK01 电源控制屏。
2）DJK02 晶闸管主电路。
3）DJK03-1 晶闸管触发电路。
4）DJK06 给定及实验器件。
5）D42 三相可调电阻若干。
6）双踪示波器 1 台。
7）万用表 1 块。

### 三、训练内容

**1. 接线**

本实训线路如图 2-27 所示，两组锯齿波同步移相触发电路均在 DJK03-1 挂件上，它们由同一个同步变压器保持与输入的电压同步,触发信号加到共阴极的两个晶闸管,图中的 $RP_1$、$RP_2$ 用 D42 三相可调电阻,将两个 900Ω 电阻接成并联形式,二极管 $VD_1$、$VD_2$、$VD_3$ 及开关 $S_1$ 均在 DJK06 挂件上,电感 $L_d$ 在 DJK02 面板上,有 100mH、200mH、700mH 三档可供选择,本实验用 700mH,直流电压表、电流表从 DJK02 挂件获得。

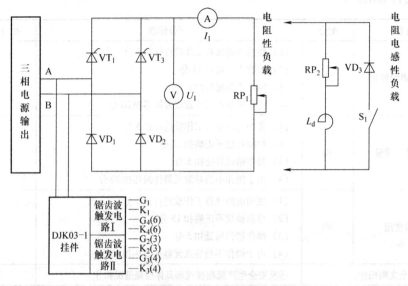

图 2-27 单相桥式半控整流电路实训线路图

**2. 观察波形**

将 DJK01 电源控制屏的电源选择开关打到"直流调速"侧使输出线电压为 200V,用两根导线将 200V 交流电压接到 DJK03-1 的"外接 220V"端,按下"启动"按钮,打开 DJK03-1 电源开关,用双踪示波器观察"锯齿波同步触发电路"各观察孔的波形。

**3. 锯齿波同步移相触发电路调试**

其调试方法同前。令 $U_{ct}=0$ 时($RP_2$ 电位器顺时针转到底),$\alpha=170°$。

**4. 单相桥式半控整流电路带电阻性负载**

按原理图 2-27 接线。(注意:触发脉冲是从外部接入 DJK02 面板上晶闸管的门极和阴极,此时,应将所用晶闸管对应的正桥触发脉冲或反桥触发脉冲的开关拨向"断"的位置,并将 $U_{lf}$ 及 $U_{lr}$ 悬空,避免误触发。)主电路接可调电阻 $RP_1$,将电阻器调到最大阻值位置,按下"启动"按钮,用示波器观察负载电压 $u_d$、晶闸管两端电压 $u_{VT}$ 和整流二极管两端电压 $u_{VD1}$ 的波形,调节锯齿波同步移相触发电路上的移相控制电位器 $RP_2$,观察并记录在不同 $\alpha$ 角时 $u_d$、$u_{VT}$、$u_{VD1}$ 的波形,测量相应电源电压 $U_2$ 和负载电压 $U_d$ 的数值,记录于下表中。

| $\alpha$ | 30° | 60° | 90° | 120° | 150° |
|---|---|---|---|---|---|
| $U_2$ | | | | | |
| $U_d$(记录值) | | | | | |
| $U_d/U_2$ | | | | | |
| $U_d$(计算值) | | | | | |

计算公式：$U_d = 0.9U_2(1+\cos\alpha)/2$

**5. 单相桥式半控整流电路带电阻电感性负载**

1）断开主电路后，将负载换成将平波电抗器 $L_d$（700mH）与电阻 $R$ 串联。

2）不接续流二极管 $VD_3$，接通主电路，用示波器观察不同触发延迟角 $\alpha$ 时 $u_d$、$u_{VT}$、$u_{VD1}$、$i_d$ 的波形，并测定相应的 $U_2$、$U_d$ 数值，记录于下表中。

| $\alpha$ | 30° | 60° | 90° |
|---|---|---|---|
| $U_2$ | | | |
| $U_d$（记录值） | | | |
| $U_d/U_2$ | | | |
| $U_d$（计算值） | | | |

3）在 $\alpha=60°$ 时，移去触发脉冲（将锯齿波同步触发电路上的"$G_3$"或"$K_3$"拔掉），观察并记录移去脉冲前、后 $u_d$、$u_{VT1}$、$u_{VT3}$、$u_{VD1}$、$u_{VD2}$、$i_d$ 的波形。

4）接上续流二极管 $VD_3$，接通主电路，观察不同触发延迟角 $\alpha$ 时 $u_d$、$u_{VD3}$、$i_d$ 的波形，并测定相应的 $U_2$、$U_d$ 数值，记录于下表中。

| $\alpha$ | 30° | 60° | 90° |
|---|---|---|---|
| $U_2$ | | | |
| $U_d$（记录值） | | | |
| $U_d/U_2$ | | | |
| $U_d$（计算值） | | | |

5）在接有续流二极管 $VD_3$ 及 $\alpha=60°$ 时，移去触发脉冲（将锯齿波同步触发电路上的"$G_3$"或"$K_3$"拔掉），观察并记录移去脉冲前、后 $u_d$、$u_{VT1}$、$u_{VT3}$、$u_{VD2}$、$u_{VD1}$ 和 $i_d$ 的波形。

**6. 单相桥式半控整流电路带反电动势负载**（选做）

要完成此实训还应加一只直流电动机。

1）断开主电路，将负载改为直流电动机，不接平波电抗器 $L_d$，调节锯齿波同步触发电路上的 $RP_2$ 使 $U_d$ 由零逐渐上升，用示波器观察并记录不同 $\alpha$ 时输出电压 $u_d$ 和电动机电枢两端电压 $u_a$ 的波形。

2）上平波电抗器，重复上述实训步骤。

注意：带直流电动机做实验时，要避免电枢电压超过其额定值，转速也不要超过1.2倍的额定值，以免发生意外，影响电机功能。另外，必须要先加励磁电源，然后加电枢电压，停机时要先将电枢电压降到零后，再关闭励磁电源。

## 四、测评标准

| 测评内容 | 配分 | 评分标准 | 扣分 | 得分 |
|---|---|---|---|---|
| 指针式万用表的使用 | 30 | (1) 使用前的准备工作没进行扣 5 分<br>(2) 读数不正确扣 15 分<br>(3) 操作错误每处扣 5 分<br>(4) 由于操作不当导致仪表损坏扣 20 分 | | |
| 检测晶闸管的质量 | 30 | (1) 使用前的准备工作没进行扣 5 分<br>(2) 检测档位不正确扣 15 分<br>(3) 操作错误每处扣 5 分<br>(4) 由于操作不当导致元器件损坏扣 30 分 | | |
| 检测电机 | 40 | (1) 使用前的准备工作没进行扣 5 分<br>(2) 检测档位不正确扣 15 分<br>(3) 操作错误每处扣 5 分<br>(4) 由于操作不当导致元器件损坏扣 30 分 | | |
| 安全文明操作 | | 违反安全生产规程视现场具体违规情况扣分 | | |
| 合计总分 | | | | |

## 实训三 单相桥式全控整流电路电阻电感性负载调试

### 一、训练目标

1) 加深对单相桥式全控整流电路带电阻电感性负载时各工作情况的理解。
2) 了解单相桥式变流电路整流的全过程,学会对实训中出现的问题加以分析和解决。

### 二、训练器材

1) DJK01 电源控制屏。
2) DJK02 晶闸管主电路。
3) DJK03-1 晶闸管触发电路。
4) DJK06 给定及实验器件。
5) D42 三相可调电阻。
6) 双踪示波器 1 台。
7) 万用表 1 块。

### 三、训练内容

**1. 接线**

本实训线路如图 2-28 所示,单相桥式整流带电阻电感性负载,其输出负载用 D42 三相可调电阻器 RP,将两个 900Ω 接成并联形式,电抗 $L_d$ 用 DJK02 面板上的 700mH,直流电压、电流表均在 DJK02 面板上。触发电路采用 DJK03-1 组件挂箱上的"锯齿波同步移相触发电路 Ⅰ"和"Ⅱ"。

项目2 直流电动机调压调速电路的设计与制作

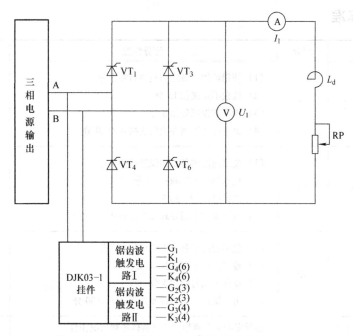

图2-28 单相桥式整流实训原理图

**2. 触发电路的调试**

1）触发电路的调试。将DJK01电源控制屏的电源选择开关打到"直流调速"侧使输出线电压为200V，用两根导线将200V交流电压接到DJK03-1的"外接220V"端，按下"启动"按钮，打开DJK03-1电源开关，用示波器观察锯齿波同步触发电路各观察孔的电压波形。

2）将控制电压$U_{ct}$调至零，观察同步电压信号和"6"点$U_6$的波形，调节偏移电压$U_b$，使$\alpha = 180°$。

3）将锯齿波触发电路的输出脉冲端分别接至全控桥中相应晶闸管的门极和阴极，注意不要把相序接反了，否则无法进行整流和逆变。将DJK02上的正桥和反桥触发脉冲开关都打到"断"的位置，并使$U_{lf}$和$U_{lr}$悬空，确保晶闸管不被误触发。

**3. 单相桥式全控整流电路的调试**

1）按图2-28接线，将电阻器放在最大阻值处，按下"启动"按钮，保持$U_b$偏移电压不变（具体根据设备进行调节即可）。

2）逐渐增加$U_{ct}$，在$\alpha = 0°$、30°、60°、90°、120°时，用示波器观察、记录整流电压$u_d$和晶闸管两端电压$u_{VT}$的波形，并记录电源电压$U_2$和负载电压$U_d$的数值于下表中。

| $\alpha$ | 30° | 60° | 90° | 120° |
| --- | --- | --- | --- | --- |
| $U_2$ | | | | |
| $U_d$（记录值） | | | | |
| $U_d$（计算值） | | | | |

计算公式：$U_d = 0.9U_2(1 + \cos\alpha)/2$

## 四、测评标准

| 测评内容 | 配分 | 评分标准 | 扣分 | 得分 |
|---|---|---|---|---|
| 指针式万用表的使用 | 30 | （1）使用前的准备工作没进行扣 5 分<br>（2）读数不正确扣 15 分<br>（3）操作错误每处扣 5 分<br>（4）由于操作不当导致仪表损坏扣 20 分 | | |
| 检测晶闸管的质量 | 30 | （1）使用前的准备工作没进行扣 5 分<br>（2）检测档位不正确扣 15 分<br>（3）操作错误每处扣 5 分<br>（4）由于操作不当导致元器件损坏扣 30 分 | | |
| 整流电路调试 | 40 | （1）使用前的准备工作没进行扣 5 分<br>（2）检测档位不正确扣 15 分<br>（3）操作错误每处扣 5 分<br>（4）由于操作不当导致元器件损坏扣 30 分 | | |
| 安全文明操作 | | 违反安全生产规程视现场具体违规情况扣分 | | |
| 合计总分 | | | | |

## 习 题

### 一、填空题

1. 单相桥式全控整流电路中，若有一只晶闸管因过电流而烧成短路，结果会_____。
2. 单相桥式全控整流电路中，若有一只晶闸管烧成断路，结果会_____。
3. 单相桥式全控整流电路带大电感负载时，它与单相桥式半控整流电路中的续流二极管的作用是_____，
原因是_____。
4. 直流电动机负载单相全控桥整流电路中，串接平波电抗器的意义是_____。

### 二、综合题

1. 单相桥式全控整流电路，带大电感负载，交流侧电流有效值为 220V，负载电阻 $R_d$ 为 4Ω，计算当 $\alpha = 60°$ 时，直流输出电压平均值 $U_d$、输出电流的平均值 $I_d$；若在负载两端并接续流二极管，其 $U_d$、$I_d$ 又是多少？此时流过晶闸管和续流二极管的电流平均值和有效值又是多少？画出上述两种情形下的电压电流波形。

2. 单相桥半控整流电路，对直流电动机供电，加有电感量足够大的平波电抗器和续流二极管，变压器二次电压 220V，若触发延迟角 $\alpha = 60°$，且此时负载电流 $I_d = 30A$，计算晶闸管、整流二极管和续流二极管的电流平均值及有效值，以及变压器的二次电流 $I_2$、容量 $S$。

3. 如图 2-29a 所示，晶闸管的 $\alpha$ 为 60°，试画出晶闸管承受的电压波形，整流管和续流二极管每周期各导电多少度？并计算晶闸管、整流二极管以及续流二极管的电流平均值和有效值。已知电源电压是 220V，负载是电感性负载，电阻为 5Ω。

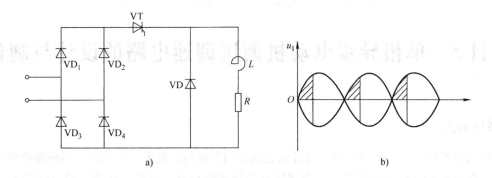

图 2-29 综合题 3 图
a) 电路图　b) 波形图

# 项目 3　单相异步电动机调压调速电路的设计与制作

## 📎 项目导入

晶闸管不仅能调节整流电压，而且也能用来调节电热、照明，还可用于各种感性或容性交流负载和异步电动机的调速。交流调压器与饱和电抗器、自耦变压器、感应调压器相比较，具有体积小、重量轻、调节方便、节省电能等优点，因此它得到广泛应用。

## 📎 学习目标

1）熟练掌握电力电子器件的识别、检测与典型应用。
2）通过了解电力电子产品的典型应用，熟悉电力电子产品的特性。
3）熟练掌握电力电子产品的设计原理。
4）熟练掌握电力电子产品的制作及工艺。

## 📎 项目实施

## 任务 1　单相异步电动机调压调速电路的设计

### 📎 任务解析

通过完成本任务，学生应掌握双向晶闸管的特性、工作原理、检测及设计计算等。

### 📎 知识链接

电风扇无级调速器在日常生活中随处可见，也是单相异步电动机调压调速电路的典型应用之一。对于常见的电风扇无级调速器，旋动其旋钮便可以调节电风扇的速度，如图 3-1 所

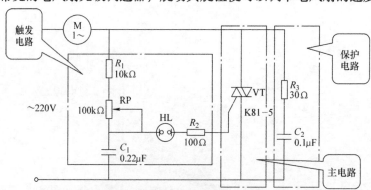

图 3-1　双向晶闸管构成的单相异步电动机调压调速电路原理图

示为电路原理图。单相异步电动机调速方法有串电抗器调速、电动机绕组内部抽头调速、晶闸管调速、变频器调速等。其中双向晶闸管调速是通过控制晶闸管的导通角,改变输出电压的大小,从而实现调速。

## 一、双向晶闸管结构及测试方法

### (一)双向晶闸管的结构

双向晶闸管的外形与普通晶闸管类似,有塑封式、螺栓式、平板式,但其内部是一种 NPNPN 五层结构的三端器件,包括两个主电极 $T_1$、$T_2$,一个门极 G,其外形如图 3-2 所示。双向晶闸管的内部结构、等效电路及图形符号如图 3-3 所示。

图 3-2 双向晶闸管的外形

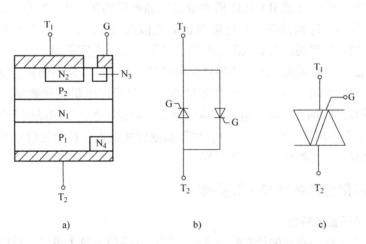

图 3-3 双向晶闸管内部结构、等效电路及图形符号
a)内部结构 b)等效电路 c)图形符号

从图 3-3 可见,双向晶闸管相当于两个晶闸管反并联($P_1N_1P_2N_2$ 和 $P_2N_1P_1N_4$),不过它只有一个门极 G,由于 $N_3$ 区的存在,使得门极 G 相对于 $T_1$ 端无论是正的或是负的,都能触发,而且 $T_1$ 相对于 $T_2$ 既可以是正,也可以是负。

### (二)双向晶闸管的测试

**1. 双向晶闸管管脚判别**

双向晶闸管的管脚判别可先从外观上进行识别。多数的小型塑封双向晶闸管,面对印字面,管脚朝下,则从左向右的排列顺序依次为主电极 $T_1$、主电极 $T_2$ 和门极 G,但也有例外。

为方便学习,下面给出常见双向晶闸管管脚排列情况,如图 3-4 所示。

## 2. 双向晶闸管测试

（1）双向晶闸管电极的判别

1）确定第二阳极 $T_2$。用万用表 $R \times 1\Omega$ 或 $R \times 10\Omega$ 档分别测量双向晶闸管任意两管脚之间的电阻值，当出现其中某两管脚正、反向测量都导通时，那么这两只管脚为 G 和 $T_1$，另一只管脚为 $T_2$；或者如果某管脚与另外两管脚在正、反向测量时都不通，那么这只管脚为 $T_2$。

2）判别 G、$T_1$。用万用表 $R \times 1\Omega$ 或 $R \times 10\Omega$ 档，测量 G、$T_1$ 极间正、反向电阻（第二阳极 $T_2$ 已知），读数相对较小的那次测量的黑表笔所接管脚为第一阳极，红表笔所接管脚为门极 G。

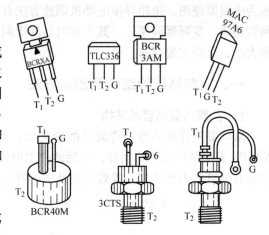

图 3-4 常见双向晶闸管管脚排列

（2）双向晶闸管的好坏测试

1）用万用表 $R \times 100\Omega$ 或 $R \times 1k\Omega$ 档测量双向晶闸管的 $T_1$、$T_2$ 之间的正、反向电阻应近似无穷大，测量 G、$T_1$ 间的正、反向电阻也应近似无穷大，如果测得的电阻都很小，则说明被测双向晶闸管的极间已击穿或漏电短路，性能不良，不宜使用。

2）用万用表 $R \times 1\Omega$ 或 $R \times 10\Omega$ 档测量双向晶闸管的 $T_1$、G 之间的正、反向电阻，若读数在几十欧至一百欧之间，则正常。而且测量 G、$T_1$ 间正向电阻时读数要比反向电阻稍微小些。如果测得 G、$T_1$ 间正、反向电阻均为无穷大，则说明被测双向晶闸管已经开路损坏。

3）在判别双向晶闸管的 G、$T_1$ 极时，如果晶闸管能在正、负触发信号下触发导通，则证明该晶闸管具有双向可控性，其性能完好。

## 二、双向晶闸管的特性与主要参数

### （一）双向晶闸管的特性

双向晶闸管有正反向对称的伏安特性曲线。正向部分位于第 I 象限，反向部分位于第 III 象限，如图 3-5 所示。

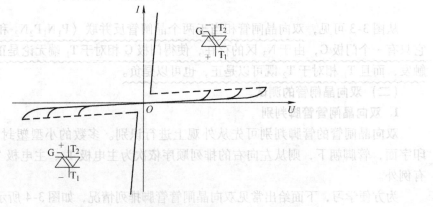

图 3-5 双向晶闸管伏安特性

从双向晶闸管特性曲线可以看出，第Ⅰ和第Ⅲ象限内具有基本相同转换性能。双向晶闸管工作时，它的 $T_1$ 和 $T_2$ 间加正（负）压，若门极无电压，只要 $T_1$ 和 $T_2$ 间电压低于转折电压，它就不会导通，处于阻断状态。若门极加一定的正（负）压，则双向晶闸管在 $T_1$ 和 $T_2$ 间电压小于转折电压时被门极触发导通。

### （二）双向晶闸管的主要参数

双向晶闸管的主要参数中只有额定电流与普通晶闸管有所不同，其他参数定义相似。

**1. 双向晶闸管的额定电流**

由于双向晶闸管工作在交流电路中，正反向电流都可以流过，所以它的额定电流不用平均值而用有效值来表示。双向晶闸管的额定电流定义：在标准散热条件下，当器件的单向导通角大于170°时，允许流过器件的最大交流正弦电流的有效值，用 $I_{T(RMS)}$ 表示。

**2. 双向晶闸管的峰值电流**

根据双向晶闸管额定电流的定义，可知双向晶闸管的峰值电流 $I_m$ 为有效值 $I_{T(RMS)}$ 的 $\sqrt{2}$ 倍，即 $I_m = \sqrt{2} I_{T(RMS)}$。

**3. 双向晶闸管额定电流与普通晶闸管额定电流之间的关系**

双向晶闸管额定电流与普通晶闸管额定电流之间的换算关系式为

$$I_{T(AV)} = \frac{\sqrt{2}}{\pi} I_{T(RMS)} = 0.45 I_{T(RMS)} \tag{3-1}$$

以此推算，一个100A的双向晶闸管与两个反并联45A的普通晶闸管电流容量相等。

国产KS型双向晶闸管的主要参数和分级的规定见表3-1。

表3-1 双向晶闸管的主要参数

| 系列数值参数 | 额定通态电流有效值 $I_{T(RMS)}$/A | 断态重复峰值电压（额定电压）$U_{DRM}$/V | 断态重复峰值电流 $I_{DRM}$/mA | 额定结温 $T_{jm}$/℃ | 断态电压临界上升率 $du/dt$/(V/μs) | 通态电流临界上升率 $di/dt$/(A/μs) | 换向电流临界下降率 $di/dt$/(A/μs) | 门极触发电流 $I_{GT}$/mA | 门极触发电压 $U_{GT}$/V | 门极峰值电流 $I_{GM}$/A | 门极峰值电压 $U_{GM}$/V | 维持电流 $I_H$/mA | 通态平均电压 $U_{T(AV)}$/V |
|---|---|---|---|---|---|---|---|---|---|---|---|---|---|
| KS1 | 1 | | <1 | 115 | ≥20 | — | | 3~100 | ≤2 | 0.3 | 10 | | |
| KS10 | 10 | | <10 | 115 | ≥20 | — | | 5~100 | ≤3 | 2 | 10 | | 上限值各厂由浪涌电流和结温的合格形式试验决定并满足 $\|U_{T1} - U_{T2}\| \leq 0.5V$ |
| KS20 | 20 | 100~200 | <10 | 115 | ≥20 | — | ≥0.2% $I_{T(RMS)}$ | 5~200 | ≤3 | 2 | 10 | 实测值 | |
| KS50 | 50 | | <15 | 115 | ≥20 | 10 | | 8~200 | ≤4 | 3 | 10 | | |
| KS100 | 100 | | <20 | 115 | ≥50 | 10 | | 10~300 | ≤4 | 4 | 12 | | |
| KS200 | 200 | | <20 | 115 | ≥50 | 15 | | 10~400 | ≤4 | 4 | 12 | | |
| KS400 | 400 | | <25 | 115 | ≥50 | 30 | | 20~400 | ≤4 | 4 | 12 | | |
| KS500 | 500 | | <25 | 115 | ≥50 | 30 | | 20~400 | ≤4 | 4 | 12 | | |

由于双向晶闸管过载能力差，所以在选择器件时，必须根据设备的重要性和可靠性的要求，使其额定电流应为实际计算的1.5~2倍以上。

### 三、双向晶闸管命名及型号含义

#### （一）国产双向晶闸管的命名及型号含义

国产双向晶闸管的型号有部颁新标准KS系列和部颁旧标准3CTS系列。如型号KS50 -

10-21 表示额定电流 50A、额定电压 10 级（1000V）、断态电压临界上升率 $du/dt$ 为 2 级（不小于 200V/μs）、换向电流临界下降率 $di/dt$ 为 1 级（不小于 1% $I_{T(RMS)}$）的双向晶闸管。3CTS1 表示额定电压为 400V、额定电流为 1A 的双向晶闸管。

### （二）国外双向晶闸管的命名及型号含义

"TRIAC（Triode AC semiconductor switch）"是双向晶闸管的统称。在这个命名前提下，各个生产商有其自己的产品命名方式。

由双向（Bi-directional）、控制（Controlled）、整流器（Rectifier）这三个英文名词的首字母组合而成"BCR"表示双向晶闸管。

1）摩托罗拉半导体公司以"MAC"来命名，如 MAC97-6 等。

2）飞利浦公司以"BT"来命名，代表型号有：BT131-600D、BT134-600E、BT136-600E、BT138-600E、BT139-600E 等。该公司的产品型号前缀为"BTA"字头的，通常指三象限的双向晶闸管。

3）日本三菱公司在双向晶闸管器件命名上，以"BCR"来命名，如 BCR1AM-12、BCR8KM、BCR08AM 等。

4）意法 ST 公司以"BT"为前缀对双向晶闸管命名，并且在"BT"后加"A"或"B"来表示绝缘与非绝缘，组合成"BTA""BTB"系列的双向晶闸管型号。型号的后缀字母（型号最后一个字母）带"W"的，均为"三象限的双向晶闸管"。如 BW、CW、SW、TW，代表型号如：BTB12-600BW、BTA26-700CW、BTA08-600SW 等。四象限/绝缘型/双向晶闸管：BTA06-600C、BTA12-600B、BTA16-600B 等；四象限/非绝缘型/双向晶闸管：BTB06-600C、BTB12-600B、BTB16-600B 等。

ST 公司也以"Z"表示 TRIAC series 的双向晶闸管，如 Z0402MF，其中"04"表示额定电流 $I_{T(RMS)}$ 为 4A；"02"表示触发电流不小于 3mA（"05"表示 5mA、"09"表示 10mA、"10"表示 25mA）；"M"表示额定电压 600V（"S"表示 700V、"N"表示 800V）；"F"表示封装为 TO202-3。

而型号后缀字母的触发电流，各个厂家的代表含义如下：飞利浦公司：D 表示 5mA，E 表示 10mA，C 表示 15mA，F 表示 25mA，G 表示 50mA，R 表示 5mA 或 200μA，型号没有后缀字母的触发电流，通常为 25~35mA。意法 ST 公司：TW 表示 5mA，SW 表示 10mA，CW 表示 35mA，BW 表示 50mA，C 表示 25mA，B 表示 50mA，H 表示 15mA，T 表示 15mA。

## 四、双向晶闸管的触发方式及触发原理

### （一）双向晶闸管的触发方式

双向晶闸管正反两个方向都能导通，门极加正负电压都能触发。主电压与触发电压相互配合，可以得到四种触发方式。

1）$I_+$ 触发方式。主电极 $T_2$ 为正，$T_1$ 为负；门极电压 G 为正，$T_1$ 为负。特性曲线在第 I 象限。

2）$I_-$ 触发方式。主电极 $T_2$ 为正，$T_1$ 为负；门极电压 G 为负，$T_1$ 为正。特性曲线在第 I 象限。

3）$Ⅲ_+$ 触发方式。主电极 $T_2$ 为负，$T_1$ 为正；门极电压 G 为正，$T_1$ 为负。特性曲线在第 Ⅲ 象限。

4) $III_-$触发方式。主电极 $T_2$ 为负，$T_1$ 为正；门极电压 G 为负，$T_1$ 为正。特性曲线在第III象限。

由于双向晶闸管的内部结构原因，四种触发方式灵敏度不相同，以 $III_+$ 触发方式灵敏度最低，使用时要尽量避开，常采用的触发方式为 $I_+$ 和 $III_-$。

**（二）双向晶闸管的触发原理**

根据图 3-3 双向晶闸管内部结构图，可以把它看成由 3 部分组成，即①$P_1N_1P_2N_3$、②$P_1N_1P_2N_2$、③$P_2N_1P_1N_4$，如图 3-6 所示。

**1. $I_+$ 触发方式的触发原理**

$I_+$ 触发方式即主电极 $T_2$ 为正，$T_1$ 为负，G 为正，其等效电路如图 3-7 所示。

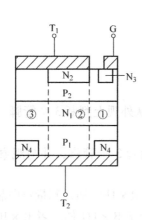
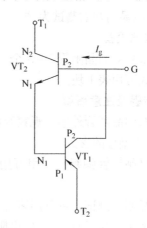

图 3-6　双向晶闸管内部结构示意图　　图 3-7　$I_+$ 触发方式等效电路图

现以 $P_1N_1P_2$ 与 $N_1P_2N_2$ 两个晶体管的相互作用来说明它的工作过程。从图 3-7 可看出，这两个晶体管中一个管子的集电极电流就是另一个管子的基极电流。这样形式的晶体管电路，一旦有足够的门极电流 $I_g$ 流入，就发生极大的正反馈作用，即

$$I_g = I_{b2}\uparrow \to I_{c2}\uparrow = I_{b1}\uparrow \to I_{c1}\uparrow$$

最终使这两个晶体管导通，并进入深度饱和状态。所以门极电流 $I_g$ 的流入，促使 $P_1N_1P_2N_2$ 由关断转化为导通，这个触发方式完全与普通晶闸管工作原理相同。

**2. $I_-$ 触发方式的触发原理**

由图 3-6 看出，当门极 G 电位相对于 $T_1$ 为负时，可以理解为 $T_1$ 是门极，G 是阴极。在 $T_1$ 电流增大到一定程度时，首先使 $P_1N_1P_2N_3$ 导通，随即 $T_2$ 极电压立即转移到门极 G（即门极 G 电位被突然提高，基本接近于 $T_2$）这样门极 G 下面的 $P_2$ 区电压高于 $T_1$。于是从 $T_2$ 极引来的电流流向 $T_1$ 极，其作用类似于触发电流，促使 $P_1N_1P_2N_2$ 导通。

**3. $III_+$ 触发方式的触发原理**

在 $III_+$ 触发方式下，从门极 G 注入电流流入 $T_1$，使 $N_2P_2N_1$ 晶体管正偏导通，再使 $P_2N_1P_1$ 晶体管正偏导通，进而又使 $N_1P_1N_4$ 晶体管饱和导通，于是引起 $P_2N_1P_1N_4$ 导通。由此可见，$III_+$ 触发控制全过程必须要经过 3 个晶体管的相互作用才能完成，它所要求的门极

触发电流往往较大，这就大大影响了触发灵敏度。

### 4. Ⅲ₋触发方式的触发原理

在Ⅲ₋触发方式下，以$T_1$注入电流，使$N_3P_2N_2$正偏导通，其发射极电流再使$P_2N_1P_1$正偏导通，又使$N_1P_1N_4$饱和导通，最终达到$P_2N_1P_1N_4$导通。

## 任务实施

根据任务要求对双向晶闸管器件进行识别与检测。

### 一、任务说明

这里以双向晶闸管的测试为例。

**1. 所需仪器设备**

1）不同型号双向晶闸管2~3个。
2）指针式万用表1块。

**2. 操作步骤及注意事项**

1）观察双向晶闸管外形。观察双向晶闸管外形，从外观上判断3个管脚，记录双向晶闸管型号，说明型号的含义。

2）双向晶闸管管脚判别。用万用表判断双向晶闸管3个管脚，并与观察判断的管脚对照。

3）双向晶闸管测试。将万用表置于R×100Ω档或R×1kΩ档，测量双向晶闸管的主电极$T_1$与主电极$T_2$之间的正、反向电阻，再将万用表置于R×1Ω档或者R×10Ω档，测量双向晶闸管主电极$T_1$与门极G之间的正、反向电阻，并将所测数据填入任务单中，以判断被测管子的好坏。

**3. 任务实施标准**

| 序号 | 内容 | 配分 | | 评分细则 | 得分 |
|---|---|---|---|---|---|
| 1 | 认识器件 | 10 | | 能从外形认识晶闸管，错误1个扣5分 | |
| 2 | 型号说明 | 10 | | 能说明型号含义，错误1个扣5分 | |
| 3 | 双向晶闸管测试 | 50 | 20 | 万用表使用，档位错误1次扣5分 | |
| | | | 10 | 测试方法，错误扣10分 | |
| | | | 20 | 测试结果，每错1个扣5分 | |
| 4 | 双向晶闸管好坏判断 | 10 | | 判断错误1个扣5分 | |
| 5 | 现场整理 | 20 | | 经提示后能将现场整理干净扣10分，不合格本项0分 | |
| | 合计 | | | | |

### 二、任务结束

操作结束后，按要求整理操作台，清扫场地。

## 三、任务思考

（1）双向晶闸管额定电流的定义和普通晶闸管额定电流的定义有何不同？额定电流为 100A 的两只普通晶闸管反并联可以用额定电流为多少的双向晶闸管代替？

（2）双向晶闸管有哪几种触发方式？一般选用哪几种？

（3）如图 3-8 所示的电路，指出双向晶闸管的触发方式。

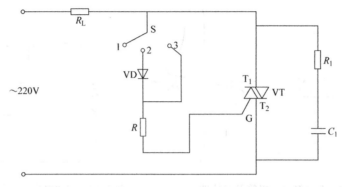

图 3-8　任务思考（3）电路图

（4）某双向晶闸管型号为 KS100-10-51，请解释每个部分所代表的含义。

## 任务 2　单相异步电动机调压调速电路的制作

### 📖 任务解析

通过完成单相异步电动机调压调速电路的制作任务，学生应掌握单相异步电动机调速电路的工作原理，并在电路安装与调试过程中，培养职业素养。

### 🔗 知识链接

交流调压是将固定幅值的交流电能转化为同频率的幅值可调的交流电能。晶闸管交流调压电路广泛应用于工业加热、感应电动机调压调速、灯光控制以及电焊、电解、电镀的交流侧调压等场合。单相异步电动机调压调速的应用——电风扇无级调速器实际上就是负载为电感性的单相交流调压电路。

### 一、双向晶闸管触发电路

#### （一）双向触发二极管组成的触发电路
**1. 双向触发二极管**

双向触发二极管由 NPN 三层结构组成，它是一个具有对称性的半导体二极管器件，其内部结构、符号及特性曲线如图 3-9 所示。

双向触发二极管正、反向伏安特性几乎完全对称，当器件两端所加电压 $U$ 低于正向转折电压 $U_{BO}$ 时，器件呈高阻态。当 $U > U_{BO}$ 时，管子击穿导通进入负阻区。同样当 $U$ 大于反向转折电压 $U_{BR}$ 时，管子也会击穿进入负阻区。转折电压的对称性用 $\Delta U_B$ 表示。

$$\Delta U_B = |U_{BO}| - |U_{BR}| \tag{3-2}$$

由于双向触发二极管是固定半导体器件,因而体积小而坚固,能承受较大的脉冲电流,一般能承受 2A 脉冲电流,使用寿命长,工作可靠,成本低,已广泛应用于双向晶闸管触发电路中。

**2. 双向触发二极管组成的触发电路**

双向触发二极管组成的触发电路如图 3-10 所示。

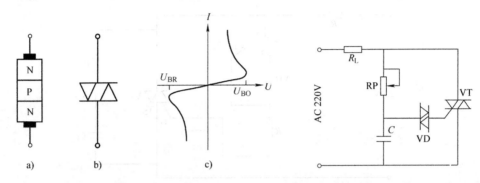

图 3-9　双向触发二极管及其特性
　　a) 结构　b) 符号　c) 伏安特性

图 3-10　双向触发二极管组成的触发电路

当晶闸管阻断时,电源经负载及电位器 RP 向电容 $C$ 充电。当电容两端电压达到一定值时,双向二极管 VD 导通,触发双向晶闸管 VT。VT 导通后将触发电路短路,待交流电压过零反向时,VT 自行关断。电源反向时,电容 $C$ 反向充电,充电达到一定值时,双向二极管 VD 反向击穿,再次触发 VT 导通,属于 $I_+$、$III_-$ 触发方式。改变 RP 阻值即可改变电容两端电压达到双向二极管导通的时刻(即改变正负半周触发延迟角),从而负载上可得到不同大小的电压。

**(二) 集成触发器组成的触发电路**

KC 系列中的 KC05 和 KC06 专门用于双向晶闸管或两个反并联普通晶闸管组成的交流调压电路中,具有失交保护、输出电流大等优点,是交流调压的理想触发电路,二者区别是 KC06 具有自生直流电源。KC06 由同步检波、锯齿波形成电路、移相电压和锯齿波电压综合比较放大电路、功率放大电路和失交保护电路等部分组成。

如图 3-11 所示为由 KC06 组成的双向晶闸管移相交流调压电路。该电路主要适用于交流直接供电的双向晶闸管或反并联普通晶闸管的交流移相控制。$RP_1$ 用于调节触发电路锯齿波斜率,$R_4$、$C_3$ 用于调节脉冲宽度,$RP_2$ 为移相控制电位器,用于调节输出电压的大小。

**二、单相交流调压电路**

**(一) 双向晶闸管实现的单相交流调压电路**

如图 3-12 所示为双向晶闸管实现的单相交流调压电路带电阻负载的主电路。输出电压波形如图 3-13 所示。

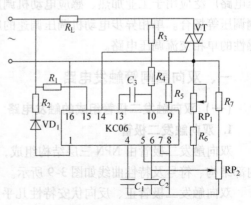

图 3-11　KC06 触发器触发的双向晶闸管移相交流调压电路

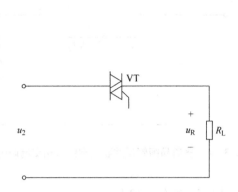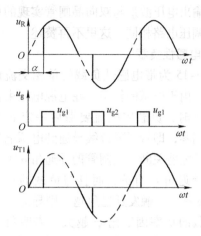

图 3-12 双向晶闸管实现的单相交流调压电路　　图 3-13 输出电压波形

在电源正半周 $\omega t = \alpha$ 时触发 VT 导通，有正向电流流过 $R_L$，负载端电压 $u_R$ 为正值，电流过零时 VT 自行关断；在电源负半周 $\omega t = \pi + \alpha$ 时，再触发 VT 导通，有反向电流流过 $R_L$，其端电压 $u_R$ 为负值，到电流过零时 VT 再次自行关断。然后重复上述过程。改变 $\alpha$ 即可调节负载两端的输出电压有效值，达到交流调压的目的。

带电阻性负载时，负载电流和负载电压的波形相同，电阻负载上交流电压有效值为

$$U_R = \sqrt{\frac{1}{\pi}\int_\alpha^\pi (\sqrt{2}U_2\sin\omega t)^2 \mathrm{d}(\omega t)} U_2 = U_2\sqrt{\frac{1}{2\pi}\sin 2\alpha + \frac{\pi-\alpha}{\pi}} \tag{3-3}$$

电流有效值为

$$I = \frac{U_R}{R} = \frac{U_2}{R}\sqrt{\frac{1}{2\pi}\sin 2\alpha + \frac{\pi-\alpha}{\pi}} \tag{3-4}$$

电路功率因数

$$\cos\varphi = \frac{P}{S} = \frac{U_R I}{U_2 I} = \sqrt{\frac{1}{2\pi}\sin 2\alpha + \frac{\pi-\alpha}{\pi}} \tag{3-5}$$

触发延迟角 $\alpha$ 的移相范围为 $0° \sim \pi$。

通过改变 $\alpha$ 可得到不同的输出电压有效值，从而达到交流调压的目的。由双向晶闸管组成的单相交流调压电路，只要在正负半周对称的相应时刻（$\alpha$、$\pi+\alpha$）给触发脉冲，就可以得到可调的交流电压。

交流调压电路的触发电路完全可以套用整流移相触发电路，但是脉冲的输出必须通过脉冲变压器，其两个二次线圈之间要有足够的绝缘。

和整流电路一样，交流调压电路的工作情况和负载的性质有很大的关系，带电阻电感性负载时，若负载上电压电流的相位差为 $\varphi$，则移相范围为 $\varphi \leq \alpha \leq \pi$，详细分析见普通晶闸管反并联实现的单相交流调压电路。

### （二）普通晶闸管反并联实现的单相交流调压电路

**1. 电阻性负载**

普通晶闸管反并联实现的单相交流调压电路如图 3-14 所示。其工作原理与双向晶闸管实现的单相交流调压电路相同，但需要两组独立的触发电路分别控制两只晶闸管。具体分析

过程及输出电压波形与双向晶闸管实现的单相交流调压电路相同。这里不再赘述。

**2. 电感性负载**

图 3-15 为带电感性负载的单相交流调压电路。由于电感的作用，在电源电压由正向负过零时，负载中电流要滞后一定 $\varphi$ 角度才能到零，即管子要继续导通到电源电压的负半周才能关断。晶闸管的导通角 $\theta$ 不仅与触发延迟角 $\alpha$ 有关，而且与负载的功率因数角 $\varphi$ 有关。触发延迟角越小则导通角越大，负载的功率因数角 $\varphi$ 越大，表明负载感抗越大，自感电动势使电流过零的时间越长，因而导通角 $\theta$ 越大。

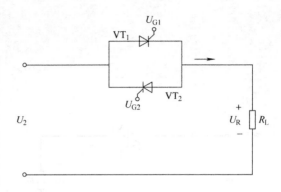

图 3-14 普通晶闸管反并联实现的单相交流调压电路

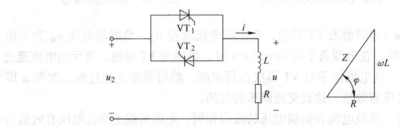

图 3-15 带电感性负载的单相交流调压电路

下面分三种情况加以讨论。

（1）$\alpha > \varphi$ 由图 3-16 可见，当 $\alpha > \varphi$ 时，$\theta < 180°$，即正负半周电流断续，且 $\alpha$ 越大，$\theta$ 越小，波形断续越严重。可见，$\alpha$ 在 $\varphi \sim 180°$ 范围内，交流电压连续可调。电流电压波形如图 3-16a 所示。

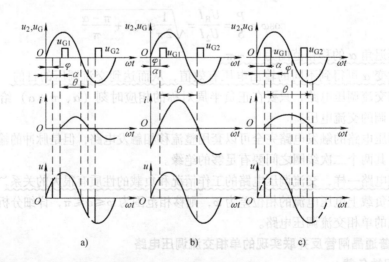

图 3-16 单相交流调压电感负载波形
a) $\alpha > \varphi$  b) $\alpha = \varphi$  c) $\alpha < \varphi$

(2) $\alpha = \varphi$ 由图 3-16 可知,当 $\alpha = \varphi$ 时,$\theta = 180°$。此时,每个晶闸管轮流导通 $180°$,相当于两个晶闸管轮流被短接,负载正负半周电流处于临界连续状态,相当于晶闸管失去控制,输出完整的正弦波,负载上获得最大功率,此时电流波形滞后电压 $\varphi$ 角,电流电压波形如图 3-16b 所示。

(3) $\alpha < \varphi$ 此种情况电源接通后,在电源电压的正半周,若先给 $VT_1$ 管以触发脉冲,$VT_1$ 管导通,可判断出它的导通角 $\theta > \alpha$。如果触发脉冲为窄脉冲,当 $u_{G2}$ 出现时,$VT_1$ 管的电流还未到零,$VT_1$ 管关不断,而 $VT_2$ 管受反向电压不能触发导通。当 $VT_1$ 管电流到零关断时,$u_{G2}$ 脉冲已消失,此时 $VT_2$ 管虽已受正压,但也无法导通。到了下一周期,$u_{G1}$ 又触发 $VT_1$ 导通,重复上一周的工作,结果形成单相半波整流现象,如图 3-16c 所示,这样负载电流只有正半波部分,回路中出现很大的直流电流分量,电路不能正常工作。

解决上述失控现象的办法:采用宽脉冲或脉冲序列触发,以保证 $VT_1$ 管电流下降到 0 时,$VT_2$ 管的触发脉冲信号还未消失,$VT_2$ 可在 $VT_1$ 电流为 0 关断后接着导通。但 $VT_2$ 的初始触发延迟角 $\alpha + \theta - \pi > \varphi$,即 $VT_2$ 的导通角 $\theta < 180°$。从第二周期开始,由于 $VT_2$ 的关断时刻向后移,因此 $VT_1$ 的导通角逐渐减小,$VT_2$ 的导通角逐渐增大,虽然在刚开始触发晶闸管的几个周期内,两管的电流波形是不对称的,但当负载电流中的自由分量($i_o$ 由两个分量组成:正弦稳态分量、指数衰减分量)衰减后,负载电流即能得到完全对称连续的波形,这时两个晶闸管的导通角 $\theta = 180°$,达到平衡。电流滞后电源电压 $\varphi$ 角,如图 3-17 所示。

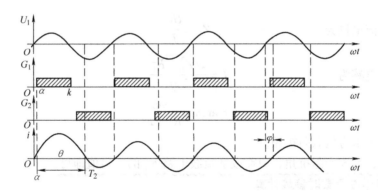

图 3-17 $\alpha < \varphi$ 时电感性负载宽脉冲触发的工作波形

根据以上分析,当 $\alpha \leq \varphi$ 并采用宽脉冲触发时,负载电压、电流总是完整的正弦波,改变触发延迟角 $\alpha$,负载电压、电流的有效值不变,即电路失去交流调压作用。在感性负载时,要实现交流调压的目的,则最小触发延迟角 $\alpha = \varphi$(负载的功率因数角),所以 $\alpha$ 的移相范围为 $\varphi \leq \alpha \leq \pi$。

输出电压与 $\alpha$ 的关系:移相范围为 $\varphi \leq \alpha \leq \pi$。$\alpha = \varphi$ 时,输出电压为最大,$U_o = U_i$。随着 $\alpha$ 的增大,$U_o$ 降低;$\alpha = \pi$ 时,$U_o = 0$。

$\cos\varphi$ 与 $\alpha$ 的关系:$\alpha = 0$ 时,功率因数 $\cos\varphi = 1$。$\alpha$ 增大,输入电流滞后于电压且畸变,$\cos\varphi$ 降低。

因而电路带感性负载时,晶闸管不能用窄脉冲触发,可采用宽脉冲或脉冲列触发。

综上所述,单相交流调压有如下特点。

1)电路带电阻负载时,负载电流波形与单相桥式可控整流交流侧电流一致。改变控制

角 α 可以连续改变负载电压有效值，达到交流调压的目的。移相范围为 0°~180°。

2）电路带电感性负载时，不能用窄脉冲触发。否则当 α<φ 时，会出现一个晶闸管无法导通，产生很大直流分量电流，烧毁熔断器或晶闸管。

3）电路带电感性负载时，最小触发延迟角 $α_{min} = φ$（阻抗角）。所以 α 的移相范围为 φ~180°。

### 3. 电阻电感性负载时阻抗角的确定

负载阻抗角的确定，常采用直流伏安法来测量内阻，如图 3-18 所示。

电抗器的内阻：$R_L = U_L/I$。

电抗器的电感量可采用交流伏安法测量，如图 3-19 所示。由于电流大时，对电抗器的电感量影响较大，采用自耦调压器调压，多测几次取其平均值，从而可得到交流阻抗。

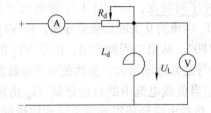
图 3-18 用直流伏安法测量电抗器内阻

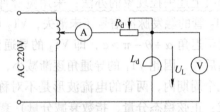
图 3-19 用交流伏安法测电感量

电抗器交流电抗为
$$Z_L = \frac{U_L}{I} \tag{3-6}$$

电抗器的电感为
$$L = \frac{\sqrt{Z_L^2 - R_L^2}}{2\pi f} \tag{3-7}$$

$$φ = \arctan \frac{ωL}{R_d + R_L} \tag{3-8}$$

这样，即可求得负载阻抗角。

在实训中，欲改变阻抗角，只需改变负载电路 $R_d$ 的电阻值即可。

### 4. 电阻电感性负载时参数计算

电阻电感性负载时，在 $ωt = α$ 时刻触发晶体管 $VT_1$，负载电流 $i$ 与负载电阻 $R$、电感 $L$ 以及电源电压 $U_2$ 之间，应满足如下微分方程和初始条件

$$L\frac{di}{dt} + Ri = \sqrt{2}U_2 \sin ωt \tag{3-9}$$

$$i|_{ωt=α} = 0$$

解该方程得

$$i = \frac{\sqrt{2}U_2}{Z}\left[\sin(ωt-φ) - \sin(α-φ)e^{\frac{α-ωt}{\tan φ}}\right] \quad α \leq ωt \leq α+θ \tag{3-10}$$

式中，$Z = \sqrt{R^2 + (ωt)^2}$，θ 为晶闸管导通角。

利用边界条件：$ωt = α+θ$ 时，$i = 0$，可求得 θ

$$\sin(α+θ-φ) = \sin(α-φ)e^{\frac{-θ}{\tan φ}} \tag{3-11}$$

$VT_2$ 导通时，上述关系完全相同，只是电流 $i$ 的极性相反，相位相差 180°。

触发延迟角为 α 时，负载电压有效值 $U$、晶闸管电流有效值 $I_T$、负载电流有效值 $I$ 分别为

$$U = \sqrt{\frac{1}{\pi}\int_\alpha^{\alpha+\theta}(\sqrt{2}U_2\sin\omega t)^2 \mathrm{d}(\omega t)} = U_2\sqrt{\frac{\theta}{\pi} + \frac{1}{\pi}[\sin2\alpha - \sin(2\alpha+2\theta)]} \quad (3\text{-}12)$$

$$I_T = \sqrt{\frac{1}{2\pi}\int_\alpha^{\alpha+\theta}\left\{\frac{\sqrt{2}U_2}{Z}[\sin(\omega t - \varphi) - \sin(\alpha - \varphi)e^{\frac{\alpha-\omega t}{\tan\varphi}}]\right\}^2 \mathrm{d}(\omega t)}$$

$$= \frac{U_2}{\sqrt{2\pi}Z}\sqrt{\theta - \frac{\sin\theta\cos(2\alpha+\varphi+\theta)}{\cos\varphi}} \quad (3\text{-}13)$$

$$I = \sqrt{2}I_T \quad (3\text{-}14)$$

### （三）单相异步电动机交流调压调速电路

图 3-20 为电风扇无级调速电路原理图，该电路是单相异步电动机交流调压调速电路的一个典型应用。接通电源后，电容 $C_1$ 充电，当电容 $C_1$ 两端电压的峰值达到氖管 HL 的阻断电压时，HL 亮，双向晶闸管 VT 被触发导通，电扇转动。改变电位器 RP 的大小，即改变了 $C_1$ 的充电时间常数，使 VT 的导通角发生变化，也就改变了电动机两端的电压，因此电扇的转速改变。由于 RP 是无级变化的，因此电扇的转速也是无级变化的。

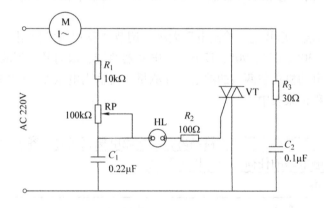

图 3-20　电风扇无级调速电路原理图

## 🔷 任务实施

根据任务要求对单相交流调压电路进行调试。

## 一、任务说明

这里以双向晶闸管实现的单相交流调压电路及普通晶闸管反并联实现的单相交流调压电路为例。

### （一）双向晶闸管实现的单相交流调压电路调试

**1. 所需仪器设备**

1）DJDK-1 型电力电子技术及电机控制实验装置（含 DJK01 电源控制屏、DJK22 单相交流调压/调功电路）1 套。

2）双踪示波器 1 台。
3）指针式万用表 1 块。
4）导线若干。

**2. 测试前准备**
1）课前预习相关知识。
2）清点相关材料、仪器和设备。
3）填写任务单测试前准备工作。

**3. 操作步骤及注意事项**
（1）接线
1）将 DJK01 电源控制屏的电源开关打到"直流调速"侧，使输出线电压为 200V，用两根导线将 200V 交流电压接到 DJK22 的交流调压电路的"$U_i$"电源输入端。
2）接入单相异步电动机负载。
3）在负载两端并接交流电压表。
（2）电路调试
1）按下电源控制屏的"启动"按钮，打开交流调压电路的电源开关。
2）调节面板上的"移相触发控制"电位器 RP，观察单相异步电动机转速变化和电压表读数的变化。
3）观察负载两端波形并记录输出电压大小。调节"移相触发控制"电位器，用双踪示波器观察并记录 $\alpha = 30°$、$60°$、$90°$、$120°$ 时，电容器两端、双向晶闸管两端、双向晶闸管触发信号及单相异步电动机负载两端的波形，并测量直流输出电压 $U_o$ 和电源电压 $U_i$ 值，记录于任务单的测试过程记录表中。

需要注意：
触发控制电路没有通过降压变压器隔离，是交流电源直接对电容进行充电，因此在实验时不要用手直接接触电路的任何部分，以免触电。

**4. 任务实施标准**

| 测评内容 | 配分 | 评分标准 | 扣分 | 得分 |
| --- | --- | --- | --- | --- |
| 接线 | 10 | 接线错误 1 根扣 5 分 | | |
| 示波器使用 | 20 | 使用错误 1 次扣 5 分 | | |
| 单相异步电动机电路调试 | 40 | （1）测试过程中错误 1 处扣 5 分<br>（2）参数记录，每缺 1 项扣 2 分<br>（3）无数据分析扣 5 分，分析错误或者不全酌情扣分 | | |
| 操作规范 | 20 | （1）违反操作规范 1 次扣 10 分<br>（2）元器件损坏 1 个扣 10 分<br>（3）烧熔断器 1 次扣 10 分 | | |
| 现场整理 | 10 | （1）经提示后将现场整理干净扣 5 分<br>（2）不合格，本项 0 分 | | |
| 合计总分 | | | | |

## （二）普通晶闸管反并联实现的单相交流调压电路调试

### 1. 所需仪器设备

1）DJDK-1型电力电子技术及电机控制试验装置（含DJK01电源控制屏、DJK02晶闸管主电路、DJK03-1晶闸管触发电路、D42三相可调电阻）1套。

2）双踪示波器1台。

3）指针式万用表1块。

4）导线若干。

### 2. 测试前准备

1）课前预习相关知识。

2）清点相关材料、仪器和设备。

3）填写任务单测试前准备工作。

### 3. 操作步骤及注意事项

（1）触发电路测试

1）触发电路接线。将DJK01电源控制屏的电源开关打到"直流调速"侧，使输出线电压为200V，用两根导线将200V交流电压（A、B）接到DJK03-1的"外接220V端"。

2）触发电路调试。按下"启动"按钮，打开DJK03电源开关，用示波器观察单项交流调压触发电路同步电压"1"～"5"孔及脉冲输出的波形。调节电位器$RP_1$，观察锯齿波斜率是否变化，调节$RP_2$，观察输出脉冲的移相范围如何变化，移相能否达到170°，将波形和数据记录在任务单的测试过程记录中。

**需要注意：**

"G""K"输出端有电容影响，故观察触发脉冲电压波形时，需将输出端"G""K"分别接到晶闸管的门极和阴极（或者也可用约100Ω阻值的电阻接到"G""K"两端），来改变晶闸管门极与阴极的阻值，否则，无法观察到正确的脉冲波形。

（2）单相交流调压电阻性负载调试

1）单项交流调压电阻性负载接线。将DJK02面板上的两个晶闸管反相并联构成交流调压电路，将触发器的输出脉冲端"$G_1$""$K_1$""$G_2$"和"$K_2$"分别接至主电路相应晶闸管的门极和阴极，接上电阻性负载，如图3-21所示。

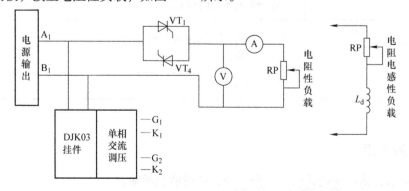

图3-21 单相交流调压电路接线图

**需要注意：**
触发脉冲是从外部接入DJK02面板上晶闸管的门极和阴极，此时，应将所用晶闸管对应的触发脉冲开关拨向"断"的位置，并将$U_{lf}$及$U_{lr}$悬空，避免误触发。

2) 单相交流调压电阻性负载调试。用示波器观察负载电压、晶闸管两端电压的波形。调节"单相调压触发电路"上的电位器$RP_2$，观察$\alpha = 30°$、$60°$、$90°$、$120°$时各点波形的变化，并在任务单的测试过程记录中记录波形和相应输出电压值。

(3) 单相交流调压电阻电感性负载调试

1) 单相交流调压电阻电感性负载接线。切断电源，将$L$与$R$串联，改接为电阻电感性负载。

2) 单相交流调压电阻电感性负载调试。按下"启动"按钮，用双踪示波器同时观察负载电压$u_o$波形。调节负载电路$R$的大小（注意观察电流，负载电流不要超过1A），使阻抗角为一定值，观察在不同$\alpha$角时波形的变化情况，记录$\alpha > \varphi$、$\alpha = \varphi$、$\alpha < \varphi$三种情况下负载两端的电压$u_o$波形。

### 4. 任务实施标准

| 测评内容 | 配分 | 评分标准 | 扣分 | 得分 |
|---|---|---|---|---|
| 接线 | 10 | 接线错误1根扣5分 | | |
| 示波器使用 | 10 | 使用错误1次扣5分 | | |
| 触发电路调试 | 20 | (1) 测试过程错误1处扣5分<br>(2) 参数记录，每缺1项扣2分 | | |
| 电阻性负载电路调试 | 20 | (1) 测试过程错误1处扣5分<br>(2) 参数记录，每缺1项扣2分 | | |
| 电阻电感性负载调试 | 20 | (1) 测试过程错误1处扣5分<br>(2) 参数记录，每缺1项扣2分 | | |
| 操作规范 | 10 | (1) 违反操作规范1次扣10分<br>(2) 元器件损坏1个扣10分<br>(3) 烧熔断器1次扣10分 | | |
| 现场整理 | 10 | (1) 经提示后将现场整理干净扣5分<br>(2) 不合格，本项0分 | | |
| 合计总分 | | | | |

## 二、任务结束

任务结束后，请再次确认电源已经断开，整理清扫场地。

## 三、任务思考

(1) 在交流调压电路中，使用双向晶闸管有什么好处？

(2) 单相交流调压电路，负载阻抗角为30°，问触发延迟角$\alpha$的有效移相范围有多大？

（3）单相交流调压主电路中，对于电阻—电感负载，为什么晶闸管的触发脉冲要用宽脉冲或脉冲列？

（4）一台 220V/10kW 的电炉，采用单相交流调压电路，现使其工作在功率为 5kW 的电路中，试求电路的触发延迟角 $\alpha$、工作电流以及电源侧功率因数。

（5）图 3-22 所示单相交流调压电路，$U_2 =$ 220V，$L = 5.516\text{mH}$，$R = 1\Omega$，试求：

1）触发延迟角 $\alpha$ 的移相范围。

2）负载电流最大有效值。

3）最大输出功率和功率因数。

（6）试用双向晶闸管设计一个家用调光灯电路，并说明调光原理。

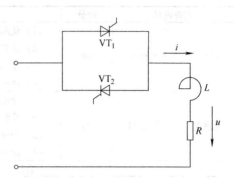

图 3-22　任务思考（5）图

## 项目总结

本项目主要介绍了双向晶闸管、双向二极管、单相异步电动机调压调速电路的设计制作与调试，学生通过本项目任务的操作完成了元器件质量的鉴别、双向晶闸管构成的触发电路连接及调试的工作，为后续学习三相可控整流电路的设计与制作奠定了基础。

## 实训项目

### 实训一　双向晶闸管测试

#### 一、训练目标

1）要求熟练使用指针式万用表。

2）掌握用指针式万用表测试双向晶闸管质量的方法。

#### 二、训练器材

1）指针式万用表 1 块。

2）螺栓式、平板式、塑封式双向晶闸管若干。

#### 三、训练内容

（1）指针式万用表的使用

（2）用指针式万用表检测双向晶闸管元器件

1）螺栓式双向晶闸管检测。

2）平板式双向晶闸管检测。

3）塑封式双向晶闸管检测。

## 四、测评标准

| 测评内容 | 配分 | 评分标准 | 扣分 | 得分 |
|---|---|---|---|---|
| 指针式万用表的使用 | 50 | （1）使用前的准备工作没进行 扣5分<br>（2）读数不正确扣15分<br>（3）操作错误每处扣5分<br>（4）由于操作不当导致仪表损坏扣20分 | | |
| 检测双向晶闸管的质量 | 50 | （1）使用前用的准备工作没进行扣5分<br>（2）检测档位不正确扣15分<br>（3）操作错误每处扣5分<br>（4）由于操作不当导致元器件损坏扣30分 | | |
| | | 合计总分 | | |

## 实训二 双向晶闸管实现的单相交流调压电路调试

### 一、训练目标

1）了解交流双向晶闸管实现的单相交流调压电路结构和原理。
2）完成触发电路的调试并熟练掌握用示波器、万用表等仪器对电路进行测量、分析。

### 二、训练器材

1）DJDK-1型电力电子技术及电机控制实验装置（含DJK01电源控制屏、DJK22单相交流调压/调功电路一套）。
2）双踪示波器1台。
3）指针式万用表1块。
4）导线若干。

### 三、训练内容

1）示波器、万用表等仪器的使用。
2）完成触发电路的接线并调试。
3）根据测量的数据及观察到的波形对触发电路进行分析。
4）了解掌握该电路的结构和原理。

### 四、测评标准

| 测评内容 | 配分 | 评分标准 | 扣分 | 得分 |
|---|---|---|---|---|
| 接线 | 10 | 接线错误1根扣5分 | | |
| 示波器使用 | 20 | 使用错误1次扣5分 | | |
| 单相异步电动机电路调试 | 40 | （1）测试过程中错误1处扣5分<br>（2）参数记录，每缺1项扣2分<br>（3）无数据分析扣5分，分析错误或者不全酌情扣分 | | |
| 操作规范 | 20 | （1）违反操作规范1次扣10分<br>（2）元器件损坏1个扣10分<br>（3）烧熔断器1次扣10分 | | |
| 现场整理 | 10 | （1）经提示后将现场整理干净扣5分<br>（2）不合格，本项0分 | | |
| | | 合计总分 | | |

## 实训三　普通晶闸管反并联实现的单相交流调压电路调试

### 一、训练目标

1）了解普通晶闸管反并联实现的单相交流调压电路结构和原理。

2）完成触发电路的调试，并熟练掌握用示波器、万用表等仪器对电路进行测量、分析。

3）完成电阻性负载电路及电阻电感性负载电路的调试工作。

### 二、训练器材

1）DJDK-1型电力电子技术及电机控制试验装置（含DJK01电源控制屏、DJK02晶闸管主电路、DJK03-1晶闸管触发电路、D42三相可调电阻）1套。

2）双踪示波器1台。

3）指针式万用表1块。

4）导线若干。

### 三、训练内容

1）示波器、万用表等仪器的使用。

2）完成触发电路的接线并调试。

3）根据测量的数据及观察到的波形对触发电路进行分析。

4）了解掌握电阻性负载电路和电阻电感性负载电路的结构和原理。

### 四、测评标准

| 测评内容 | 配分 | 评分标准 | 扣分 | 得分 |
| --- | --- | --- | --- | --- |
| 接线 | 10 | 接线错误1根扣5分 | | |
| 示波器使用 | 10 | 使用错误1次扣5分 | | |
| 调光灯电路调试 | 20 | （1）测试过程错误1处扣5分<br>（2）参数记录，每缺1项扣2分 | | |
| 电阻性负载电路调试 | 20 | （1）测试过程错误1处扣5分<br>（2）参数记录，每缺1项扣2分 | | |
| 电阻电感性负载调试 | 20 | （1）测试过程错误1处扣5分<br>（2）参数记录，每缺1项扣2分 | | |
| 操作规范 | 10 | （1）违反操作规范1次扣10分<br>（2）元器件损坏1个扣10分<br>（3）烧熔断器1次扣10分 | | |
| 现场整理 | 10 | （1）经提示后将现场整理干净扣5分<br>（2）不合格，本项0分 | | |
| 合计总分 | | | | |

## 习 题

### 一、填空题

1. 双向晶闸管有_____个电极，分别是_____。
2. 额定电流为 100A 的两只普通晶闸管反并联可以用额定电流为_____A 的双向晶闸管代替。
3. 双向晶闸管有_____种触发方式，分别是_____。一般选用的是_____。
4. 单相交流调压电路，负载阻抗角为 30°，则触发延迟角 α 的有效移相范围是_____。
5. 某双向晶闸管型号为 KS100 - 8，其中 100 指的是_____，8 指的是_____。

### 二、简答与分析题

1. 双向晶闸管额定电流的定义和普通晶闸管额定电流的定义有何不同？
2. 单相交流调压主电路中，对于电阻—电感负载，为什么晶闸管的触发脉冲要用宽脉冲或脉冲列？
3. 一台 220V/10kW 的电炉，采用单相交流调压电路，现使其工作在功率为 5kW 的电路中，试求电路的触发延迟角 α、工作电流以及电源侧功率因数。
4. 图 3-23 所示单相交流调压电路，$U_2 = 220V$，$L = 5.516mH$，$R = 1Ω$，试求：
   (1) 触发延迟角 α 的移相范围。
   (2) 负载电流最大有效值。
   (3) 最大输出功率和功率因数。

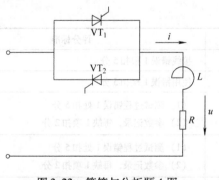

图 3-23　简答与分析题 4 图

5. 试用双向晶闸管设计一个家用调光灯电路，并说明调光原理。

# 项目 4  直流电动机调速系统的设计、安装与调试

## 📌 项目导入

三相可控整流电路根据整流电路结构形式又可分为半波、全波和桥式等类型,在实际生产中,主要用于直流电动机调速、同步电动机励磁、电镀、电焊等功率较大、需要可调节直流电源的场合,尤其在直流电动机调速系统中起着重要的作用。

## 📌 学习目标

1) 学习直流电动机调速系统的设计。
2) 掌握直流电动机调速系统的安装与调试。
3) 掌握中级维修电工职业资格考试涉及该部分电力电子技术应用的知识。

## 📌 项目实施

## 任务 1  直流电动机调速系统的设计

### 📖 任务解析

三相可控整流电路中,最基本的是三相半波可控整流电路,应用最为广泛的是三相桥式全控整流电路,三相桥式全控整流电路可在三相半波可控整流电路的基础上进行分析。

### 📖 知识链接

#### 一、三相半波可控整流电路

三相半波可控整流电路有两种接线方式,分别为共阴极接法和共阳极接法。由于共阴极接法触发脉冲有共用线,使用和调试方便,所以三相半波可控整流电路共阴极接法常被采用。

**1. 电阻性负载**

(1) 触发延迟角 $\alpha = 0°$ 时的电路分析  三相半波可控整流电路共阴极接法如图 4-1a 所示。电路中变压器一次侧采用三角形联结,防止三次谐波进入电网。二次侧采用星形联结,可以引出中性线。三个晶闸管的阴极短接在一起,阳极分别接到三相电源。图 4-1b 为电源电压波形,如果将图 4-1a 中三个晶闸管换成整流二极管,那么每个时刻只有一个整流二极管因承受正向电压而导通,而在三相电压正半周交点(图 4-1b 中 1、2、3 等点)时,将从一个导通的整流二极管切换成另一个导通的整流二极管,由于是三相电源的自然变化而形成,因此称这些点为整流的自然换相点。

如果将整流二极管换成晶闸管,这些点就表示各晶闸管在一个周期中能被触发导通的最

早时刻（1 点离 a 相电压 $u_a$ 的原点 π/6），该点作为触发延迟角 α 的计算起点，这些点在以后分析中非常重要。现在就从这一时刻分析电路的工作过程。

当 α＝0°时（即 $\omega t_1$ 所处时刻），$VT_1$ 导通，负载得到 a 相相电压。同理，隔 120°电角度（即 $\omega t_2$ 时刻）触发 $VT_2$，则 $VT_2$ 导通，因 $u_b > u_a$，则 $VT_1$ 反偏而关断，负载得到 b 相相电压。$\omega t_3$ 时刻触发 $VT_3$ 导通，而 $VT_2$ 关断，负载上得到 c 相相电压。如此循环下去。输出电压 $u_d$ 是一个脉动的直流电压，如图 4-1d 所示，它是三相交流相电压正半周包络线，相当于二极管整流的情况。在一个周期内 $u_d$ 有 3 次脉动，脉动的最高频率是 150Hz。从中可看出，三相触发脉冲依次间隔 120°电角度，在一个周期内三相电源轮流向负载供电，每相晶闸管各导通 120°，负载电源是连续的。

如图 4-1e 所示是流过 a 相晶闸管 $VT_1$ 的电流波形，其他两相晶闸管的电流波形形状相同，相位依次间隔 120°。变压器绕组中流过的是直流脉动电流，在一个周期中，每相绕组只工作 1/3 周期，所以存在变压器铁心直流磁化和利用率不高的问题。

图 4-1f 是 $VT_1$ 上电压的波形。$VT_1$ 导通时为零；在 $VT_2$ 导通时，$VT_1$ 承受的是线电压 $u_{ab}$；在 $VT_3$ 导通时，$VT_1$ 承受的是线电压 $u_{ac}$。其他两只晶闸管上的电压波形形状相同，只是相位依次相差 120°。

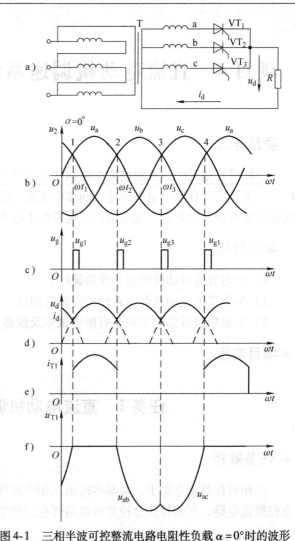

图 4-1　三相半波可控整流电路电阻性负载 α＝0°时的波形
a）接线图　b）电源相电压波形图　c）触发脉冲波形图
d）输出电压、电流波形图　e）晶闸管 $VT_1$ 上的电流波形图
f）晶闸管 $VT_1$ 上的电压波形图

（2）触发延迟角 α＝30°时的电路分析　如图 4-2 所示是 α＝30°时的波形。设在 $\omega t_1$ 时刻以前 $VT_3$ 已导通，负载上获得 c 相相电压 $u_c$，当电源经过自然换相点 $\omega t_0$ 时，因为 $VT_1$ 的触发脉冲 $u_{g1}$ 还没来到，因而不能导通，而 $u_c$ 仍大于零，所以 $VT_3$ 不能关断而继续导通，输出电压 $u_d$ 仍为 c 相相电压，直到 $\omega t_1$ 时刻，此时 $u_{g1}$ 触发 $VT_1$ 导通，而 $u_a > u_c$ 使 $VT_3$ 承受反向电压而关断，负载电流从 c 相换到 a 相。以后在 $\omega t_2$ 时刻，从 a 相换到 b 相，并如此循环下去。从 4-2c 中可以看出输出电压 $u_d$ 波形与触发延迟角 α＝0°时的变化。因电源输出接电阻性负载，因此输出电流 $i_d$ 与电压 $u_d$ 波形相同，而 α＝30°时的电流波形是连续的临界状态，即触发延迟角超过 30°时，输出电流将出现断续。一个周期每只晶闸管仍导通 120°。

如图 4-2d 所示是流过 a 相晶闸管 $VT_1$ 的电流波形，其他两相晶闸管的电流波形形状相同,相位依次相差120°。与触发延迟角 α = 0°时情况相同,变压器绕组中流过的是直流脉动电流,在一个周期中,每相绕组只工作1/3周期,所以存在变压器铁心直流磁化和利用率不高的问题。

如图4-2e所示是 $VT_1$ 电压波形。$VT_1$ 导通时电压为零;在 $VT_2$ 导通时,$VT_1$ 承受的是线电压 $u_{ab}$;在 $VT_3$ 导通时,$VT_1$ 承受的是线电压 $u_{ac}$。所受的反向电压与 α = 0°时相同,波形形状的不同是因为 $VT_1$ 导通截止的时刻有所变化导致对应的线电压形状不同。其他两只晶闸管上的电压波形形状相同,只是相位依次相差120°。

(3) 触发延迟角 α = 60°时的电路分析 如图4-3所示是 α = 60°时电路输出波形,设在 $\omega t_2$ 前晶闸管 $VT_3$ 已导通,电路输出 c 相相电压 $u_c$。当电源经过自然换相点 $\omega t_0$ 时,因为 $VT_1$ 的触发脉冲 $u_{g1}$ 还没到来,因而不能导通,而 $u_c$ 仍大于零,所以 $VT_3$ 不能关断而继续导通,输出电压 $u_d$ 仍然为 c 相相电压;当 $\omega t_1$ 时刻 $u_c$ 过零变负时,$VT_3$ 因承受反向电压而关断。此时 $VT_1$ 虽已承受正向电压,但因其触发脉冲 $u_{g1}$ 尚未到来,故不能导通。此后,直到 $u_{g1}$ 来到前的一段时间内,各相都不导通,输出电压、电流都为零,电流出现断续。

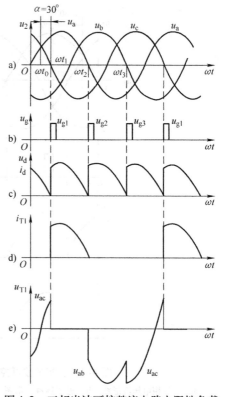

图4-2 三相半波可控整流电路电阻性负载
α = 30°时的波形
a) 电源相电压波形图 b) 触发脉冲波形图
c) 输出电压、电流波形图 d) 晶闸管 $VT_1$ 上的电流波形图 e) 晶闸管 $VT_1$ 上的电压波形图

在 $\omega t_2$ 时刻,当 $u_{g1}$ 来到时,$VT_1$ 导通,输出电压为 a 相相电压 $u_a$。

在 $\omega t_3$ 时刻,a 相相电压过零变负,$VT_1$ 承受反向电压而关断,此后输出电压、电流为零,直到 $\omega t_4$ 时刻,$u_{g2}$ 来到,触发晶闸管 $VT_2$ 导通,电路输出 b 相相电压,依次循环。

当触发延迟角 α 继续增大时,整流电路输出电压 $u_d$ 将继续减小,当 α = 150°时 $u_d$ 就减小到零。

(4) 三相半波可控整流电路电阻性负载及相关计算

1) 触发延迟角 α = 0°时,输出电压 $u_d$ 最大,α 增大,输出电压减小。当 α = 150°时输出电压为零,后面晶闸管不再承受正向电压,也就是晶闸管无法导通,所以最大移相范围为 0°~150°。当 α ≤ 30°时,电流(压)连续,每相晶闸管的导通角 θ 为 120°。当 α > 30°时,电流(压)断续,导通角 θ 小于 120°,导通角为 θ = 150° − α。

2) 由于每相导通情况相同,故只需在 1/3 周期内求取输出电路电压的平均值。

当 α ≤ 30°时,电压、电流连续,输出直流电压平均值 $U_d$ 为

$$U_d = \frac{1}{2\pi/3} \int_{\frac{\pi}{6}+\alpha}^{\frac{5\pi}{6}+\alpha} \sqrt{2} U_2 \sin\omega t \, d(\omega t) = 1.17 U_2 \cos\alpha \quad (0° < \alpha \leq 30°) \quad (4-1)$$

式中 $U_2$——变压器二次相电压有效值。

当 30° < α ≤ 150°时,电路输出电压 $u_d$、输出电流 $i_d$ 波形断续,如图4-3所示导通角

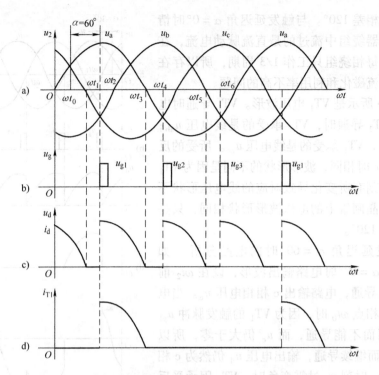

图 4-3 三相半波可控整流电路电阻性负载 α=60°时的波形
a) 电源相电压波形图   b) 触发脉冲波形图   c) 输出电压、电流波形图   d) 晶闸管 $VT_1$ 上的电流波形图

$\theta = 150° - \alpha$。可求得输出电压的平均值为

$$U_d = \frac{1}{2\pi/3} \int_{\frac{\pi}{6}+\alpha}^{\pi} \sqrt{2} U_2 \sin\omega t \, d(\omega t) = \frac{1.17 U_2 \left[1 + \cos\left(\frac{\pi}{6} + \alpha\right)\right]}{\sqrt{3}}$$

$$= 0.675 U_2 \left[1 + \cos\left(\frac{\pi}{6} + \alpha\right)\right] \quad (30° < \alpha \leq 150°) \quad (4-2)$$

3) 负载电流的平均值为

$$I_d = \frac{U_d}{R} \quad (4-3)$$

流过每只晶闸管的平均电流 $I_{dT}$ 为

$$I_{dT} = \frac{1}{3} I_d \quad (4-4)$$

流过每只晶闸管电流的有效值为

$$I_T = \frac{U_2}{R} \sqrt{\frac{1}{2\pi} \left(\frac{2\pi}{3} + \frac{\sqrt{3}}{2} \cos 2\alpha \right)} \quad (0° < \alpha \leq 30°) \quad (4-5)$$

$$I_T = \frac{U_2}{R} \sqrt{\frac{1}{2\pi} \left(\frac{5\pi}{6} - \alpha + \frac{\sqrt{3}}{4} \cos 2\alpha + \frac{1}{4} \sin 2\alpha \right)} \quad (30° < \alpha \leq 150°) \quad (4-6)$$

4) 晶闸管所承受的最大反向电压为电源线电压峰值，即 $\sqrt{6} U_2$；最大正向电压为电源相电压峰值，即 $\sqrt{2} U_2$。

## 2. 电感性负载

（1）普通电路　电感性负载电路如图 4-4a 所示。当 α≤30°时，电路输出电压 $u_d$ 波形与电阻性负载一样。当 α>30°时，以 a 相为例，晶闸管 $VT_1$ 导通到其阳极电压 $u_a$ 过零变为负时，负载电流趋于减小，$L$ 上的自感电动势 $e_L$ 将阻碍电流减小，电路中晶闸管 $VT_1$ 仍承受正向电压，维持 $VT_1$ 一直导通，这样电路输出电压 $u_d$ 波形出现负电压部分，如图 4-4b 所示。当 $u_{g2}$ 触发晶闸管 $VT_2$ 导通时，因 b 相电压大于 a 相电压使 $VT_1$ 承受反向电压而关断，电路输出 b 相相电压。晶闸管 $VT_2$ 关断过程与 $VT_1$ 相同。

因此，尽管 α>30°，仍可使各相器件导通120°，保证电流连续。带电感性负载时，虽然 $u_d$ 脉动较大，但可使负载电流 $i_d$ 波形几乎平直。负载电流 $i_d$ 波形如图 4-4d 所示。图 4-4e 是晶闸管 $VT_1$ 上的电压波形。在 $\omega t_1 \sim \omega t_2$ 期间，$VT_1$ 导通，$VT_1$ 上的电压为零；在 $\omega t_2 \sim \omega t_3$ 期间，$VT_2$ 导通，$VT_1$ 承受线电压 $u_{ab}$；在 $\omega t_3 \sim \omega t_4$ 期间，$VT_3$ 导通，$VT_1$ 承受线电压 $u_{ac}$。

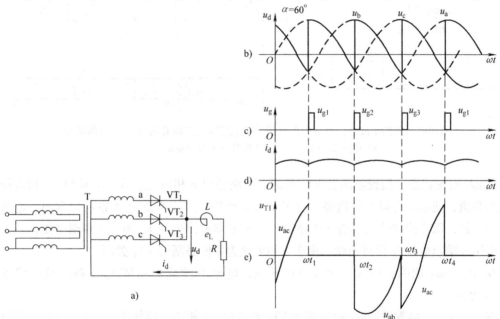

图 4-4　三相半波可控整流电路电感性负载 α=60°时的波形
a）接线图　b）输出电压波形图　c）触发脉冲波形图　d）输出电流波形图　e）晶闸管 $VT_1$ 上的电压波形图

由以上分析可得出如下结论。

1）晶闸管承受的最大正、反向电压均为线电压峰值 $\sqrt{6}U_2$，这一点与电阻性负载时晶闸管承受 $\sqrt{2}U_2$ 的正向电压是不同的。

2）输出电压的平均值 $U_d$ 为

$$U_d = \frac{1}{2\pi/3}\int_{\frac{\pi}{6}+\alpha}^{\frac{5\pi}{6}+\alpha} \sqrt{2}U_2\sin\omega t\,d(\omega t) = 1.17U_2\cos\alpha \qquad (4\text{-}7)$$

负载电流的平均值 $I_d$ 为

$$I_d = 1.17\frac{U_2}{R}\cos\alpha \qquad (4\text{-}8)$$

流过晶闸管的电流平均值 $I_{dT}$ 与有效值 $I_T$ 为

$$I_{dT} = \frac{1}{3}I_d \tag{4-9}$$

$$I_T = \frac{1}{\sqrt{3}}I_d = 0.557I_d \tag{4-10}$$

3) 由 $U_d$ 公式可知，当 $\alpha = 0°$ 时，$U_d$ 最大；当 $\alpha = 90°$ 时，$U_d = 0$。因此电感性负载时，三相半波整流电路的移相范围为 $0° \sim 90°$。小于电阻性负载电路的移相范围。

（2）带续流二极管电路 三相半波可控整流电路带电感性负载时，可以通过加接续流二极管解决因触发延迟角 $\alpha$ 接近 $90°$ 时，输出电压波形出现正负面积相等而使其平均电压为零的问题，电路如图 4-5a 所示。图 4-5b、c 是加接续流二极管 VD 后，当电感性负载电路 $\alpha = 60°$ 时输出的电压、电流波形。

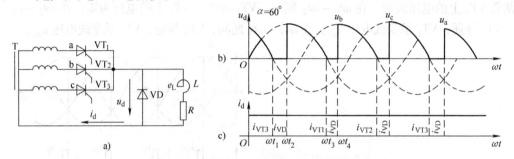

图 4-5　三相半波可控整流电路电感性负载带续流二极管时 $\alpha = 60°$ 时的波形
a）电路图　b）输出电压波形图　c）输出电流波形图

在 $\omega t_1$ 时刻以前，假设晶闸管 $VT_3$ 导通，电路输出 c 相电压。在 $\omega t_1$ 时刻，c 相电压过零变为负值，使电流有减小的趋势，由于电感 $L$ 作用，产生自感电动势 $e_L$，方向与电流 $i_d$ 的方向一致，因此使续流二极管 VD 导通，此时电路输出电压 $u_d$ 为 VD 两端电压，近似为零。电感 $L$ 输出电流 $i_d$ 保持连续。由于 c 相电流为零使晶闸管 $VT_3$ 关断。

在 $\omega t_1 \sim \omega t_2$ 期间：续流二极管 VD 导通，电感 $L$ 使输出电流 $i_d$ 保持连续，波形如图 4-5c 所示。

在 $\omega t_2$ 时刻，触发脉冲 $u_{g1}$ 使晶闸管 $VT_1$ 导通后，a 相相电压使续流二极管 VD 承受反向电压而截止，电路输出 a 相相电压，以后重复上述过程。

从图 4-5 中可以明显看出，$u_d$ 的波形与纯电阻性时一样，不会出现负电压的切换，$u_d$ 的计算公式也与电阻性负载时相同。一个周期内，晶闸管的导通角 $\theta_T = 150° - \alpha$。续流二极管 VD 在一个周期内导通 3 次，因此，导通角 $\theta_D = 3(\alpha - 30°)$。

流过晶闸管的电流平均值和有效值分别为

$$I_{dT} = \frac{\theta_T}{2\pi}I_d = \frac{150° - \alpha}{360°}I_d \tag{4-11}$$

$$I_T = \sqrt{\frac{\theta_T}{2\pi}}I_d = \sqrt{\frac{150° - \alpha}{360°}}I_d \tag{4-12}$$

流过续流二极管的电流平均值和有效值分别为

$$I_{dD} = \frac{\theta_D}{2\pi}I_d = \frac{\alpha - 30°}{120°}I_d \tag{4-13}$$

$$I_D = \sqrt{\frac{\theta_D}{2\pi}} I_d = \sqrt{\frac{\alpha - 30°}{120°}} I_d \tag{4-14}$$

### 3. 反电动势负载

串联平波电抗器的直流电动机就是一种反电动势负载。当电感 $L$ 足够大时，负载电流 $i_d$ 波形近似于一条直线，电路输出电压 $u_d$ 的波形及计算方法与电感负载时一样。但当电感 $L$ 不够大或负载电流太小，$L$ 中存储的磁场能量不足以维持电流连续时，$u_d$ 波形会出现阶梯形状，$u_d$ 的计算不再符合前面的公式。在实际应用中，对于反电动势负载，都要串联足够大的平波电抗器，以保证直流电动机的电流连续，尽可能避免出现电流断续的情况。

### 4. 三相半波可控共阳极整流电路

图 4-6a 为三相半波可控共阳极整流电路。共阳极连接可将散热器连在一起，但 3 个触发电源必须互相绝缘。

共阳极连接时，晶闸管只能在相电压的负半周工作，其阴极电位为负且有触发脉冲时导通，换相总是换到阴极电位更低的那一相去。相电压负半周的交点就是共阳极接法的自然换相点。

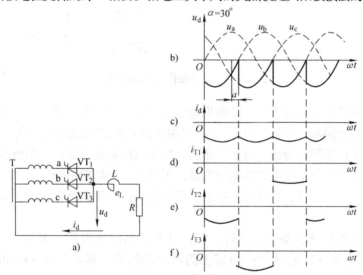

图 4-6 三相半波可控共阳极整流电路

a）电路图 b）输出电压波形图 c）输出电流波形图 d）晶闸管 VT$_1$ 上的电流波形图
e）晶闸管 VT$_2$ 上的电流波形图 f）晶闸管 VT$_3$ 上的电流波形图

共阳极连接工作情况、波形及数量关系与共阴极接法相同，仅输出极性相反。其输出电压波形和 3 个晶闸管中的电流波形如图 4-6b~f 所示，均在水平轴下方，电感性负载时，$u_d$ 的计算公式为

$$u_d = -1.17 U_2 \cos\alpha \tag{4-15}$$

式（4-15）中的负号表示电源零线是负载电压的正极端。

三相半波可控整流电路只用 3 个晶闸管，接线方式简单，与单相整流电路相比，其输出电压脉动小、输出功率大、三相平衡。但是整流变压器二次绕组一个周期只有 1/3 时间流过电流、变压器效率低。另外变压器二次绕组中电流是单方向的，其直流分量在磁路中产生直流不平衡电动势，会引起附加损耗。如不用变压器，则负载中线电流较大，同时交流侧的直流电流分量会造成电网的附加损耗。因此这种电路多用于中等偏小容量的设备。

## 二、三相全控桥式整流电路

三相全控桥式整流电路由一组共阴极接法的三相半波可控整流电路和一组共阳极接法的三相半波可控整流电路串联而成的,如图4-7所示,因此整流输出电压的平均值 $U_d$ 是三相半波整流时的两倍,在电感性负载时

$$U_d = 2 \times 1.17 U_{2\phi} \cos\alpha = 1.35 U_{2L} \cos\alpha \tag{4-16}$$

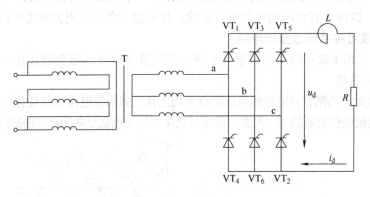

图4-7 三相全控桥式整流电路

与三相半波可控整流电路相比,若输出电压相同时,对晶闸管最大正、反向电压要求低一半;若输入电压相同时,则输出电压 $u_d$ 比三相半波可控整流电路高一倍。另外,由于共阴极组在电源电压正半周时导通,流经变压器二次绕组的电流为正;共阳极组在电源电压负半周时导通,流经变压器二次绕组的电流为负,因此在一个周期中变压器绕组不但提高了导电时间,而且也无直流流过,这样就克服了三相半波可控整流电路存在的直流磁化和变压器利用率低的缺点。

共阴极组的晶闸管依次编号为 $VT_1$、$VT_3$、$VT_5$,共阳极组的晶闸管依次编号为 $VT_4$、$VT_6$、$VT_2$。把 $VT_1$ 和 $VT_4$ 称为同一桥臂上的两个晶闸管,其他两组 $VT_3$ 和 $VT_6$、$VT_5$ 和 $VT_2$ 相同。因为三相全控桥大多用于对串联平波电抗器的直流电动机负载供电,因此,重点分析电感性负载时电路的工作情况。

**1. 触发延迟角 $\alpha = 0°$**

(1) 工作过程分析 图4-8为触发延迟角 $\alpha = 0°$ 时电路中的波形。为便于分析,把一个周期分为6段,每段间隔60°。在第1段期间,a相电位 $u_a$ 最高,共阴极组 $VT_1$ 被触发导通,b相电位 $u_b$ 最低,共阳极组 $VT_6$ 被触发导通,电流路径为 $u_a \to VT_1 \to L(和R) \to VT_6 \to u_b$。变压器a、b两相工作,共阴极组的a相电流 $i_a$ 为正,共阳极组的b相电流 $i_b$ 为负,输出电压为线电压 $u_d = u_{ab}$。

在第2段期间,$u_a$ 仍最高,$VT_1$ 继续导通,而 $u_c$ 变为最低,当电源过自然换相点时触发 $VT_2$ 导通,c相电压低于b相电压,$VT_6$ 因承受反向电压而关断,电流则从b相换到c相。这时电流路径为 $u_a \to VT_1 \to L(和R) \to VT_2 \to u_c$。变压器a、c两相工作,共阴极组的a相电流 $i_a$ 为正,共阳极组的c相电流 $i_c$ 为负,输出电压为线电压 $u_d = u_{ac}$。

在第3段期间,$u_b$ 为最高,共阴极组在自然换相点时触发 $VT_3$ 导通,由于b相电压高

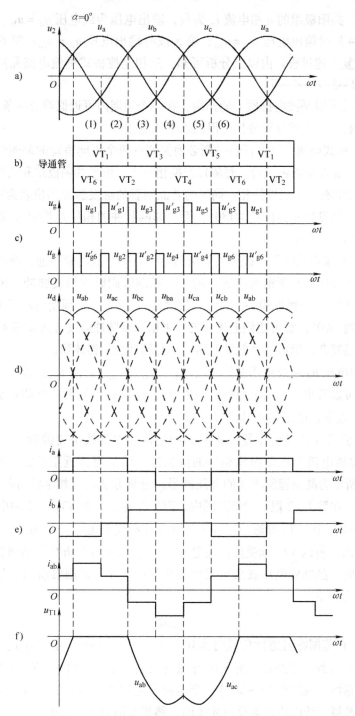

图 4-8 三相全控桥电感性负载 $\alpha=0°$ 时的波形
a) 电源相电压波形图 b) 晶闸管导通情况 c) 触发脉冲波形图 d) 输出电压波形图
e) 变压器二次相电流及线电流波形图 f) 晶闸管 $VT_3$ 上的电压波形图

于 a 相电压 $VT_1$ 承受反向电压而关断,电流从 a 相换到 b 相。$VT_2$ 因为 $u_c$ 仍为最低而继续导通。这时电流路径为 $u_b \rightarrow VT_3 \rightarrow L(和 R) \rightarrow VT_2 \rightarrow u_c$,变压器 b、c 两相工作,共阴极组的

b 相电流 $i_b$ 为正，共阳极组的 c 相电流 $i_c$ 为负，输出电压为线电压 $u_d = u_{bc}$。其余各段以此类推，可得到第 4 段时输出电压 $u_d = u_{ba}$；第 5 段时输出电压 $u_d = u_{ca}$；第 6 段时输出电压 $u_d = u_{cb}$。此后重复上述过程。由以上分析可知，三相全控桥式整流电路晶闸管的导通换相顺序是：6→1→2→3→4→5→6。

输出电流 $i_d$ 波形因平波电抗器 L 的作用，在一个周期内可近似看成一条直线。

(2) 波形分析　由上述过程分析可得到以下几点。

1) 三相全控桥式整流电路在任何时刻必须保证有两个不同桥臂的晶闸管同时导通才能构成回路。换相只能在本组内进行，每隔120°换相一次。由于共阴极组和共阳极组换相点相隔60°，所以每隔60°有一个器件换相。同组内各晶闸管的触发脉冲相位差为120°。接在同一桥臂的两个器件的触发脉冲相位差为180°，而相邻两脉冲的相位差是60°。器件导通及触发脉冲情况如图 4-8b、c 所示。

2) 为了保证整流启动时共阴极与共阳极两组各有一个晶闸管导通，或电流断续后能使关断的晶闸管再次导通，必须给对应导通的一对晶闸管同时加触发脉冲。采用宽脉冲（必须大于60°，小于120°，一般取80°~100°）或双窄脉冲（在一个周期内对每个晶闸管连续触发两次，两次间隔为60°）都可达到上述目的。采用双窄脉冲触发方式如图 4-8c 所示。双窄脉冲触发电路虽然复杂，但可减小触发电路功率与脉冲变压器体积。

3) 整流输出电压 $u_d$ 由线电压波头 $u_{ab}$、$u_{ac}$、$u_{bc}$、$u_{ba}$、$u_{ca}$、$u_{cb}$ 组成，其波形是上述线电压的包络线。可以看出，三相全控桥式整流电压 $u_d$ 在一个周期内脉动 6 次，脉动频率为 300Hz，比三相半波整流电压 $u_d$ 的频率大一倍。

4) 图 4-8e 所示为流过变压器二次侧的相电流和电源线电流波形。由于变压器采用 △/丫 接法使电源线电流为正负面积相等的阶梯波，波形更接近正弦波，谐波影响小。

5) 图 4-8f 所示为晶闸管所承受的电压波形。分析方法与三相半波可控整流电路相同。由图中可以看出：在第 1、2 段的120°范围内，因 $VT_1$ 导通，故 $VT_1$ 承受的电压为零；在 3、4 两段的120°范围内，因 $VT_3$ 导通，所以 $VT_3$ 承受反向线电压为 $u_{ab}$；在 5、6 段的120°范围内，因 $VT_5$ 导通，所以 $VT_1$ 承受反向线电压为 $u_{ac}$。同理可分析其他晶闸管所承受电压的情况。当 α 变化时，晶闸管电压波形也发生规律性的变化。晶闸管所承受最大正、反向电压均为线电压峰值，即

$$U_{TM} = \sqrt{6} U_2 \tag{4-17}$$

6) 脉冲的移相范围在阻感性负载时为 0°~90°（如图 4-8 所示，$u_2$ 过零时，$VT_1$ 不关断，直到 $VT_2$ 的脉冲到来才换相，由 $VT_2$ 导通向负载供电，同时向 $VT_1$ 施加反向电压使其关断，因此，阻感性负载时为 0°~90°）。当电路接电阻性负载时，在 α>60°时波形断续，晶闸管的导通要维持到线电压过零反向才关断，移相范围为 0°~120°。

7) 流过晶闸管的电流与三相半波相同，电流的平均值和有效值分别为

$$I_{dT} = \frac{1}{3} I_d \tag{4-18}$$

$$I_T = \frac{1}{\sqrt{3}} I_d = 0.577 I_d \tag{4-19}$$

**2. 触发延迟角 $\alpha > 0°$ 时的电路分析**

当 $\alpha > 0°$ 时，每个晶闸管都不在自然换相点换相，而是后移一个 $\alpha$ 开始换相，图 4-9、图 4-10、图 4-11 分别是 $\alpha$ 为 30°、60°、90° 时的电路波形。

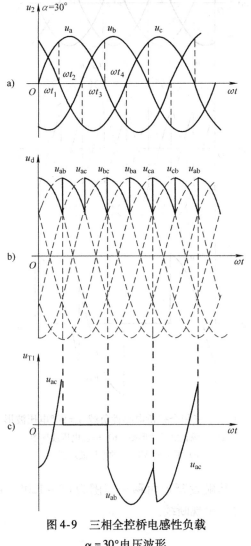

图 4-9 三相全控桥电感性负载
$\alpha = 30°$ 电压波形
a) 电源相电压波形图 b) 输出电压波形图
c) 晶闸管 $VT_1$ 上的电压波形图

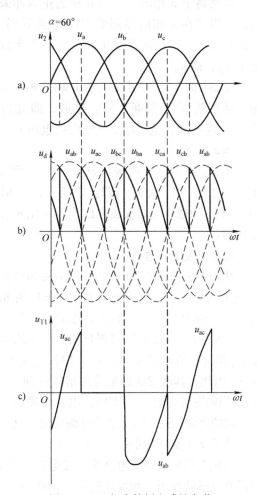

图 4-10 三相全控桥电感性负载
$\alpha = 60°$ 电压波形
a) 电源相电压波形图 b) 输出电压波形图
c) 晶闸管 $VT_1$ 上的电压波形图

下面以 $\alpha = 30°$ 为例说明电路的工作过程。

在 $\omega t_1$ 时刻以前 c 相电压最高，b 相电压最低，此时晶闸管 $VT_5$、$VT_6$ 导通，电路输出电压为线电压 $u_{cb}$，即 $u_d = u_{cb}$。

在 $\omega t_1$ 时刻，a 相电压最高，正向触发脉冲使晶闸管 $VT_1$ 导通，同时使 $VT_5$ 承受反向电压而关断，实现共阴极组的 a 相与 c 相间的换相。经过自然换相点后，共阳极组 c 相电压虽然低于 b 相电压，但 c 相的负脉冲未到，所以接在 b 相的晶闸管 $VT_6$ 继续导通，即此时 $VT_1$、$VT_6$ 导通，电路输出电压为线电压 $u_{ab}$，即 $u_d = u_{ab}$。

在 $\omega t_2$ 时刻，c 相电压最低，负向触发脉冲使晶闸管 $VT_2$ 导通，同时使 $VT_6$ 承受反向电压而关断，实现共阳极组的 c 相与 b 相间的换相。经过自然换相点后，共阴极组 b 相电压虽然高于 a 相电压，但 b 相的正脉冲未到，所以接在 a 相的晶闸管 $VT_1$ 继续导通，即此时 $VT_1$、$VT_2$ 导通，电路输出电压为线电压 $u_{ac}$，即 $u_d = u_{ac}$。

在 $\omega t_3$ 时刻，共阴极组从 a 相换相为 b 相，晶闸管 $VT_1$ 关断，$VT_3$ 导通，即此时 $VT_3$、$VT_2$ 导通，电路输出电压为线电压 $u_{bc}$，即 $u_d = u_{bc}$。

在 $\omega t_4$ 时刻，共阳极组从 c 相换相为 a 相，晶闸管 $VT_2$ 关断，$VT_4$ 导通，即此时 $VT_3$、$VT_4$ 导通，电路输出电压为线电压 $u_{ba}$，即 $u_d = u_{ac}$。

此后重复上述过程。

从图 4-9 和图 4-10 可知，当 $\alpha \leq 60°$ 时，$u_d$ 波形均为正值，其分析方法与 $\alpha = 0°$ 时相同。当 $\alpha \leq 60°$ 时，由于电感 L 感应电动势的作用，输出电压 $u_d$ 波形出现负值，但平均电压 $U_d$ 仍为正值。当 $\alpha = 90°$ 时，输出电压 $U_d$ 为 0。因此，其触发延迟角的移相范围为 $0° \sim 90°$。当触发延迟角 $\alpha \geq 90°$ 时，电路将输出相反方向的直流电压，因此这种电路常用于直流电动机正反转控制或可逆电力拖动系统中。

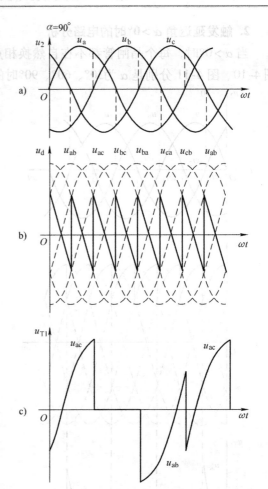

图 4-11　三相全控桥电感性负载 $\alpha = 90°$ 电压波形
a) 电源相电压波形图　b) 输出电压波形图
c) 晶闸管 $VT_1$ 上的电压波形图

三相全控桥式整流电路输出接电阻性负载时，其触发延迟角移相范围为 $0° \sim 120°$，由于没有电感的作用，触发延迟角 $\alpha \geq 60°$ 时，负载电流出现断续。

### 三、三相半控桥式整流电路

三相全控桥式整流电路的可控性高，可以输出正反两个方向的直流电压，但由于要控制 6 个晶闸管的导通和关断，因此控制电路复杂、成本高，且移相范围有限，因此在不需要输出正、反两个方向直流电压的电路中，常采用三相半控桥式整流电路。其电路如图 4-12 所示。

与三相全控桥式整流电路相比，三相半控桥式整流电路只是将共阴极组的 3 个晶闸管用整流二极管替代。下面以常见的电感性负载为例分析电路的工作过程。

**1. 触发延迟角 $\alpha = 30°$ 时的电路分析**

由于电路中只有 3 只晶闸管，在一个电源周期中控制电路向主电路发 3 次触发脉冲，其间隔为 120°，如图 4-13a 所示 $\omega t_1$、$\omega t_3$、$\omega t_5$，分别给晶闸管 $VT_1$、$VT_3$ 和 $VT_5$ 发出触发脉

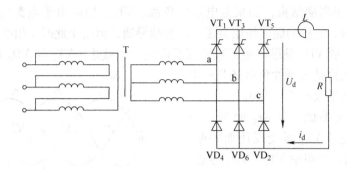

图 4-12 三相全控桥式整流电路

冲。而图中 $\omega t_2$、$\omega t_4$、$\omega t_6$ 时刻则是共阳极整流二极管的自然换相点。

在 $\omega t_1$ 时刻，$VT_1$ 得到脉冲时 b 相电压低于 c 相电压（在波形图上反映为 $u_{ab} > u_{ac}$），由于 3 只整流二极管阳极接在一起，所以电压最低相的整流二极管就优先导通，此时电路中 $VT_1$ 和 $VD_6$ 导通，电路输出电压 $u_d = u_{ab}$。

$\omega t_2$ 时刻，c 相电压低于 b 相电压，c 相的整流二极管 $VD_2$ 优先导通，出现 $VD_2$ 和 $VD_6$ 换相，此后 $VT_1$ 和 $VD_2$ 导通，$u_d = u_{ac}$。

$\omega t_3$ 时刻，触发 $VT_3$，晶闸管 $VT_3$ 导通，$u_b > u_a$。$VT_1$ 承受反向电压而关断，电路中 $VT_3$ 和 $VD_2$ 导通，输出电压 $u_d = u_{bc}$。

$\omega t_4$ 时刻，$u_a < u_c$，阴极接于 a 相的 $VD_4$ 承受正向电压而导通，同时 $VD_2$ 关断，出现 $VD_4$ 和 $VD_2$ 的换相，此时 $VT_3$、$VD_4$ 导通使得 $u_d = u_{ba}$。

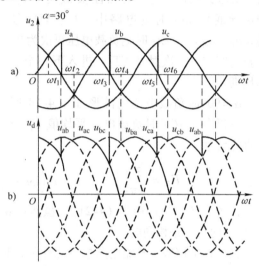

图 4-13 三相半控桥电感性负载 $\alpha = 30°$ 的电压波形
a）电源相电压的波形 b）输出电压的波形

此状态维持到 $\omega t_5$ 时刻触发 $VT_5$，$VT_5$ 导通使 $VT_3$ 承受反向电压而关断，电路转为 $VD_4$、$VT_5$ 导通的状态，使得 $u_d = u_{ca}$。

在 $\omega t_6$ 时刻，由于 $u_b < u_a$。$VD_6$、$VD_4$ 换相，$VT_5$、$VD_6$ 导通，使得 $u_d = u_{cb}$。直到进入下一个工作周期。三相桥式半控整流电路负载电压的波形如图 4-13b 所示。

根据波形图 4-13 可看出，负载电压波形的工作周期为 $2\pi/3$（120°），输出电压的平均值 $U_d$ 与 $\alpha$ 的关系为

$$U_d = \frac{3}{2\pi}\left[\int_{\frac{\pi}{3}+\alpha}^{\frac{2\pi}{3}} \sqrt{6} U_2 \sin\omega t \, d(\omega t)\right] + \frac{3}{2\pi}\left[\int_{\frac{2\pi}{3}}^{\pi+\alpha} \sqrt{6} U_2 \sin\left(\omega t - \frac{\pi}{3}\right) d(\omega t)\right] = 1.17 U_2 (1 + \cos\alpha)$$

(4-20)

**2. 触发延迟角 $\alpha = 90°$ 时的电路分析**

在 $\omega t_2$ 时刻触发晶闸管 $VT_1$，此时 c 相电压低于 b 相电压，c 相的整流二极管 $VD_2$ 已在 $\omega t_1$ 时刻优先导通，此时电路中 $VT_1$、$VD_2$ 导通，使得 $u_d = u_{ac}$。这一状态一直维持到 $\omega t_3$ 时

刻,此时 $u_{ac}$ 的正半周期结束,如果是电阻性负载,$VT_1$、$VD_2$ 由于电源电压过零而关断;如果是电感性负载,电感的储能作用会使 $VT_1$ 持续导通,但由于此时 a 相电压最低,阴极接在 a 相的整流二极管 $VD_4$ 导通,使 $VD_2$ 承受反向电压而截止,$VT_1$ 与 $VD_4$ 串联为负载电流提供通路。可见无论是电感性负载还是电阻性负载,这段时间负载电压均为 0。

与前面的分析类似,在 $\omega t_4$ 时刻触发 $VT_3$ 时,$VT_3$ 导通使 $VT_1$ 承受反压而关断,a 相电源电压最低,电路中 $VT_3$、$VD_4$ 导通,$u_d = u_{ba}$。此过程持续到 $\omega t_5$ 时刻 $u_{ba}$ 正半周期结束,又转为 $u_d = 0$ 的状态(电阻性负载时全部元器件关断;电感性负载时 $VT_3$、$VD_6$ 导通)。$\omega t_6$ 时刻电路中 $VT_5$、$VD_6$ 导通,$u_d = u_{cb}$。到 $\omega t_7$ 时刻负载电压再次为 0,一直持续到下一次触发 $VT_1$,进入下一个工作周期。

$\alpha = 90°$ 时负载电压的波形如图 4-14 所示,可得出 $\alpha > 60°$ 时负载电压平均值 $U_d$ 与 $\alpha$ 的关系为

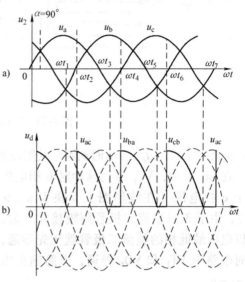

图 4-14 三相半控桥电感性负载 $\alpha = 90°$ 的电压波形

$$U_d = \frac{3}{2\pi} \left[ \int_{\frac{\pi}{3}+\alpha}^{\frac{4\pi}{3}} \sqrt{6} U_2 \sin\left(\omega t - \frac{\pi}{3}\right) d(\omega t) \right] = 1.17 U_2 (1 + \cos\alpha) \qquad (4-21)$$

比较式 (4-20) 和式 (4-21),虽然在 $\alpha < 60°$ 和 $\alpha > 60°$ 时负载电压波形差别很大,但 $U_d$ 与 $\alpha$ 的关系是相同的。

在三相半控桥式整流电路接电感性负载时,如果触发脉冲丢失或其他原因造成本应导通的晶闸管未能导通,导致本应关断的晶闸管无法关断,电路中也会出现失控现象,表现为一个晶闸管始终导通,3 只整流二极管随电源电压的变化交替导通(失控现象的产生与单相半控桥式电路类似)。与单相半控桥式整流电路一样,这种现象也可以通过在输出端接入续流二极管来加以解决,在此不再赘述。

## 任务 2　直流电动机调速系统的安装与调试

### 任务解析

通过完成直流电动机调速系统的安装与调试任务,学生应掌握其工作原理,并在电路安装与调试过程中,培养职业素养。

### 知识链接

#### 一、三相半波可控整流电路组成的直流电源

要获得电压可调的直流电源,除了前面介绍过的三相可控整流电路外,通过对电路中晶

闸管的控制而构成的可控制电路也是必不可少的部分。

**1. KC04 集成触发器**

KC 系列集成触发器品种多、功能全、可靠性高、调试方便，应用非常广泛。下面介绍 KC04 集成触发器。

KC04 触发器主要用于单相或三相全控桥式晶闸管整流电路作为触发电路，其主要技术参数如下。

电源电压：DC ±15V（允许波动 5%）。

电源电流：正电流≤15mA，负电流≤8mA。

脉冲宽度：400μs ~ 2ms。

脉冲幅值：≥13V。

移相范围：>180°（同步电压 $u_T$ =30V 时，为150°）。

输出最大电流：100mA。

环境温度：-10 ~ 70℃。

图 4-15 所示是 KC04 集成触发器的内部电路组成。它由同步电路、锯齿波形成电路、移相电路、脉冲形成电路和脉冲输出电路组成。同步电路可以输出一个与正弦交流电源同频率的方波。通过锯齿波形成电路产生与方波同频率的锯齿波；触发电路中触发延迟角 α 的改变是通过控制电压增大或减小来实现的，当控制电压 $U_K$

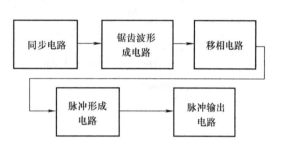

图 4-15 KC04 集成触发器的内部电路组成

增大时，通过移相电路可使触发脉冲前移，从而减小触发延迟角 α 的大小，使整流电路的输出电压增大，反之则减小。脉冲形成电路和脉冲输出电路相互配合，产生两路相位相差180°、功率足够大的脉冲。

图 4-16a 是 KC04 组成的触发器电路。KC04 是一个 16 脚标准封装的集成块。其中引脚 1、引脚 15 是两路脉冲的输出端，引脚 1 脉冲超前引脚 15 脉冲180°；引脚 2、10、14 为满足封装标准的没有作用的空脚。

输入同步电压 $u_T$ 通过电阻 $R_3$、$R_4$ 和电位器 $RP_2$ 接入引脚 8。电阻 $R_4$、电位器 $RP_2$ 和集成块内部电路共同实现输入限流，而电阻 $R_2$ 和电容 $C_2$ 起抗干扰作用。

电阻 $R_1$、电阻 $R_2$、电位器 $RP_1$、电容 $C_1$、集成块反向电源、KC04 内部电路共同组成锯齿波形成电路。锯齿波斜率的大小由电阻 $R_1$、电位器 $RP_1$ 和电容 $C_1$ 共同决定。引脚 4 可检测这一波形。

电阻 $R_5$、电阻 $R_6$、电阻 $R_7$、电位器 $RP_3$、电位器 $RP_4$、正负电源与 KC04 内部电路共同组成移相电路。控制电压 $U_K$、偏移电压 $U_P$ 分别通过电阻 $R_6$、$R_7$ 在引脚 9 叠加后控制 KC04 内部电路中晶体管的导通和关断时刻，从而控制输出脉冲左右移动。当控制电压 $U_K$ 增大时，脉冲左移，触发延迟角 α 减小；当控制电压 $U_K$ 减小时，脉冲右移，触发延迟角 α 增大。偏移电压 $U_P$ 的作用是当控制电压 $U_K$ 为零时，可用偏移电压 $U_P$ 来确定脉冲的起始位置。观察引脚 9 的波形可看出控制电压对波形的作用。

电阻 $R_8$、电容 $C_3$、集成块正向电流与 KC04 内部电路共同组成脉冲形成电路，而脉冲

的宽度由时间常数 $R_8C_3$ 的大小决定。观察引脚 12 可看到一个反向尖脉冲,其宽度可决定输出脉冲的宽度。

KC04 的引脚 13 为脉冲列调制端,此端在正同步电压的每半个周期输出一个脉冲。引脚 14 为脉冲封锁控制端。当将此引脚接地时,集成块的输出端引脚 1、引脚 15 将没有脉冲输出。

图 4-16b 是 KC04 触发器各引脚的波形图。

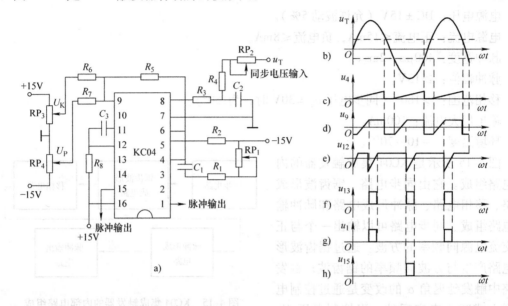

图 4-16 KC04 组成的触发器及各引脚的波形图
a) 触发电路 b) 同步电压波形 c) 引脚 4 波形 d) 引脚 9 波形 e) 引脚 12 波形
f) 引脚 13 波形 g) 引脚 1 波形 h) 引脚 15 波形

在 KC04 触发器的基础上采用四级晶闸管做脉冲记忆,可构成改进型产品 KC09。KC09 与 KC04 可以互换,但提高了抗干扰能力和触发脉冲的前沿陡度,脉冲调节范围增大了。

**2. 同步电压的获取**

三相半波可控直流电源电路如图 4-17 所示,由 3 只晶闸管构成,输出接电阻性负载,这种电路的移相范围为 0°~150°。可选用 3 块 KC04 作为其触发器,只要接入正确的同步电压即可保证电路正常工作。

同步电压 $u_{Ta}$、$u_{Tb}$ 和 $u_{Tc}$ 在晶闸管装置中非常重要,它们可保证送到主电路各晶闸管的触发脉冲与其阳极电压之间保持正确的相位关系从而使整个电路正常工作。

很明显,触发脉冲必须在晶闸管阳极电压为正的区间内出现,才能被触发导通。这主要由触发电路中的同步电压 $u_T$ 决定,由控制电压 $U_K$、偏移电压 $U_P$ 的大小来产生移相。就是说,必须根据被触发晶闸管的阳极电压相位,正确供给触发电路特定相位的同步电压 $u_T$,以使触发电路在晶闸管需要触发脉冲的时刻输出脉冲。这种正确选择同步电压相位以及得到不同相位的同步电压的方法,称为晶闸管装置的同步或定相。

触发电路采用 KC04 集成触发电路,选用引脚 15 输出的脉冲,即图 4-16h 中 $u_{15}$ 所示的波形,它是在同步电压的负半周输出触发脉冲。整流电路的移相范围要求 150°,考虑到

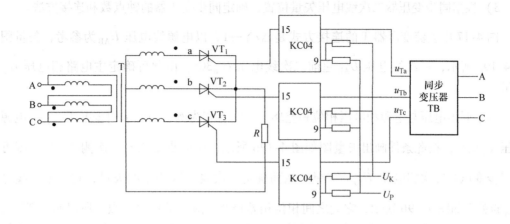

图 4-17 三相半波可控直流电源电路

KC04 电路中电容在相电压两端充放电时间的非线性，触发脉冲的起始位是在自然换相点，即触发延迟角 α=0°是在相电压30°处，故取相电压中 30°~180°作为触发延迟角 α=0°~150°移相区间。

以 a 相晶闸管 VT$_1$ 为例，α=0°时，触发电路产生的触发脉冲应对准 a 相电压的自然换相点，即对准相电压 $u_a$ 30°时刻。而触发脉冲正好就在锯齿波的充电过程中（即上升的直线段）产生，所以，锯齿波的起点正好是相电压 $u_a$ 的上升过零点，如图 4-18 所示。$u_{15}$ 的脉冲是在同步电压 $u_{Ta}$ 的负半周产生，这样，控制锯齿波电压的同步电压 $u_{Ta}$ 应与晶闸管阳极电压 $u_a$ 相位上相差180°，就可获得与主电路 a 相电源同步的触发脉冲。同理，$u_{Tb}$ 与 $u_b$、$u_{Tc}$ 与 $u_c$ 也应在相位上相差180°。3 个触发电路的同步电压应选取为 $-u_a$、$-u_b$ 和 $-u_c$。

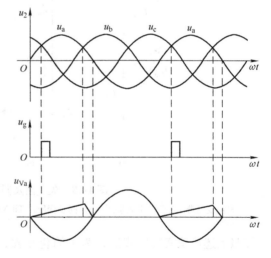

图 4-18 主电压与同步电压的相位关系

如何获得上述同步电压呢？晶闸管通过同步变压器 TB 的不同连接方式再配合阻容移相，得到特定相位的同步电压。三相同步变压器有 24 种接法，可得到 12 种不同相位的二次电压，通常用钟点数来形象地表示各相的相位关系。由于同步变压器二次电压要分别接至各触发电路，需要有公共接地端，所以同步变压器二次绕组采用星形联结，同步变压器只能有 Y/Y、△/Y 两种形式的接法。为实现同步，就要确定同步变压器的接法，具体步骤如下。

1) 根据主电路形式、触发电路形式与移相范围来确定同步电压 $u_T$ 与对应的晶闸管阳极电压之间的相位关系。本电路中为相位相差180°。

2) 根据整流变压器 T 的实际连接或钟点数，以电网某线电压做参考矢量，画出整流变压器二次电压，也就是晶闸管阳极电压的矢量。再根据步骤1) 所确定的同步电压与晶闸管阳极电压的相位关系，画出同步相电压与同步线电压矢量图。

3) 根据同步变压器二次线电压矢量位置，确定同步变压器的钟点数和连接方法。

图4-17中整流变压器T的连接方式是△/丫—1，以电源线电压$\dot{U}_{AB}$为参考，矢量图如图4-19a所示，一次线电压$\dot{U}_{AB}$超前二次线电压$\dot{U}_{ab}$30°，由此可确定主电路相电压$\dot{U}_a$的矢量。

由于同步电压与电源相电压相位相差180°，以A相为例，即要求同步电压$\dot{U}_{Ta}$与电源相电压$\dot{U}_a$反相，按此条件画出矢量图如图4-19b所示，设同步变压器二次侧接丫形，则可画出同步变压器二次相电压$\dot{U}_{Tb}$的矢量，从而确定二次线电压$\dot{U}_{Tab}$的矢量，它与电源线电压$\dot{U}_{AB}$的关系如图4-19b所示，它们之间相位相差150°。由于是奇数钟数，所以确定TB应接成△/丫—5形，从而得出同步变压器的接线方式如图4-19c所示。变压器的电压比则由触发器对同步电压的要求来确定。

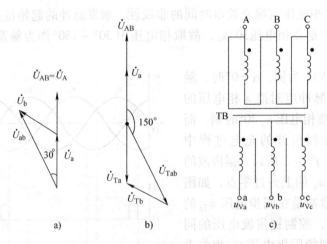

图4-19　矢量图及同步变压器接线图
a) 整流变压器T△/丫—1矢量图　b) 同步变压器TB△/丫—5矢量图　c) 同步变压器TB△/丫—5接线图

按照上述步骤实现同步时，为了简化步骤，只要先确定一只晶闸管触发电路的同步电压，然后对比其他晶闸管阳极电压的相位顺序，依次安排其余触发电路的同步电压即可。

**3. 三相集成触发器TC787/TC788**

TC787和TC788是采用先进IC工艺技术，并参照国外最新集成移相触发集成电路设计的单片集成电路。它可单电源工作，亦可双电源工作，适用于三相晶闸管移相触发和三相功率晶体管脉宽调栅电路，以构成多种交流调速和变流装置；具有功耗小、功能强、输入阻抗高、抗干扰性能好、移相范围宽、外接元器件少等优点，而且装调简便、使用可靠。

TC787（或TC788）的引脚排列如图4-20所示。各引脚的名称、功能及用法如下。

图4-20　TC787/TC788引脚排列

(1) 同步电压输入端 引脚1（$V_c$）、引脚2（$V_b$）及引脚18（$V_a$）为三相同步输入电压连接端。应用中，分别接经输入滤波后的同步电压，同步电压的峰值应不超过 TC787/TC788 的工作电源电压 $V_{DD}$。

(2) 脉冲输出端 在半控单脉冲工作模式下，引脚8（C）、引脚10（B）、引脚12（A）分别为与三相同步电压正半周对应的同相触发脉冲输出端，而引脚7（-B）、引脚9（-A）、引脚11（-C）分别为与三相同步电压负半周对应的反相触发脉冲输出端。当 TC787 或 TC788 被设置为全控双窄脉冲工作方式时，引脚8为与三相同步电压中C相正半周及B相负半周对应的两个脉冲输出端；引脚12为与三相同步电压中A相正半周及C相负半周对应的两个脉冲输出端；引脚11为与三相同步电压中C相负半周及B相正半周对应的两个脉冲输出端；引脚9为与三相同步电压中A相同步电压负半周及C相电压正半周对应的两个脉冲输出端；引脚7为与三相同步电压中B相电压负半周及A相电压正半周对应的两个脉冲输出端；引脚10为与三相同步电压中B相正半周及A相负半周对应的两个脉冲输出端。应用时均接脉冲功率放大环节的输入或脉冲变压器所驱动开关管的门极。

(3) 控制端

1) 引脚4（$V_r$）：移相控制电压输入端。该端输入电压的高低，直接决定着 TC787/TC788 输出脉冲的移相范围，应用时接给定环节输出，其电压幅值最大为 TC787/TC788 的工作电源电压（$V_{DD}$）。

2) 引脚5（$P_i$）：输出脉冲禁止端。该端用来进行故障状态下封锁 TC787/TC788 的输出，高电平有效，应用时接保护电路的输出。

3) 引脚6（$P_c$）：TC787/TC788 工作方式设置端。当该端接高电平时，TC787/TC788 输出双脉冲列；而当该端接低电平时，输出单脉冲列。

4) 引脚13（$C_x$）：该端连接的电容器的容量决定着 TC787 或 TC788 输出脉冲的宽度，电容器的容量越大，则脉冲宽度越宽。

5) 引脚14（$C_b$）、引脚15（$C_c$）、引脚16（$C_a$）：对应三相同步电压的锯齿波电容器连接端。该端连接的电容器值大小决定了移相锯齿波的斜率和幅值，应用时分别通过一个相同容量的电容器接地。

(4) 电源端 TC787/TC788 可单电源工作，亦可双电源工作。单电源工作时引脚3（$V_{SS}$）接地，而引脚17（$V_{DD}$）允许施加的电压为 8~18V。双电源工作时，引脚3（$V_{SS}$）接负电源，其允许施加的电压幅值为 -9~-4V，引脚17（$V_{DD}$）接正电源，允许施加的电压为 +4~+9V。TC787 的工作波形如图 4-21 所示。

## 二、三相桥式全控整流电路组成的直流电源

电路由6只晶闸管构成，因此可以选用3块 KC04 就能输出6路脉冲，但为了使电路中的晶闸管可靠导通，多采用双窄脉冲控制。

**1. 六路双脉冲触发器 KC41C**

三相全控桥式整流电路对触发脉冲的要求如下。

1) 一个周期内共需6路输出脉冲。

2) 共阴极组 A、B、C 相触发脉冲在电源的正半周产生，互差120°；为了保证晶闸管可靠触发，脉冲可以用宽脉冲，或同一相脉冲在相隔60°时，再补发一个脉冲，称为双窄脉冲。

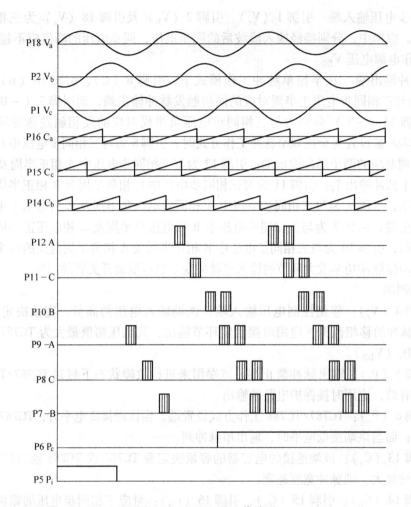

图 4-21 TC787 的工作波形

3）共阳极组触发脉冲在电源的负半周产生，其要求与共阴极组相同，多采用双窄脉冲。

4）接在同一相的两个晶闸管的触发脉冲相差180°。

三相全控桥式整流电路要求用双窄脉冲触发，即用两个间隔60°的窄脉冲去触发晶闸管。产生双脉冲的方法有两种，一种是每个触发电路在每个周期内只产生一个脉冲，脉冲输出电路同时触发两个桥臂的晶闸管，称作外双脉冲触发。另一种方案是每个触发电路在一个周期内连续发出两个间隔60°的窄脉冲，脉冲输出电路只触发一只晶闸管，称为内双脉冲触发。内双脉冲触发是目前应用最多的一种触发方式。

KC41C 是一种内双脉冲触发器，它一般不单独使用，常与 KC04 结合起来产生触发脉冲，实现控制触发晶闸管的功能。图 4-22 为 KC41C 的外部接线图和各引脚波形。图中引脚 1~6 是 6 路脉冲输入端，通常接在 3 个 KC04 的 6 个输出脉冲端，每路脉冲由 KC41C 内部二极管组成 6 路电流放大器分 6 路双脉冲输出。当控制端引脚 7 接低电平时，引脚 10~15 共有 6 路脉冲输出。当引脚 7 接高电平时，各路输出脉冲被封锁。输出波形如图 4-22b 所示。当在 KC41C 的输入端接入 6 路满足三相全控桥式整流电路的脉冲时，其输出端将输出电路所需的双窄脉冲。

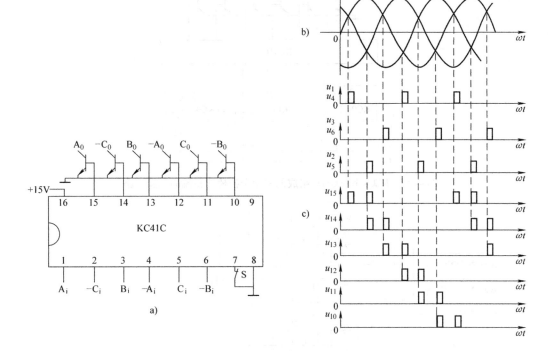

图 4-22 KC41C 外部接线图和各引脚波形
a) 引脚接线方式 b) 输出波形图 c) 各引脚波形

利用三个 KC04 与一个 KC41C 可组成三相全控桥式整流的触发电路,如图 4-23 所示,电路的控制电压 $U_K$、偏移电压 $U_P$ 分别接入 3 个 KC04 相应的接线端,与每一个的同步电压 $u_T$ 结合,3 个 KC04 的输出端产生 6 路脉冲,其中 $A_i$ 与 $-A_i$、$B_i$ 与 $-B_i$、$C_i$ 与 $-C_i$ 相位互差 180°,由于它们的同步电压分别是 $u_{Ta}$、$u_{Tb}$ 和 $u_{Tc}$,所以与三相电源的相位关系相同,$A_i$、$B_i$、$C_i$ 三者之间的相位互差 120°,$-A_i$、$-B_i$、$-C_i$ 三者的相位也互差 120°。在时间上相邻两个脉冲之间的相位正好相差 60°。它们的脉冲顺序:$A_i \to -C_i \to B_i \to -A_i \to C_i \to -B_i$,这正好符合三相全控桥式整流电路中各相晶闸管的脉冲要求。

由于三相全控整流电路要求双窄脉冲触发,所以再将这 3 个 KC04 的输出端接入一个 KC41C 的输入端,就可在 KC41C 的输出端获得满足以上条件的相位关系,同时又是双窄脉冲输出的脉冲列。6 个输出端正好与三相全控桥的 6 只晶闸管的门极相接。$A_0$ 接 $VT_1$ 的门极、$-C_0$ 接 $VT_2$ 的门极、$B_0$ 接 $VT_3$ 的门极,接线顺序如图 4-22 所示。

调节图 4-24 中控制电压 $U_K$、偏移电压 $U_P$,主电路输出端即可获得电压可调的直流电。通过同步变压器 TB 获取的同步电压是电路正常工作的保证。

**2. 同步电压的获取**

图 4-24 所示的三相全控桥式整流电路,整流变压器 T 为 △/丫—5 接法。采用锯齿波同步触发电路的 KC04 触发器。如果电路工作处于整流与逆变状态,那么触发延迟角的移相范围为 0°~180°。考虑到电容的充放电在电源起始处的非线性,移相范围后移 30°,因此取相

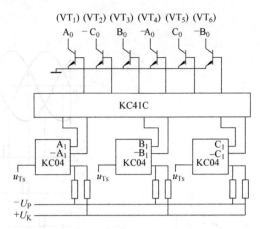

图 4-23　KC04 和 KC41C 组成的三相全控桥式整流的触发电路

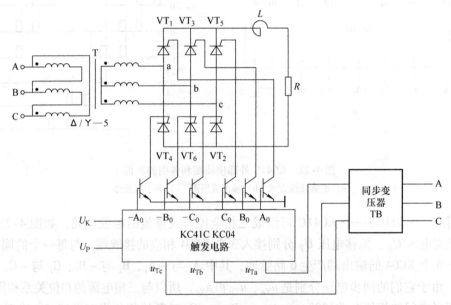

图 4-24　三相全控桥式整流电路

电压的 30°~210°作为触发延迟角 0°~180°移相区间。

在实际应用中，通常要将同步变压器 TB 二次电压 $u_T$ 经阻容滤波后变为 $u'_T$，再送至触发电路，即 $u'_T$ 滞后 $u_T$ 30°。由图 4-16 可看出，一个 KC04 可以输出相位相差 180°的两路脉冲，以 A 相为例，将输出的正脉冲接至全控桥式整流电路中的晶闸管 $VT_1$ 的门极、负脉冲接到晶闸管 $VT_4$ 的门极，实际的同步电压 $u'_T$ 与 A 相相电压 $u_a$ 同相即可满足要求。由于同步电压 $u'_T$ 滞后 $u_T$ 30°，因此，只需保证同步电压 $u_T$ 超前相电压 $u_a$ 30°就可满足同步电压 $u'_T$ 与 A 相相电压 $u_a$ 同相的要求。可以通过矢量图来确定同步变压器的连接方式（见图 4-25）。

整流变压器 T 采用△/丫—5 接法，以电源线电压 $\dot{U}_{AB}$ 作为参考相量可以画出整流变压器 T 的矢量图，主电路 A 相相电压 $\dot{U}_{ab}$ 滞后线电压 $\dot{U}_{AB}$ 150°，如图 4-25a 所示。依据同步电压 $\dot{U}_{Ta}$ 超前相电压 $\dot{U}_a$ 30°可画出它的相量，设同步变压器二次侧接成丫形，则可画出相

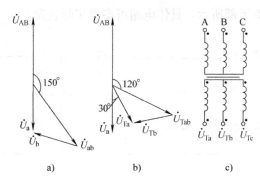

图 4-25　矢量图及同步变压器接线图

a）整流变压器 T△/丫—5 矢量图　b）同步变压器 TB丫/丫—4 矢量图
c）同步变压器 TB丫/丫—4 接线图

电压 $\dot{U}_{Tb}$ 滞后 $\dot{U}_{Ta}$ 120°，从而画出同步变压器二次线电压 $\dot{U}_{Tab}$ 的矢量图如图 4-25b 所示，由图中可看出同步变压器二次线电压 $\dot{U}_{Tab}$ 滞后电源线电压 $\dot{U}_{AB}$ 120°，因是偶数钟点数，则可确定同步变压器为丫/丫—4 联结。

丫/丫—4 联结如图 4-25c 所示。要获得丫/丫—4 联结，同步变压器二次侧三相相电压的相序需做出相应的改变。

## 项目总结

本项目通过直流电动机调速系统中的应用，引入三相半控、全控桥式整流电路。学生通过三相半控、全控桥式整流电路的原理分析，掌握直流电动机调压调速的方法。其中贯穿晶闸管集成触发电路的应用。通过项目实施，加深对这些电路的理解，掌握触发电路和主电路综合调试的方法。在项目实施过程中，培养了学生解决问题、分析问题的能力。

## 实训项目

### 实训一　三相半波可控整流电路的调试

#### 一、训练目标

1）能正确调试三相集成触发电路。
2）能正确调试三相半波整流电路。
3）能对三相半波整流电路的故障进行分析与排除。

#### 二、训练器材

1）指针式万用表 1 块。
2）晶闸管等若干。

#### 三、训练内容

**1. 认识三相集成触发电路**

三相集成触发电路由 TC787 扩展而成，主要包括给定、触发电路（TC787）及正桥功放电路。其示意图如图4-26下部所示。具体电路可参考实际装置。

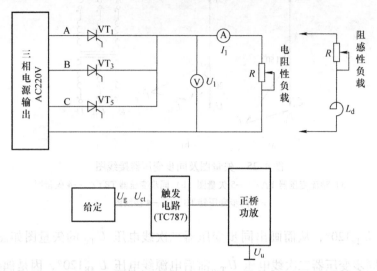

图4-26 三相半波可控整流电路及触发电路示意图

**2. 接线调试**

1）打开总电源开关，观察输入的三相电网电压是否平衡。

2）三相同步变压器接成Y/Y型，并把相应的中点和地各自相连。

3）打开电源开关，观察a、b、c三相同步正弦波信号，并调节三相同步正弦波信号幅值调节电位器（在各观测孔下方），使三相同步信号幅值尽可能一致，观察触发电路三相锯齿波，使三相锯齿波斜率、高度尽可能一致。

4）将"给定"输出$U_g$与移相控制电压$U_{ct}$相接，使给定$U_g=0$（即$U_{ct}=0$），调节偏移电压电位器，用双踪示波器观察A相同步电压信号和"双脉冲观察孔"$VT_1$的输出波形，使$\alpha=180°$。

5）适当增加给定$U_g$的正电压输出，观测"$VT_1$—$VT_6$"的波形，观察晶闸管$VT_1$～$VT_6$门极和阴极之间的触发脉冲是否正常。

**3. 三相半波可控整流电路带电阻性负载**

三相半波可控整流电路用了三只晶闸管，与单相电路比较，其输出电压脉动小，输出功率大。不足之处是晶闸管电流（即变压器的二次电流）在一个周期内只有1/3时间有电流流过，变压器利用率较低。图4-26中电阻器$R$用450Ω可调电阻器，电抗器$L_d$用200mH，其三相触发信号由专门的电流提供，在其外加个给定电压接到$U_{ct}$端即可。

按图4-26接线，将可调电阻器调到最大阻值处，打开电源开关，给定电压从零开始，慢慢增加移相电压，使$\alpha$能从30°～170°范围内调节，用示波器观察并记录$\alpha=30°$、60°、90°、120°、150°时整流输出电压$u_d$和晶闸管两端电压$u_T$的波形，记录相应交流电源电压$U_2$、直流负载电压$U_d$和电流$I_d$的数值。

**4. 三相半波可控整流电路带阻感性负载**

将200mH的电抗器与负载电阻$R$串联后接入主电路，观察并记录$\alpha$角为30°、60°、90°时$u_d$、$i_d$的输出波形，并记录相应的电源电压$U_2$及$U_d$、$I_d$值。

## 四、测评标准

| 测评内容 | 配分 | 评分标准 | 扣分 | 得分 |
|---|---|---|---|---|
| 指针式万用表、慢扫描示波器的使用 | 30 | (1) 使用前的准备工作没进行扣 5 分<br>(2) 读数不正确扣 15 分<br>(3) 操作错误每处扣 5 分<br>(4) 由于操作不当导致仪表损坏扣 20 分 | | |
| 三相半波可控整流电路带电阻性、电感性负载 | 70 | (1) 使用前的准备工作没进行扣 5 分<br>(2) 检测档位不正确扣 15 分<br>(3) 操作错误每处扣 5 分<br>(4) 由于操作不当导致元器件损坏扣 30 分 | | |
| 安全文明操作 | | 违反安全生产规程视现场具体违规情况扣分 | | |
| 合计总分 | | | | |

## 实训二  三相桥式全控整流电路的调试

### 一、训练目标

1) 能正确调试三相桥式全控整流电路。
2) 能分析三相桥式全控整流电路的故障并进行排除。

### 二、训练器材

1) 指针式万用表 1 块。
2) 三相晶闸管触发电路、可调电阻等。

### 三、训练内容

**1. 认识三相桥式全控整流电路**

如图 4-27 下半部分所示,触发电路为集成触发电路,主要由给定、触发电路(TC787)和正桥功放组成,可输出经调制后的双窄脉冲。

**2. 触发电路的调试**

1) TC787 触发电路的调试同实训一中的相关内容。
2) 电路可采用组合触发电路:3 个 KJ004(KC04)集成块和 KJ041(KC41)集成块,可形成 6 路双脉冲,再由 6 个晶体管进行脉冲放大即可。

**3. 三相桥式全控整流电路的调试**(电阻性负载)

按图 4-27 接线,将"给定"输出调到零,使电阻器放在最大阻值处,开始调试,调节给定电位器 RP,增加移相电压,使 $\alpha$ 在 30°~120°范围内调节,同时,根据需要不断调整负载电阻,使负载电流 $I_d$ 保持在 0.6A 左右。用示波器观察 $\alpha$ = 30°、60°、90°时的整流电压 $u_d$ 和晶闸管两端电压 $u_T$ 波形,记录相应交流电源电压 $U_2$、直流负载电压 $U_d$ 和电流 $I_d$ 的数值。

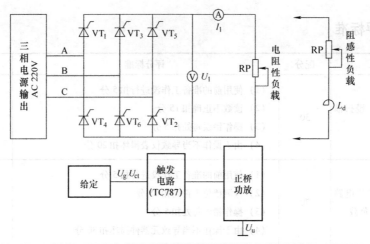

图 4-27　三相桥式全控整流电路及触发电路原理图

### 四、测评标准

| 测评内容 | 配分 | 评分标准 | 扣分 | 得分 |
|---|---|---|---|---|
| 指针式万用表、慢扫描示波器的使用 | 30 | （1）使用前的准备工作没进行扣 5 分<br>（2）读数不正确扣 15 分<br>（3）操作错误每处扣 5 分<br>（4）由于操作不当导致仪表损坏扣 20 分 | | |
| 三相桥式全控整流的调试 | 70 | （1）使用前的准备工作没进行扣 5 分<br>（2）检测档位不正确扣 15 分<br>（3）操作错误每处扣 5 分<br>（4）由于操作不当导致元器件损坏扣 30 分 | | |
| 安全文明操作 | | 违反安全生产规程视现场具体违规情况扣分 | | |
| 合计总分 | | | | |

## 项目拓展知识：有源逆变电路

### 1. 有源逆变电路的工作原理

整流与有源逆变的根本区别就表现在两者能量传送方向的不同。一个相控整流电路，只要满足一定条件，也可工作于有源逆变状态，这种装置称为变流装置或变流器。

（1）两电源间的能量传递　如图 4-28 所示，先来分析一下两个电源间的功率传递问题。

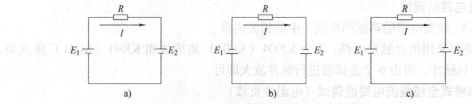

图 4-28　两个直流电源间的功率传递

图 4-28a 为两个电源同极性连接，称为电源逆串。当 $E_1 > E_2$ 时，流入 $E_2$ 正极，为顺时针方向，其大小为

$$I = \frac{E_1 - E_2}{R}$$

在这种连接情况下，电源 $E_1$，输出功率 $P_1 = E_1 I$，电源 $E_2$ 则吸收功率 $P_2 = E_2 I$，电阻 $R$ 上消耗的功率为 $P_R = P_1 - P_2 = RI^2$，$P_R$ 为两电源功率之差。

图 4-28b 也是两电源同极性相连，但两电源的极性与图 4-28a 正好相反。当 $E_2 > E_1$ 时，电流仍为顺时针方向，但是从 $E_2$ 正极流出，流入 $E_1$ 正极，其大小为

$$I = \frac{E_2 - E_1}{R}$$

在这种连接情况下，电源 $E_2$ 输出功率，$E_1$ 吸收功率，电阻器 $R$ 仍然消耗两电源功率之差，即 $P_R = P_2 - P_1$。

图 4-28c 为两电源反极性连接，称为电源顺串。此时电流仍为顺时针方向，大小为

$$I = \frac{E_1 + E_2}{R}$$

此时电源 $E_1$ 与 $E_2$ 均输出功率，电阻器上消耗的功率为两电源功率之和：$P_R = P_2 + P_1$。若回路电阻很小，则 $I$ 很大，这种情况相当于两个电源间短路。

通过上述分析，可知：

1) 无论电源是顺串还是逆串，只要电流从电源正极端流出，则该电源就输出功率；反之，若电流从电源正极端流入，则该电源就吸收功率。

2) 两个电源逆串时，回路电流从电动势高的电源正极流向电动势低的电源正极。如果回路电阻很小，即使两电源电动势之差不大，也可产生足够大的回路电流，使两电源间交换很大的功率。

3) 两个电源顺串时，相当于两电源电动势相加后再通过 $R$ 短路，若回路电阻 $R$ 很小，则回路电流会非常大，这种情况在实际应用中应当避免。

（2）有源逆变的工作原理　在上述两电源回路中，若用晶闸管变流装置的输出电压代替 $E_1$，用直流电动机的反电动势代替 $E_2$，就变成了晶闸管变流装置与直流电动机负载之间进行能量交换的问题，如图 4-29 所示。

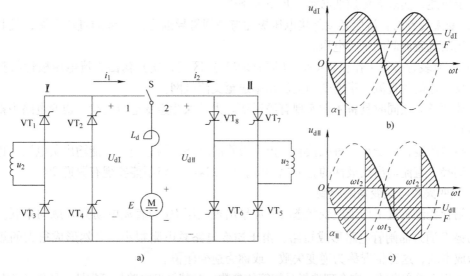

图 4-29　单相桥式变流电路整流与逆变原理

a) 电路图　b) Ⅰ组晶闸管输出电压波形　c) Ⅱ组晶闸管输出电压波形

图 4-29a 中有两组单相桥式变流装置，均可通过开关 S 与直流电动机负载相连。将开关拨向位置 1，且让 I 组晶闸管的触发延迟角 $\alpha_\text{I} < 90°$，则电路工作在整流状态，输出电压 $U_\text{dI}$ 上正下负，波形如图 4-29b 所示。此时，电动机做电动运行，电动机的反电动势 $E$ 上正下负，并且通过调整 $\alpha$ 使 $|U_\text{dI}| > |E|$，则交流电压通过 I 组晶闸管输出功率，电动机吸收功率。负载中电流 $I_\text{d}$ 值为

$$I_\text{d} = \frac{U_\text{dI} - E}{R}$$

将开关 S 快速拨向位置 2。由于机械惯性，电动机转速不变，则电动机的反电动势 $E$ 不变，且极性仍为上正下负。此时，若仍按触发延迟角 $\alpha_\text{II} < 90°$ 触发 II 组晶闸管，则输出电压 $U_\text{dII}$ 为上负下正，与 $E$ 形成两电源顺串连接。这种情况与图 4-28c 所示相同，相当于短路事故，因此不允许出现。

当开关 S 拨向位置 2 时，又同时将触发延迟角调整到 $\alpha_\text{II} > 90°$，则 II 组晶闸管输出电压 $U_\text{dII}$ 将变为上正下负，波形如图 4-29c 所示。假设由于惯性原因电动机转速不变，反电动势不变，并且调整 $\alpha$ 角使 $|U_\text{dI}| < |E|$，则晶闸管在 $E$ 与 $u_2$ 的作用下导通，负载中电流为

$$I_\text{d} = \frac{E - U_\text{dII}}{R}$$

这种情况下，电动机输出功率，运行于发电制动状态，II 组晶闸管吸收功率并将功率送回交流电网，这种情况就是有源逆变。

由以上分析及输出电压波形可以看出，逆变时的输出电压波形与整流时相同，计算公式仍为

$$U_\text{d} = 0.9 U_2 \cos\alpha$$

因为此时触发延迟角 $\alpha$ 大于 90°，使得计算出来的结果小于零，为了计算方便，令 $\beta = 180° - \alpha$，$\beta$ 称为逆变角，则

$$U_\text{d} = 0.9 U_2 \cos\alpha = 0.9 U_2 \cos(180° - \alpha) = -0.9 U_2 \cos\beta$$

综上所述，实现有源逆变必须满足下列条件。

1）变流装置的直流侧必须外接电压极性与晶闸管导通方向一致的直流电源，且其值稍大于变流装置直流侧的平均电压。

2）变流装置必须工作在 $\beta < 90°$（即 $\alpha > 90°$）区间，使其输出直流电压极性与整流状态时相反，才能将直流功率逆变为交流功率送至交流电网。

上述两条必须同时具备才能实现有源逆变。为了保持逆变电流连续，逆变电路中都要串接大电感。

要指出的是，对于半控桥或接有续流二极管的电路，因它们不可能输出负电压，也不允许直流侧接上直流输出反极性的直流电动势，所以这时电路不能实现有源逆变。

**2. 逆变失败与逆变角的限制**

晶闸管变流装置工作于逆变状态时，如果出现电压 $U_\text{d}$ 与直流电动势 $E$ 顺向串联，则直流电动势 $E$ 通过晶闸管电路形成短路，由于逆变电路总电阻很小，必然形成很大的短路电流，造成事故，这种情况称为逆变失败，或称为逆变颠覆。

为了防止逆变失败，应合理选择晶闸管的参数，对其触发电路的可靠性、器件的质量以及过电流保护性能等都有比整流电路更高的要求。逆变角的最小值也应严格限制，不可过小。

逆变时允许的最小逆变角 $\beta_{min}$ 应考虑几个因素：不得小于换向重叠角 $\gamma$，考虑晶闸管本身关断时所对应的电角度，考虑一个安全裕量等，这样最小逆变角 $\beta_{min}$ 的取值一般为

$$\beta_{min} \geqslant \gamma + \delta_0 + \theta_a \approx 30° \sim 35°$$

式中 $\gamma$——换相重叠角，此值随电路形式、工作电流大小的不同而不同，一般考虑它为15°~25°。

$\delta_0$——晶闸管关断时间所对应的电角度，一般考虑它为3.6°~5.4°。

$\theta_a$——安全裕量角，考虑到脉冲调整时不对称，留一个安全裕量角，一般取10°左右。

为防止 $\beta$ 小于 $\beta_{min}$，有时要在触发电路中设置保护电路，使减小 $\beta$ 时，不能进入 $\beta$ 小于 $\beta_{min}$ 的区域。此外还可在电路中加上安全脉冲产生装置，安全脉冲位置就设在 $\beta_{min}$ 处，安全脉冲保证在 $\beta_{min}$ 处触发晶闸管。

**3. 三相半波有源逆变电路**

常用的有源逆变电路，除单相全控桥式电路外，还有三相半波和三相全控桥式电路等。三相有源逆变电路中，变流装置的输出电压与触发延迟角 $\alpha$ 之间的关系仍与整流状态时相同，即

$$U_d = U_{d0} \cos\alpha$$

逆变时 $90° < \alpha < 180°$，使 $U_d < 0$。

图4-30为三相半波有源逆变电路。电路中电动机产生的电动势 $E$ 为上负下正，令触发延迟角 $\alpha > 90°$，以使 $U_d$ 为上负下正，且满足 $|E| > |U_d|$，则电路符合有源逆变的条件，可实现有源逆变。逆变器输出直流电压 $U_d$（$U_d$ 的方向仍按整流状态时的规定，从上至下为 $U_d$ 的正方向）的计算式为

$$U_d = U_{d0} \cos\alpha = -U_{d0} \cos\beta = -1.17 U_2 \cos\beta$$

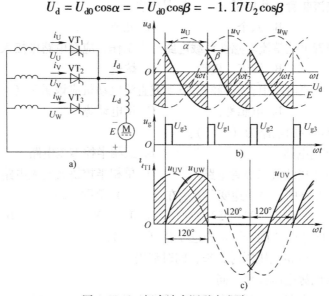

图4-30 三相半波有源逆变电路
a）电路图 b）输出电压波形图 c）$VT_1$ 两端电压波形图

上式中，$U_d$ 为负值，即 $U_d$ 的极性与整流状态时相反。输出直流电流平均值为

$$I_d = \frac{E - U_d}{R_\Sigma}$$

式中 $R_\Sigma$——回路的总电阻。

电流从 $E$ 的正极流出，流入 $U_d$ 的正端，即 $u_U$ 端输出电能，经过晶闸管装置将电能送给电网。

下面以 $\beta=60°$ 为例对其工作过程进行分析。在 $\beta=60°$ 时，即 $\omega t_1$ 时刻触发脉冲 $u_{g1}$ 触发晶闸管 $VT_1$ 导通。即使 $u_U$ 相电压为零或负值，但由于有电动势 $E$ 的作用，$VT_1$ 仍可能承受正压导通。则电动势 $E$ 提供能量，有电流 $i_d$ 流过晶闸管 $VT_1$，输出电压 $u_d = u_U$。然后，与整流时一样，按电源相序每隔120°依次轮流触发相应的晶闸管使之导通，同时关断前面导通的晶闸管，实现依次换相，每个晶闸管导通120°。输出电压 $u_d$ 的波形如图4-30b所示，其直流平均电压 $U_d$ 为负值，数值小于电动势 $E$。

图4-30c中显示了晶闸管 $VT_1$ 两端电压 $u_{T1}$ 的波形。在一个电源周期内，$VT_1$ 导通120°角，导通期间其端电压为零，随后的120°内是 $VT_2$ 导通，$VT_1$ 关断，$VT_1$ 承受线电压 $u_{UV}$，再后的120°内是 $VT_3$ 导通，$VT_1$ 承受线电压 $u_{UW}$。由端电压波形可见，逆变时晶闸管两端电压波形的正面积总是大于负面积，而整流时则相反，正面积总是小于负面积。只有 $\alpha = \beta$ 时，正负面积才相等。

下面以 $VT_1$ 换相到 $VT_2$ 为例，简单说明图中晶闸管换相的过程：在 $VT_1$ 导通时，到 $\omega t_2$ 时刻触发 $VT_2$，则 $VT_2$ 导通，与此同时使 $VT_1$ 承受U、V两相间的线电压 $u_{UV}$。由于 $u_{UV} < 0$，故 $VT_1$ 承受反向电压而被迫关断，完成了 $VT_1$ 向 $VT_2$ 的换相过程。其他管的换相可由此类推。

# 习　题

## 一、单选题

1. 三相全控整流装置一共用了（　　）晶闸管。
   A. 三个　　　　　　B. 六个　　　　　　C. 九个
2. 为了让晶闸管可控整流电感性负载电路正常工作，应在电路中接入（　　）。
   A. 晶体管　　　　　B. 续流二极管　　　C. 熔丝
3. 晶闸管可控整流电路中直流端的蓄电池或直流电动机应该属于（　　）负载。
   A. 电阻性　　　　　B. 电感性　　　　　C. 反电动势
4. 可实现有源逆变的电路为（　　）。
   A. 三相半波整流电路　　　　　　　　　B. 三相半控整流电路
   C. 单相全控桥式接续流二极管电路　　　D. 单相半控桥式整流电路
5. 在一般可逆电路中，最小逆变角 $\beta_{min}$ 在（　　）范围合理。
   A. 30°~35°　　　　B. 10°~15°　　　　C. 0°~10°　　　　D. 0°
6. 晶闸管整流电路中"同步"的概念是指（　　）。
   A. 触发脉冲与主电路电压同时到来，同时消失
   B. 触发脉冲与电源电压频率相同
   C. 触发脉冲与主电路电压频率在相位上具有相互协调配合的关系
   D. 触发脉冲与主电路电压频率相同

## 二、填空题

1. 逆变电路分为＿＿＿＿逆变电路和＿＿＿＿逆变电路两种。
2. 逆变角 $\beta$ 与触发延迟角 $\alpha$ 的关系为＿＿＿＿。
3. 整流是把＿＿＿＿电变换为＿＿＿＿电的过程，逆变是把＿＿＿＿电变换为＿＿＿＿电的过程。

4. 在三相桥式全控整流电路中，共阴极组 VT$_1$、VT$_3$、VT$_5$ 的脉冲依次差为_____，共阳极组 VT$_2$、VT$_4$、VT$_6$ 的脉冲依次差为_____；同一相上下两个桥臂，即 VT$_1$ 与 VT$_4$、VT$_3$ 与 VT$_6$、VT$_5$ 与 VT$_2$ 脉冲相差_____。

5. 晶闸管触发电路的同步电压一般有_____同步电压和_____电压。

### 三、简答与分析题

1. 三相半波整流电路，大电感负载时，电源电压 $U_2 = 220V$，$R_d = 2\Omega$，$\alpha = 45°$，试计算 $U_d$、$I_d$，画出 $u_d$ 波形。

2. 三相全控整流电路，$U_d = 230V$，求：①确定变压器二次电压；②选择晶闸管电压等级。

3. 对晶闸管的触发电路有哪些要求？

4. 实现有源逆变的条件有哪些？

5. 晶闸管整流电路中脉冲变压器有什么作用？

# 项目 5　开关电源的设计与调试

## 📌 项目导入

将直流电压改变成另一固定电压或大小可调的直流电压的变换电路称直流斩波（又称DC/DC 变换）电路，是开关电源的核心技术。开关电源是一种高效率、高可靠性、小型化、轻型化的稳压电源，广泛应用于生活、生产、军事等各个领域。各种计算机设备、彩色电视机等家用电器中大量采用了开关电源。

## 📘 学习目标

1) 通过对开关器件、DC/DC 变换电路的分析，能够理解开关电源的工作原理。
2) 掌握开关器件、DC/DC 变换电路的原理和开关电源的设计，以及在其他方面的应用。

## 📋 项目实施

## 任务 1　开关电源的设计

开关器件是 DC/DC 变换电路中的核心器件。开关器件有许多，经常使用的是 MOSFET 和 IGBT，在小功率开关电源上也使用 GTR。

### 📖 任务解析

通过完成本任务，学生应掌握 DC/DC 变换电路中的核心器件。

### 🔗 知识链接

#### 一、常用的典型开关器件

**1. 门极关断晶闸管**（GTO 晶闸管）

门极关断晶闸管（GTO 晶闸管），具有普通晶闸管的全部特性，如耐压高（工作电压可高6000V）、电流大（电流可达 6000A）、价格便宜等。

当在 GTO 晶闸管的门极加正脉冲信号（阳极高电位，门极低电位）时，触发导通；加门极负脉冲信号（阳极低电位，门极高电位）时，触发关断。在它的内部有电子和空穴两种载流子参与导电，所以它属于全控型双极型器件。它的电气符号如图 5-1 所示。它有阳极 A、阴极 K 和门极 G 三个电极。

GTO 晶闸管导通后的管压降比较大，一般为 2～3V。由于门极可关断，关断期间功耗较大。另外，由于导通压降较大，门极触发电流较大，所以 GTO 晶闸管的导通功耗与门极功耗均较普通晶闸管大。

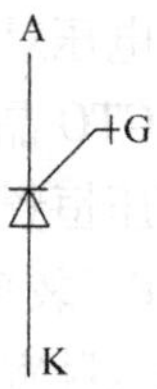

用门极正脉冲可使 GTO 晶闸管开通，门极负脉冲可以使其关断，这是 GTO 晶闸管最大的优点。但使 GTO 晶闸管关断的门极反向电流比较大，约为阳极电流的 1/5。尽管采用高幅值的窄脉冲可以减少关断所需的能量，但还是要采用专门的触发驱动电路。

图 5-2a 为小容量 GTO 晶闸管门极驱动电路，属电容储能电路。工作原理是利用正向门极电流向电容充电触发 GTO 晶闸管导通；当关断时，电容储能释放形成门极关断电流。图中 $E_c$ 是电路的工作电源，$U_1$ 为控制电压。当 $U_1 = 0$ 时，复和管 $VT_1$、$VT_2$ 饱和导通，$VT_3$、$VT_4$ 截止，电源 $E_c$ 对电容 $C$ 充电形成正向门极电流，触发 GTO 晶闸管导通；当 $U_1 > 0$ 时，复和管 $VT_3$、$VT_4$ 饱和导通，电容 $C$ 沿 $VT_1$、$VT_4$ 放电，形成门极反向电流，使 GTO 晶闸管关断，放电电流在 $VT_1$ 上的压降保证了 $VT_1$、$VT_2$ 截止。

图 5-1 GTO 电气符号

图 5-2b 所示是一种桥式驱动电路。当在晶体管 $VT_1$、$VT_3$ 的基极加控制电压使它们饱和导通时，GTO 晶闸管触发导通；当在普通晶闸管 $VT_2$、$VT_4$ 的门极加控制电压使其导通时，GTO 晶闸管关断。考虑到关断时门极电流较大，所以用普通晶闸管。晶体管组和晶闸管组是不能同时导通的。图 5-2b 中电感 $L$ 的作用是在晶闸管阳极电流下降期间，释放所存储的能量，以保证 GTO 晶闸管的门极关断电流，提高关断能力。

以上所述的两种触发电路都只能用于 300A 以下的 GTO 晶闸管的导通，对于 300A 以上的 GTO 晶闸管，可用图 5-2c 所示的触发电路来控制。当 $VT_1$、VT 导通时，GTO 晶闸管导通；当 $VT_2$、VT 导通时，GTO 晶闸管关断。由于控制电路与主电路之间用了变压器进行隔离，GTO 晶闸管导通、关断时的电流不影响控制电路，所以提高了电路的容量，实现了用

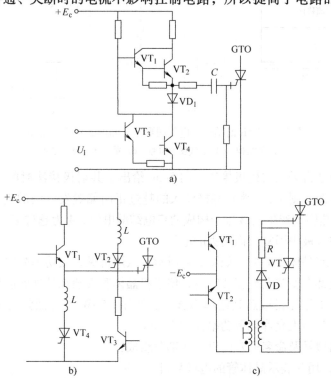

图 5-2 GTO 晶闸管门极驱动电路
a) 小容量 GTO 晶闸管门极驱动电路　b) 桥式驱动电路　c) 触发电路

较小电压对大电流电路的控制。

GTO晶闸管主要用于高电压、大功率的直流变换电路即斩波电路、逆变器电路中,例如恒压恒频电源即CVCF、常用的不间断电源设备(UPS)等,此外还有调频调压电源即VVVF,较多用于风机、水泵、轧机、牵引等交流变频调速系统中。其方式以微型计算机控制和以脉宽调制(PWM)控制方式发展最快。此外,由于耐压高、电流大、开关速度快、控制电路简单方便等特点,GTO晶闸管还特别适用于汽油机点火系统。

**2. 大功率晶体管 GTR**

(1) 基本结构 通常把集电极最大允许耗散功率在1W以上或最大集电极电流在1A以上的晶体管称为大功率晶体管(GTR),其结构和工作原理都和小功率晶体管非常相似。由三层半导体、两个PN结组成,有PNP和NPN两种结构,其电流由两种载流子(电子和空穴)的运动形成,所以称为双极型晶体管。

图5-3a是NPN型功率晶体管的内部结构,图形符号如图5-3b所示。大多数GTR是三重扩散法制成的,或者是在集电极高掺杂的$N^+$硅衬底上用外延生长法生长一层N漂移层,然后在上面扩散P基区,接着扩散掺杂的$N^+$发射区。

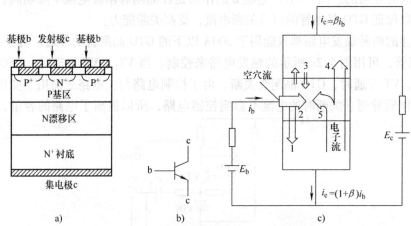

图5-3 GTR的结构、电气图形符号和内部载流子流动
a) 内部结构 b) 电气图形符号 c) 载流子流动示意图

大功率晶体管通常采用共射极接法,图5-3c给出了共射极接法时的功率晶体管内部主要载流子流动示意图。图中,1为从基极注入的越过正向偏置发射结的空穴,2为与电子复合的空穴,3为因热骚动产生的载流子构成的集电结漏电流,4为越过集电极电流的电子,5为发射极电子流在基极中因复合而失去的电子。

一些常见大功率晶体管的外形如图5-4所示。从图可见,大功率晶体管的外形除体积比较大外,其外壳上都有安装孔或安装螺钉,便于将晶体管安装在外加的散热器上。因为对大功率晶体管来讲,单靠外壳散热是远远不够的。例如,50W的硅低频大功率晶体管,如果不加散热器工作,其最大允许耗散功率仅为2~3W。

国产晶体管的型号及命名通常由以下四部分组成:

1) 第一部分,用3表示晶体管的电极数目。

2) 第二部分,用A、B、C、D字母表示晶体管的材料和极性。其中A表示晶体管为PNP型锗管,B表示晶体管为NPN型锗管,C表示晶体管为PNP型硅管,D表示晶体管为

NPN 型硅管。

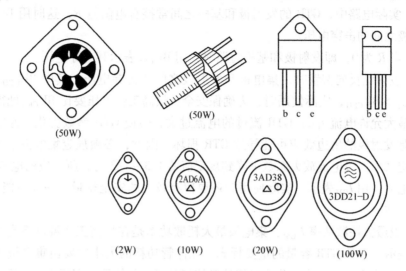

图 5-4 常见大功率晶体管外形

3）第三部分，用字母表示晶体管的类型。X 表示低频小功率晶体管，G 表示高频小功率晶体管，D 表示低频大功率晶体管，A 表示高频大功率晶体管。

4）第四部分，用数字和字母表示晶体管的序号和档级，用于区别同类晶体管器件的某项参数的不同。

例如：3AD30C——PNP 低频大功率锗晶体管。

（2）工作原理　GTR 主要工作在开关状态。晶体管通常连接成共射极电路，NPN 型 GTR 通常工作在正偏（$I_B > 0$）时大电流导通，反偏（$I_B < 0$）时处于截止高电压状态。因此，给 GTR 的基极施加幅度足够大的脉冲驱动信号，它将工作于导通和截止的开关工作状态。

1）静态特性。共射极接法时，GTR 的典型输出特性见图 5-5，可分为以下三个工作区。

截止区：在截止区内，$I_B \leq 0$，$U_{BE} \leq 0$，$U_{BC} < 0$，集电极只有漏电流流过。

放大区：$I_B > 0$，$U_{BE} > 0$，$U_{BC} < 0$，$I_C = \beta I_B$。

饱和区：$I_B > \dfrac{I_{CS}}{\beta}$，$U_{BE} > 0$，$U_{BC} > 0$。$I_{CS}$ 是集电极饱和电流，其值由外电路决定。两个 PN 结都为正向偏置是饱和的特征，饱和时集电极、发射极间的管压降 $U_{CES}$ 很小，相当于开关接通。这时尽管电流很大，但损耗并不大。GTR 刚进入饱和时为临界饱和，若 $I_B$ 继续增加，则为过饱和。用做开关时，应工作在深度饱和状态，这有利于降低 $U_{CES}$ 和减小导通时的损耗。

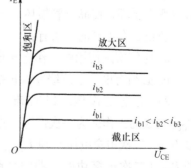

图 5-5　GTR 共射极接法的输出特性

2）GTR 的参数。最高工作电压：GTR 上所施加的电压超过规定值时，就会发生击穿。击穿电压不仅和本身特性有关，还与外电路接法有关。

$BU_{CBO}$：发射极开路时，集电极和基极间的反向击穿电压。（B 表示极限的意思）

$BU_{CEO}$：基极开路时，集电极和发射极之间的击穿电压。

$BU_{CER}$：实际电路中，GTR 的发射极和基极之间常接有电阻器 $R$，这时用 $BU_{CER}$ 表示集电极和发射极之间的击穿电压。

$BU_{CES}$：当 $R$ 为 0，即发射极和基极短路时，用 $BU_{CES}$ 表示其击穿电压。

$BU_{CEX}$：发射结反向偏置时，集电极和发射极之间的击穿电压。其中 $BU_{CBO} > BU_{CEX} > BU_{CES} > BU_{CER} > BU_{CEO}$，实际使用时，为确保安全，最高工作电压要比 $BU_{CEO}$ 低得多。

集电极最大允许电流 $I_{CM}$：GTR 流过的电流过大，会使 GTR 参数劣化，性能将变得不稳定，尤其是发射极的集边效应可能导致 GTR 损坏。因此，必须规定集电极最大允许电流值。通常规定共发射极电流放大系数下降到规定值的 1/3 ~ 1/2 时，所对应的电流 $I_C$ 为集电极最大允许电流，用 $I_{CM}$ 表示。实际使用时还要留有较大的安全裕量，一般只能用到 $I_{CM}$ 值的一半或稍多些。

3）集电极最大耗散功率 $P_{CM}$：集电极最大耗散功率是在最高工作温度下允许的耗散功率，用 $P_{CM}$ 表示，它是 GTR 容量的重要标志。晶体管功耗的大小主要由集电极工作电压和工作电流的乘积来决定，它将转化为热能使晶体管升温，晶体管会因温度过高而损坏。实际使用时，集电极允许耗散功率和散热条件与工作环境温度有关。所以在使用中应特别注意，$I_C$ 不能过大，散热条件要好。

4）最高工作结温 $T_{JM}$：GTR 正常工作允许的最高结温，用 $T_{JM}$ 表示。GTR 结温过高时，会导致热击穿而烧坏。

（3）GTR 的二次击穿和安全工作区

1）二次击穿问题。实践表明，GTR 即使工作在最大耗散功率范围内，仍有可能突然损坏，一般是由二次击穿引起的。二次击穿是影响 GTR 安全可靠工作的一个重要因素。

二次击穿是由于集电极电压升高到一定值（未达到极限值）时，发生雪崩效应造成的。通常情况下，只要功耗不超过极限，晶体管是可以承受的，但是在实际使用中，出现负阻效应，$I_C$ 进一步剧增。由于晶体管结面的缺陷、结构参数的不均匀，使局部电流密度剧增，形成恶性循环，使晶体管损坏。

防止二次击穿的办法有：

a. 应使实际使用的工作电压比反向击穿电压低得多。

b. 必须有电压电流缓冲保护措施。

2）安全工作区。以直流极限参数 $I_{EM}$、$P_{CM}$、$U_{CEM}$ 构成的工作区为一次击穿工作区，如图 5-6 所示。以 $U_{SB}$（二次击穿电压）与 $I_{SB}$（二次击穿电流）组成的 $P_{SB}$（二次击穿功率）曲线如图中虚线所示，它是一个不等功率曲线。以 3DD8E 晶体管测试数据为例，其 $P_{CM}$ = 100W，$BU_{CEO} \geq 200V$，但由于受到击穿的限制，当 $U_{CE}$ = 100V 时，$P_{SB}$ 为 60W，$U_{CE}$ = 200V 时 $P_{SB}$ 仅为 28W。所以要选用足够大功率的晶体管，实际使用的最高电压通常比晶体管的极限电压低得多。

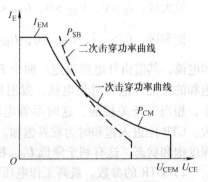

图 5-6  GTR 安全工作区

安全工作区是在一定的温度条件下得出的，例如，环境温度25℃或壳温75℃等，使用时若超过上述指定温度值，允许功耗和二次击穿耐量都必须降低。

**3. 电力 MOSFET**

电力 MOSFET 与 GTR 相比，具有开关速度快、损耗低、驱动电流小、无二次击穿现象等优点。它的缺点是电压不能太高，电流容量也不能太大，所以目前只适用于小功率电力电子变流装置。

（1）结构　功率场效应晶体管是压控型器件，其门极控制信号是电压。它的三个极分别是栅极 G、源极 S、漏极 D。功率场效应晶体管有 N 沟道和 P 沟道两种。N 沟道中载流子是电子，P 沟道中载流子是空穴，都是多数载流子。其中每一类又可分为耗尽型和增强型两种。耗尽型就是当栅源间电压 $U_{GS}=0$ 时存在导电沟道，漏极电流 $I_D \neq 0$；增强型就是当 $U_{GS}=0$ 时没有导电沟道，$I_D=0$，只有当 $U_{GS}>0$（N 沟道）或 $U_{GS}<0$（P 沟道）时才开始有 $I_D$。电力 MOSFET 管绝大多数是 N 沟道增强型，这是因为电子作用比空穴大得多。N 沟道和 P 沟道 MOSFET 的电气图形符号如图 5-7 所示。

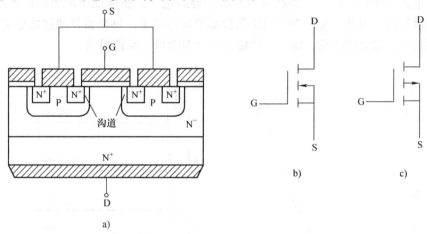

图 5-7　电力 MOSFET 的结构和电气图形符号
a）电力 MOSFET 结构　b）N 沟道　c）P 沟道

大功率场效应晶体管与小功率场效应晶体管原理基本相同，但是为了提高电流容量和耐压能力，在芯片结构上有很大不同：电力场效应晶体管采用小单元集成结构来提高电流容量和耐压能力，并且采用垂直导电排列来提高耐压能力。

（2）工作原理　当 D、S 加正电压（漏极为正，源极为负），$U_{GS}=0$ 时，P 体区和 N 漏区的 PN 结反偏，D、S 之间无电流通过；如果在 G、S 之间加一正电压 $U_{GS}$，由于栅极是绝缘的，所以不会有电流流过，但栅极的正电压会将其下面 P 区中的空穴推开，而将 P 区中的少数载流子电子吸引到栅极下面的 P 区表面。当 $U_{GS}$ 大于某一电压 $U_T$ 时，栅极下 P 区表面的电子浓度将超过空穴浓度，从而使 P 型半导体反型成 N 型半导体而成为反型层，该反型层形成 N 沟道而使 PN 结消失，漏极和源极导电。电压 $U_T$ 称为开启电压或阈值电压，$U_{GS}$ 超过 $U_T$ 越多，导电能力越强，漏极电流越大。

（3）电力 MOSFET 的特性与参数

1）转移特性。$I_D$ 和 $U_{GS}$ 的关系曲线反映了输入电压和输出电流的关系，称为 MOSFET

的转移特性，如图 5-8a 所示。从图中可知，$I_D$ 较大时，$I_D$ 与 $U_{GS}$ 的关系近似线性，曲线的斜率被定义为 MOSFET 的跨导，即

$$G_{fs} = \frac{dI_D}{dU_{GS}}$$

MOSFET 是电压控制型器件，其输入阻抗极高，输入电流非常小。

2）输出特性。图 5-8b 是 MOSFET 的漏极伏安特性，即输出特性。从图中可以看出，MOSFET 有以下三个工作区。

截止区：$U_{GS} \leq U_T$，$I_D = 0$，这和电力晶体管的截止区相对应。

饱和区：$U_{GS} > U_T$，$U_{DS} \geq U_{GS} - U_T$，当 $U_{GS}$ 不变时，$I_D$ 几乎不随 $U_{DS}$ 的增加而增加，近似为一个常数，故称饱和区。这里的饱和区并不和电力晶体管的饱和区对应，而对应于后者的放大区。当用做线性放大时，MOSFET 工作在该区。

非饱和区：$U_{GS} > U_T$，$U_{DS} < U_{GS} - U_T$，漏源电压 $U_{DS}$ 和漏极电流 $I_D$ 之比近似为常数。该区对应于电力晶体管的饱和区。当 MOSFET 做开关应用而导通时即工作在该区。

在制造电力 MOSFET 时，为提高跨导并减少导通电阻，在保证所需耐压的条件下，应尽量减少沟道长度。因此，每个 MOSFET 器件都要做得很小，每个器件通过的电流也很小。为了能使器件通过较大的电流，每个器件由许多个 MOSFET 器件组成。

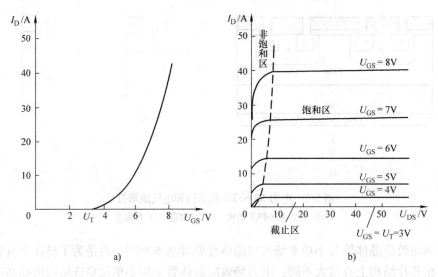

图 5-8 电力 MOSFET 管的转移特性和输出特性
a) MOSFET 的转移特性  b) MOSFET 的输出特性

3）电力 MOSFET 的主要参数。

漏源极电压 $U_{DS}$：它就是电力 MOSFFT 的额定电压，选用时必须留有较大安全余量。

漏极最大允许电流 $I_{DM}$：它就是 MOSFET 的额定电流，其大小主要受晶体管的温升限制。

栅源极电压 $U_{GS}$（不得超过 20V）：栅极与源极之间的绝缘层很薄，承受电压很低，一般不得超过 20V，否则绝缘层可能被击穿而损坏，使用中应加以注意。

为了安全可靠，在选用 MOSFET 时，对电压、电流的额定等级都应留有较大裕量。

## 4. 绝缘栅双极晶体管 IGBT

（1）IGBT 的结构和基本工作原理　绝缘栅双极晶体管（IGBT）是一种新发展起来的复合型电力电子器件。它结合了 MOSFET 和 GTR 的特点，既具有输入阻抗高、速度快、热稳定性好和驱动电路简单的优点，又具有输入通态电压低，耐压高和承受电流大的优点，这些都使 IGBT 比 GTR 有更大的吸引力。在变频器驱动电机、中频和开关电源以及要求快速、低损耗的领域，IGBT 有着主导地位。

1）基本结构。IGBT 也是三端器件，它的三个极为集电极（C）、栅极（G）和发射极（E）。图 5-9a 是一种由 N 沟道电力 MOSFET 与晶体管复合而成的 IGBT 的基本结构。与图 5-7 对照可以看出，IGBT 比电力 MOSFET 多一层 $P^+$ 注入区，因而形成了一个大面积的 $P^+N^+$ 结 $J_1$，这样使得 IGBT 导通时由 $P^+$ 注入区向 N 基区发射少数载流子，从而对漂移区电导率进行调制，使得 IGBT 具有很强的通流能力。其简化等效电路如图 5-9b 所示。可见，IGBT 是以 GTR 为主导器件，MOSFET 为驱动器件的复合管，图中 $R_N$ 为晶体管基区内的调制电阻器。图 5-9c 为 IGBT 的电气图形符号。

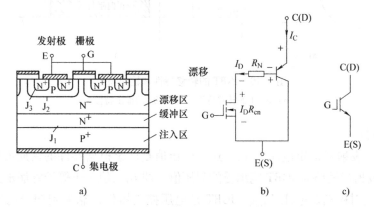

图 5-9　IGBT 的结构、简化等效电路和电气图形符号
a）IGBT 的结构　b）简化等效电路　c）电气图形符号

2）工作原理。IGBT 的驱动原理与电力 MOSFET 基本相同，它是一种压控器件。其开通和关断是由栅极和发射极间的电压 $U_{GE}$ 决定的，当 $U_{GE}$ 为正且大于开启电压 $U_{GE(th)}$ 时，MOSFET 内形成沟道，并为晶体管提供基极电流使其导通。当栅极与发射极之间加反向电压或不加电压时，MOSFET 内的沟道消失，晶体管无基极电流，IGBT 关断。

上面介绍的 PNP 晶体管与 N 沟道 MOSFET 组合而成的 IGBT 称为 N 沟道 IGBT，其图形符号如图 5-9c 所示。对应的还有 P 沟道 IGBT，统称为 IGBT。由于实际应用中以 N 沟道 IGBT 为多，因此下面仍以 N 沟道 IGBT 为例进行介绍。

（2）IGBT 的静态特性与主要参数

1）IGBT 的静态特性。与电力 MOSFET 相似，IGBT 的转移特性和输出特性分别描述器件的控制能力和工作状态。图 5-10a 为 IGBT 的转移特性，它描述的是集电极电流 $I_C$ 与栅射极间电压 $U_{GE}$ 之间的关系。与电力 MOSFET 的转移特性相似，开启电压 $U_{GE(th)}$ 是 IGBT 能实现电导调制而导通的最低栅射电压。$U_{GE(th)}$ 随温度升高而略有下降，温度升高 1℃，其值下降 5mV 左右。在 +25℃时，$U_{GE(th)}$ 的值一般为 2～6V。

图 5-10b 为 IGBT 的输出特性，它描述的是以栅射极间电压为参考变量时，集电极电流 $I_C$ 与集射极间电压 $U_{CE}$ 之间的关系。此特性与 GTR 的输出特性相似，不同的是参考变量，IGBT 为栅射极间电压 $U_{GE}$，GTR 为基极电流 $I_B$。IGBT 的输出特性也分为三个区域：正向阻断区、有源区和饱和区。这分别与 GTR 的截止区、放大区和饱和区相对应。此外，当 $u_{CE} < 0$，IGBT 为反向阻断工作状态。在电力电子电路中，IGBT 工作在开关状态，因而是在正向阻断区和饱和区之间来回转换。

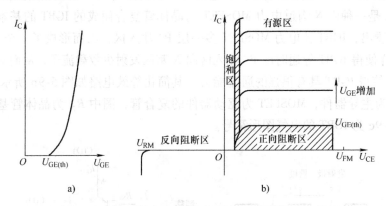

图 5-10　IGBT 的转移特性和输出特性
a）IGBT 的转移特性　b）IGBT 的输出特性

2) 主要参数。

a. 集电极—发射极额定电压 $U_{CES}$：这个电压值是厂家根据器件的雪崩击穿电压而规定的，是栅极—发射极短路时 IGBT 能承受的耐压值，即 $U_{CES}$ 值小于等于雪崩击穿电压。

b. 栅极—发射极额定电压 $U_{GES}$：IGBT 是电压控制器件，靠加到栅极的电压信号控制 IGBT 的导通和关断，而 $U_{GES}$ 就是栅极控制信号的电压额定值。目前，IGBT 的 $U_{GES}$ 值大部分为 +20V，使用中不能超过该值。

c. 额定集电极电流 $I_C$：该参数给出了 IGBT 在导通时能流过晶体管的持续最大电流。

## 二、开关电源

### 1. 基本的直流斩波（DC/DC 变换）电路

最基本的直流斩波电路如图 5-11a 所示，输入电压为 $U_d$，负载为纯电阻 $R$。当开关 S 闭合时，负载电压 $u_o = U_d$，并持续时间 $t_{on}$；当开关 S 断开时，负载上电压 $u_o = 0V$，并持续时间 $t_{off}$。则 $T_S = t_{on} + t_{off}$ 为斩波电路的工作周期，斩波器的输出电压波形如图 5-11b 所示。若定义斩波器的占空比 $D = \dfrac{t_{on}}{T_S}$，则由波形图上可得输出电压的平均值为

$$U_o = \frac{t_{on}}{t_{on} + t_{off}} U_d = \frac{t_{on}}{T_S} U_d = D U_d \tag{5-1}$$

只要调节 $D$，即可调节负载的平均电压。

常见的 DC/DC 变换电路有非隔离型电路、隔离型电路和软开关电路。非隔离型电路即

各种直流斩波电路,根据电路形式的不同可以分为降压(Buck)斩波电路、升压(Boost)斩波电路、升降压(Boost-Buck)斩波电路、库克(Cuk)斩波电路。其中降压斩波电路、升压斩波电路是基本形式,升降压斩波电路和库克斩波电路是它们的组合。

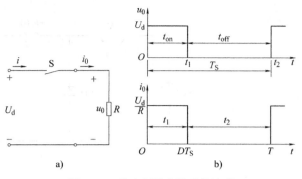

图 5-11　基本斩波电路及其波形
a) 电路图　b) 波形图

(1) 降压斩波电路

1) 电路结构。降压斩波电路是一种输出电压的平均值低于输入直流电压的电路。它主要用于直流稳压电源和直流电机的调速。降压斩波电路的原理图及工作波形如图 5-12 所示。图中,$U_d$ 为固定电压的输入直流电源;V 为开关管(可以是大功率晶体管 GTR,也可以是电力场效应晶体管 MOSFET 或者是绝缘栅双极晶体管 IGBT);R 为负载;为在 V 关断时给负载中的电感电流提供通道,还设置了续流二极管 VD。

2) 电路的工作原理。$t=0$ 时刻,驱动 V 导通,电源 $U_d$ 向负载供电,忽略 V 的导通压降,负载电压 $u_o = U_d$,负载电流按指数规律上升。$t=t_1$ 时刻,撤去 V 的驱动使其关断,因电感性负载电流不能突变,负载电流通过续流二极管 VD 续流,忽略 VD 导通压降,负载电压 $u_o = 0V$,负载电流按指数规律下降。为使负载电流连续且脉动小,一般需串联较大的电感器 L,L 又称平波电感。$t=t_2$ 时刻,再次驱动 V 导通,重复上述工作过程。

由于电感器电压在稳态时为 0,即一个周期内的平均值必须为 0,因此可推导出以下公式。

$$\frac{1}{T_S}\int_0^{T_S} u_{L(t)} dt = 0 \Rightarrow \frac{1}{T_S}[(U_d - U_o)DT_S + (-U_o)(1-D)T_S] = 0$$

因此得

$$U_o = DU_d$$

只要调节 D,即可调节负载的平均电压。

(2) 升压斩波电路

1) 电路结构。升压斩波电路的输出电压总是高于输入电压。升压斩波电路与降压斩波电路最大的不同点是,斩波控制开关 V 与负载呈并联形式连接,储能电感器 L 与负载呈串联形式连接,升压斩波电路的原理图及工作波形如图 5-13 所示。

2) 电路的工作原理。当 V 导通时($t_{on}$),能量储存在 L 中。由于 VD 截止,所以 $t_{on}$ 期间负载电流由 C 供给。在 $t_{off}$ 期间,V 截止,储存在 L 中的能量通过 VD 传递到负载和 C。其电压的极性与 $U_d$ 相同,且与 $U_d$ 相串联,提供一种升压作用。

由于电感器电压在稳态时为 0,即一个周期内的平均值必须为 0,因此可推导出以下公式。

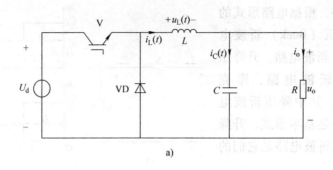

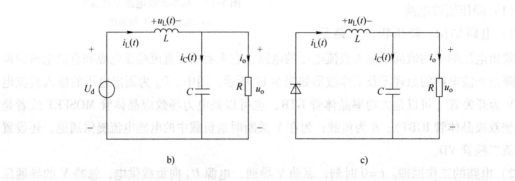

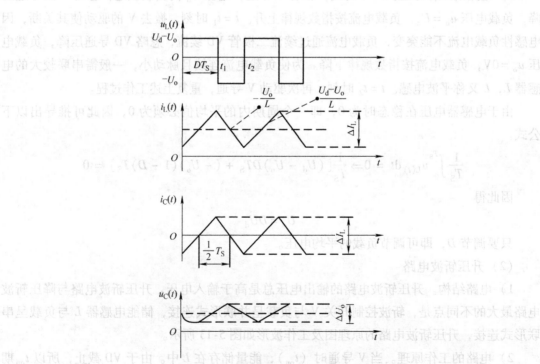

图 5-12 降压斩波电路的原理图及工作波形
a) 降压斩波电路　b) V 开通时（即 $t_{on}$）等效电路　c) V 关断时（即 $t_{off}$）等效电路　d) 工作波形

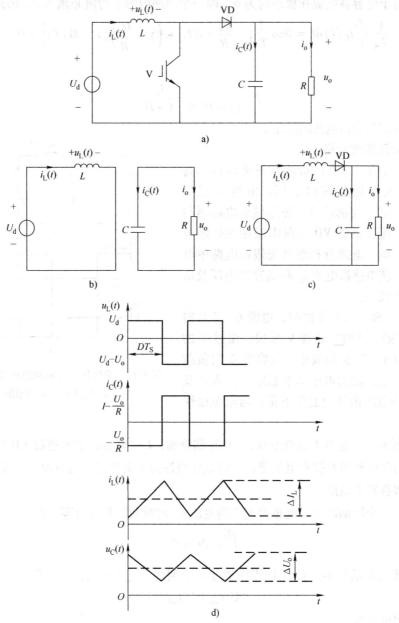

图 5-13 升压斩波电路及其工作波形

a) 升压斩波电路  b) V 开通时电路  c) V 关断时电路  d) 工作波形

$$\frac{1}{T_S}\int_0^{T_S} u_L(t)\,dt = 0 \Rightarrow \frac{1}{T_S}[U_d \cdot DT_S + (U_d - U_o)(1-D)T_S] = 0$$

可得

$$U_o = \frac{1}{1-D}U_d \tag{5-2}$$

上式中输出电压高于电源电压,故称该电路为升压斩波电路。调节 $D$ 大小,即可改变输出电压 $U_o$ 的大小。

同理，由于电容器电流在稳态时为0，即一个周期内的平均值必须为0，因此可推导

$$\frac{1}{T_S}\int_0^{T_S}i_C(t)\mathrm{d}t = 0 \Rightarrow \frac{1}{T_S}\Big[-\frac{U_o}{R}\cdot DT_S + \Big(1-\frac{U_o}{R}\Big)(1-D)T_S\Big] = 0$$

可得

$$I = \frac{U_o}{(1-D)R} = \frac{I_o}{1-D} \tag{5-3}$$

即输入电流与输出电流的关系。

(3) 升降压斩波电路

1) 电路结构。升降压斩波电路可以得到高于或低于输入电压的输出电压。电路原理如图5-14所示，该电路的结构特征是储能电感器与负载并联，续流二极管VD反向串联接在储能电感器与负载之间。电路分析前可先假设电路中电感器L很大，使电感器电流$i_L$和电容器电压及负载电压$u_o$基本稳定。

2) 工作原理。当V导通时，电源$U_d$经V向L供电使其贮能，此时二极管V反偏，流过V的电流为$i_1$。由于VD反偏截止，电容器C向负载R提供能量并维持输出电压基本稳定，负载R及电容器C上的电压极性为上负下正，与电源极性相反。

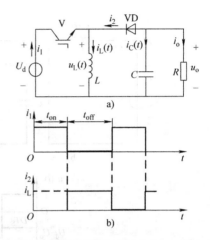

图5-14 升降压斩波电路原理及工作波形
a) 电路图 b) 波形图

当V关断时，电感器L极性变反，VD正偏导通，L中储存的能量通过VD向负载释放，电流为$i_2$，同时电容器C被充电储能。负载电压极性为上负下正，与电源电压极性相反，该电路又称反极性斩波电路。

稳态时，一个周期以内，电感器L两端电压$u_L$对时间的积分为零，即

$$\int_0^{T_S}u_L\mathrm{d}t = 0$$

当V处于通态期间$u_L = U_d$；而当V处于断态期间，$u_L = -u_o$。于是有

$$U_d t_{on} = U_o t_{off}$$

所以输出电压为

$$U_o = \frac{t_{on}}{t_{off}}U_d = \frac{t_{on}}{T_S - t_{off}}U_d = \frac{D}{1-D}U_d \tag{5-4}$$

上式中，若改变占空比D，则输出电压既可高于电源电压，也可能低于电源电压。

由此可知，当$0 < D < 1/2$时，斩波器输出电压低于直流电源输入，此时为降压斩波器；当$1/2 < D < 1$时，斩波器输出电压高于直流电源输入，此时为升压斩波器。

(4) Cuk斩波电路　图5-15为Cuk斩波电路的原理图、等效电路及工作波形。当V导通时，$U - L_1 - V$回路和$R - L_2 - C_1 - V$回路分别流过电流，如图5-15a所示。当V关断时，$U - L_1 - C_1 - VD$回路和$R - L_2 - VD$回路分别流过电流，输出电压的极性与电源电压极性相

反,等效电路如图 5-15b 所示。

输出电压为

$$U_o = \frac{t_{on}}{t_{off}}U = \frac{t_{on}}{T_S - t_{on}}U = \frac{D}{1-D}U \qquad (5-5)$$

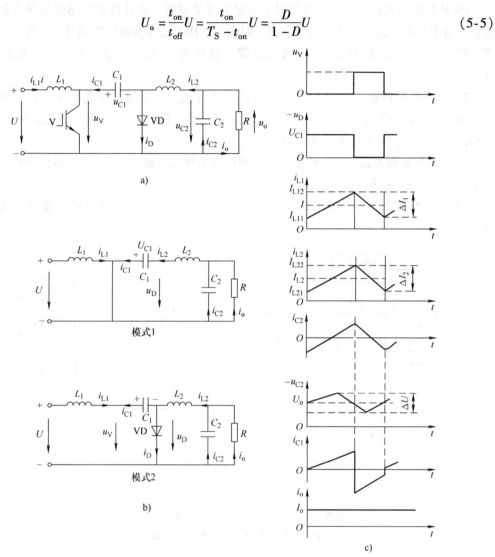

图 5-15　Cuk 斩波电路的原理图、等效电路及工作波形
a) Cuk 斩波电路　b) 等效电路　c) 工作波形

若改变导通比 $D$,则输出电压可以比电源电压高,也可以比电源电压低。当 $0 < D < 1/2$ 时为降压,当 $1/2 < D < 1$ 时为升压。

这一输入输出关系与升降压斩波电路时的情况相同。但与升降压斩波电路相比,输入电源电流和输出负载电流都是连续的,且脉动很小,有利于对输入、输出进行滤波。

**2. SG3525 控制与驱动电路**

开关电源中,输出电压 $U_o$ 大小的调节主要有占空比控制和幅度控制两大类。

(1) 占空比控制方式　占空比控制又包括脉冲宽度控制和脉冲频率控制两大类。

1) 脉冲宽度控制。脉冲宽度控制是指开关工作频率(即开关周期 $T_S$)固定的情况下直接通过改变导通时间（$t_{on}$）来控制输出电压 $U_o$ 大小的一种方式。因为改变开关导通时间 $t_{on}$ 就是改变开关控制电压 $U_C$ 的脉冲宽度，因此又称脉冲宽度调制（PWM）控制。

PWM 控制方式的优点是因为采用了固定的开关频率，设计滤波电路时简单方便。其缺点是受功率开关管最小导通时间的限制，对输出电压不能做宽范围的调节，此外，为防止空载时输出电压升高，输出端一般要接假负载（预负载）。目前集成开关电源大多采用 PWM 控制方式。

2）脉冲频率控制。脉冲频率控制是指开关控制电压 $U_C$ 的脉冲宽度（$t_{on}$）不变的情况下，通过改变开关工作频率（改变单位时间的脉冲数，即改变 $T_S$）而达到控制输出电压 $U_o$ 大小的一种方式，又称脉冲频率调制（PFM）控制。

(2) 幅度控制方式　幅度控制方式即通过改变开关的输入电压 $U_d$ 的幅值而控制输出电压 $U_o$ 的大小的控制方式，但要配置滑动调节器。

(3) PWM 控制电路的基本构成和原理　图 5-16 是 PWM 控制电路的基本组成和工作波形。

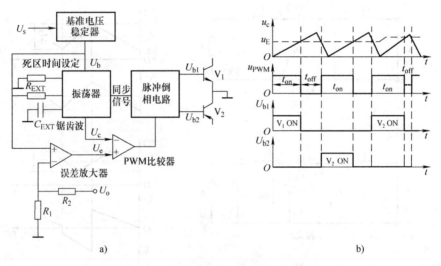

图 5-16　PWM 控制电路的基本组成和工作波形
a) PWM 控制电路的基本组成　b) 波形图

可见，PWM 控制电路由以下几部分组成：①基准电压稳压器，提供一个供输出电压进行比较的稳定电压和一个内部 IC 电路的电源；②振荡器，为 PWM 比较器提供个锯齿波和与该锯齿波同步的驱动脉冲控制电路的输出；③误差放大器，使电源输出电压与基准电压进行比较；④以正确的时序使输出开关管导通的脉冲倒相电路。

其基本工作过程如下。

输出开关管在锯齿波的起始点被导通。由于锯齿波电压比误差放大器的输出电压低，所以 PWM 比较器的输出较高，因为同步信号已在斜坡电压的起始点使倒相电路工作，所以脉冲倒相电路将这个高电位输出使 $V_1$ 导通。

当斜坡电压比误差放大器的输出高时，PWM 比较器的输出电压下降，通过脉冲倒相电路使 $V_1$ 截止，下一个斜坡周期则重复这个过程。

## 任务2 开关电源的调试

### 任务解析

通过完成本任务,学生应掌握开关电源的工作特性。

### 知识链接

开关电源中核心器件是全控型器件,工作在饱和区和截止区,类似于"开通"和"关断",开关频率可以很高,所以称为开关电源。开关电源的主电路类型很多,本任务以半桥型开关直流稳压电源为代表进行接线与调试。

半桥型开关直流稳压电源的电路结构框图如图 5-17 所示,电路原理如图 5-18 所示。

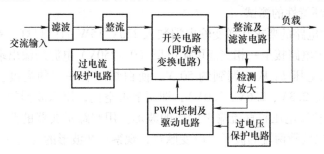

图 5-17 半桥型开关直流稳压电源的电路结构框图

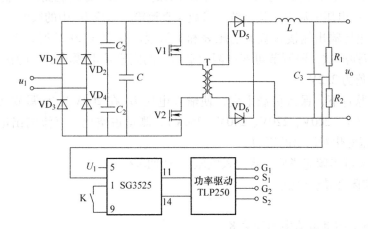

图 5-18 半桥型开关直流稳压电源的电路原理图

**1. 控制与驱动电路的调试**

1)接通电源。

2)将 SG3525 的引脚 1 与引脚 9 短接(接通开关 K),使系统处于开环状态。

3)SG3525 各引脚信号的观测:调节 PWM 脉宽调节电位器,用示波器观测 5、11、14 测试点信号的变化规律,然后调定在一个较典型的位置上,记录各测试点的波形参数(包括波形类型、幅度 $A$、频率、占空比和脉宽 $t$)。

4）用双踪示波器的两个探头同时观测引脚 11、引脚 14 的输出波形，调节 PWM 脉宽调节电位器，观测两路输出的 PWM 信号，找出占空比随 $U_g$ 的变化规律，并测量两路 PWM 信号之间的"死区时间"。

**2. 半桥型开关直流稳压电源的调试**

主电路采用的电力电子器件为美国 IR 公司生产的全控型电力 MOSFET，其型号为 IR-FP450，主要参数为：额定电流 16A，额定耐压 500V，通态电阻 0.4Ω。两只 MOSFET 与两电容器 $C_1$、$C_2$ 组成一个逆变桥，在两路 PWM 信号的控制下实现了逆变，将直流电压变换为脉宽可调的交流电压，并从桥臂两端输出开关频率约为 26kHz、占空比可调的矩形脉冲电压，然后通过降压、整流、滤波后获得可调的直流电源电压输出。该电源在开环时，它的负载特性差，只有加入反馈，构成闭环控制后，当外加电源电压或负载变化时，均能自动控制 PWM 输出信号的占空比，以维持电源的输出直流电压在一定的范围内保持不变，达到了稳压的效果。

（1）主电路开环特性的测试

1）按面板上主电路的要求在逆变输出端装入 220V/15W 的白炽灯，在直流输出两端接入负载电阻，并将主电路接至一相交流可调电压（0～250V）电源的输出端。

2）逐渐将输入电压 $U_i$ 从 0 调到约 50 V，使白炽灯有一定的亮度。调节 $U_g$（1.3V、1.5V、1.7V、2.0V、2.3V、2.6V、3.0V），即调节占空比，用示波器的一个探头分别观测两只 MOSFET 管的栅源电压和直流输出电压的波形。用双踪示波器的两个探头同时观测变压器二次侧及两个二极管两端的波形，改变脉宽，观察这些波形的变化规律。记录相应的占空比、$U_o$ 的值。

3）将输入交流电压 $U_i$ 调到 200 V，用示波器的一个探头分别观测逆变桥的输出变压器二次侧和直流输出电压的波形，记录波形参数及直流输出电压 $U_o$ 中的纹波。

4）在直流电压输出侧接入直流电压表和电流表。在 $U_i$ = 200V 时，在一定的脉宽下，做电源的负载特性测试，即调节可变电阻负载 $R$，测定直流电源输出端的伏安特性：$U_o = f(I)$。$U_g$ 参考值为 2.2V。

5）一定的脉宽下，保持负载不变，使输入电压 $U_i$ 在 200V 左右调节（100V、120V、140V、160V、180V、200V、220V、240V、250V），测量占空比、直流输出电压 $U_o$ 和电流 $I$，测定电源电压变化对输出的影响。

6）上述各调试步骤完毕后，将输入电压 $U_i$ 调回零位。

（2）主电路闭环特性测试

1）准备工作。

a. 断开控制与驱动电路中的开关 K。

b. 将主电路的反馈信号 $U_f$ 接至控制电路的 $U_f$ 端，使系统处于闭环控制状态。

2）重复主电路开环特性测试的各实验步骤。

（3）结果处理。

1）整理实训数据和记录的波形。

2）分析开环与闭环时负载变化对直流电源输出电压的影响。

3）分析开环与闭环时电源电压变化对直流电源输出电压的影响。

4）记录对半桥型开关稳压电源性能研究的总结与体会。

## 项目总结

本项目学生通过对开关管、DC/DC 变换电路的分析，能够理解开关电源的工作原理，进而掌握开关器件、DC/DC 变换电路的原理和开关电源的设计，也了解了开关电源在各方面的应用。

## 实训项目

### 实训一 GTO 晶闸管、MOSFET、GTR、IGBT 的测试

#### 一、训练目标

1）要求学会用指针式万用表测试器件的质量。
2）掌握 GTO 晶闸管、MOSFET、GTR、IGBT 的测试。

#### 二、训练器材

1）指针式万用表 1 块。
2）GTO 晶闸管、MOSFET、GTR、IGBT 器件若干。

#### 三、训练内容

**1. GTR 器件**

（1）认识 GTR 外形及型号　给出三个不同型号和品牌的大功率晶体管（GTR），观察器件型号，根据型号判断器件名称，并说明型号的含义。

（2）判别 GTR 的电极和类型　假若不知道晶体管的管脚排列，则可用万用表通过测量电阻的方法做出判别。

1）判定基极。大功率晶体管的漏电流一般都比较大，所以用万用表来测量其极间电阻时应采用满度电流比较大的低电阻档为宜。

测量时将万用表置于 R×1 档或 R×10 档，一表笔固定接在管子的任一电极，用另一表笔分别接触其他两个电极，如果万用表读数均为小阻值或均为大阻值，则固定接触的那个电极即为基极。如果按上述方法做一次测试判定不了基极，则可换一个电极再试，最多三次即做出判定。

2）判别类型。确定基极之后，假设接基极的是黑表笔，而用红表笔分别接触另外两个电极时如果电阻读数均较小，则可认为该管为 NPN 型；如果接基极的是红表笔，用黑表笔分别接触其余两个电极时测出的阻值均较小，则该晶体管为 PNP 型。

3）判定集电极和发射极。在确定基极之后，再通过测量基极对另外两个电极之间的阻值大小比较，可以区别发射极和集电极。对于 PNP 型晶体管，红表笔固定接基极，黑表笔分别接触另外两个电极时测出两个大小不等的阻值，以阻值较小的接法为准，黑表笔所接的是发射极。而对于 NPN 型晶体管，黑表笔固定接基极，用红表笔分别接触另外两个电极进行测量，以阻值较小的这次测量为准，红表笔所接的是发射极。

（3）判别 GTR 的好坏

1）用指针式万用表进行判断：将指针式万用表拨至 R×1 档或 R×10 档，测量 GTR 任意两脚间的电阻，仅当黑表笔接 B 极，红表笔分别接 C 极和 E 极时，电阻呈低阻值，对其他情况电阻值均为无穷大。由此可迅速判定晶体管的好坏。

2）用数字万用表进行判断：将数字万用表拨至 200 欧姆档，测量 GTR 任意两脚间的电阻，仅当红表笔接 B 极，黑表笔分别接 C 极和 E 极时，电阻呈低阻值，对其他情况电阻值均为无穷大。由此可迅速判定晶体管的好坏和 B 极，剩下的就是 C 极和 E 极。

3）采用上述方法中的一种，对 $GTR_1$ 和 $GTR_2$ 进行测试，分别记录其 $R_{BC}$、$R_{CB}$、$R_{BE}$、$R_{EB}$、$R_{EC}$、$R_{CE}$ 值，并鉴别晶体管的好坏（见表5-1）。

表 5-1 实测几种大功率晶体管极间电阻

| 晶体管型号 | 接法 | $R_{CB}/\Omega$ | $R_{EB}/\Omega$ | $R_{CE}/\Omega$ | 万用表型号 | 档位 |
|---|---|---|---|---|---|---|
| 3AD6B | 正 | 24 | 22 | ∞ | 108-1T | R×10 |
|  | 反 | ∞ | ∞ | ∞ |  |  |
| 3AD6C | 正 | 26 | 26 | 1400 | 500 | R×10 |
|  | 反 | ∞ | ∞ | ∞ |  |  |
| 3AD30C | 正 | 19 | 18 | 30k | 108-1T | R×10 |
|  | 反 | ∞ | ∞ | ∞ |  |  |

### 2. MOSFET 器件

（1）认识电力 MOSFET 的外形及型号

1）电力 MOSFET 的外形。功率场效应晶体管（MOSFET）的外形如图 5-19 所示。大多数电力场效应晶体管的管脚位置排列顺序是相同的，即从 MOSFET 的底部（管体的背面）看，按逆时针方向依次为源极 S、漏极 D、栅极 G。

2）功率 MOSFET 型号的含义。国产 MOSFET 的第一种命名方法与晶体管相同，第一位数字表示电极数目。第二位字母代表材料（D 表示 P 型硅，反型层是 N 沟道；C 表示 N 型硅，反型层是 P 沟道）。第三位字母 J 代表结型场效应晶体管，O 代表绝缘栅场效应晶体管。例如 3DJ6D 是结型 N 沟道场效应晶体管，3DO6C 是绝缘栅型 N 沟道场效应晶体管。第二种命名方法是 CSxx#，CS 代表场效应晶体管，xx 以数字代表型号的序号，#用字母代表同一型号中的不同规格，如 CS14A、CS45G 等。

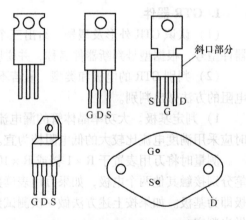

图 5-19 电力 MOSFET 的外形图

国外品牌的 MOSFET 的型号请查阅相关资料和手册。

3）观察器件型号并记录数据。给出三款 MOSFET，观察器件型号，根据型号判断器件名称，并说明型号的含义。

（2）判别功率 MOSFET 的电极  对于内部无保护二极管的电力 MOSFET，可通过测量极间电阻的方法首先确定栅极 G。将万用表置于 R×1k 档，分别测量三个管脚之间的电阻，如果测得某个管脚与其余两个管脚间的正、反向电阻均为无穷大，则说明该管脚就是 G。

然后确定 S 和 D。将万用表置于 R×1k 档，先将被测管三个管脚短接一下，接着以交换表笔的方法测两次电阻，在正常情况下，两次所测电阻必定一大一小，其中阻值较小的一次测量中，黑表笔所接的为源极 S，红表笔所接的为漏极 D。

如果被测晶体管为 P 沟道型，则 S、D 间电阻大小规律与上述 N 沟道型管相反。因此，通过测量 S、D 间正向和反向电阻，可以判别管子的导电沟道的类型。这是因为场效应晶体管的 S 与 D 之间有一个 PN 结，其正、反向电阻存在差别的缘故。

(3) 判别电力 MOSFFT 的好坏　对于内部无保护二极管的电力 MOSFET，可由万用表的 R×10k 档，测量 G 与 D 间、G 与 S 间的电阻应均为无穷大。否则，说明被测管性能不合格，甚至已经损坏。

给出两个电力 MOSFET，测量其极间电阻，判断好坏。

下述检测方法对内部不论有无保护二极管的晶体管均适用。具体操作（以 N 沟道场效应晶体管为例）如下。

第一，将万用表置于 R×1k 档，再将被测管 G 与 S 短接一下，然后红表笔接被测管的 D，黑表笔接 S，此时所测电阻应为数千欧，如图 5-20 所示。如果阻值为 0 或∞，说明电力 MOSFET 已坏。

第二，将万用表置于 R×10k 档，再将被测管 G 与 S 用导线短接好，然后红表笔接被测管的 S，黑表笔接 D，此时万用表指示应接近无穷大，如图 5-21 所示，否则说明被测 MOSFET 管内部 PN 结的反向特性比较差。如果阻值为 0，说明被测管已经损坏。

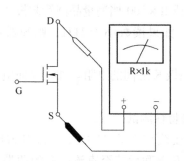　　　　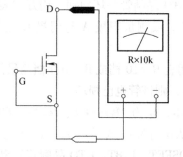

图 5-20　检测 MOSFET 管 S、D 正向电阻　　　图 5-21　检测 MOSFET 管 S、D 反向电阻

### 3. IGBT 器件

(1) 认识 IGBT 的外形　绝缘栅双极晶体管（IGBT）外形如图 5-22 所示。将 TO 封装的 IGBT 管的管脚朝下，标型号面朝自己，从左到右数，则管脚 1 是 G，管脚 2 是 C，管脚 3 是 E，如图 5-22a 所示。对于 IGBT 模块，器件上一般标有管脚，如图 5-22b 所示。

给出三款 IGBT 管，观察器件型号，根据型号判断器件名称，并说明型号的含义。

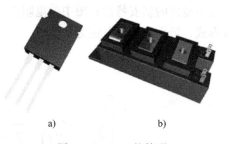

图 5-22　IGBT 的外形
a) TO 封装的 IGBT 管　b) IGBT 模块

(2) 判别 IGBT 管的极性　首先将万用表拨在 R×1k 档，用万用表测量时，若某一极与其他两极阻值为无穷大，调换表笔后该极与其他两极的阻值仍为无穷大，则判断此极为栅极 (G)；其余两极再用万用表测量，若测得阻值为无穷大，调换表笔后测量阻值较小。在测量

阻值较小的一次中,则判断红表笔接的为集电极(C);黑表笔接的为发射极(E)。

(3) 判别 IGBT 的好坏　将万用表置于 R×10k 档,用黑表笔接 IGBT 的集电极(C),红表笔接 IGBT 的发射极(E),此时万用表的指针在零位。用手指同时触及一下栅极(G)和集电极(C),这时 IGBT 被触发导通,万用表的指针摆向阻值较小的方向,并能稳定指示在某一位置。然后再用手指同时触及栅极(G)和发射极(E),这时 IGBT 被阻断,万用表的指针回零。此时即可判断 IGBT 是好的。

注意:判断 IGBT 好坏时,一定要将万用表置于 R×10k 档,因 R×1k 档以下各档万用表内部电压太低,检测好坏时不能使 IGBT 导通,而无法判断 IGBT 的好坏。此方法同样也可以用于检测功率场效应晶体管(P-MOSFET)的好坏。

给出两个 IGBT 管,按上述方法用万用表分别测试并判断被测晶体管的好坏。

### 4. GTO 晶闸管的测试

(1) 电极判别　将万用表置于 R×10 档或 R×100 档,轮换测量门极关断晶闸管的 3 个管脚之间的电阻,如图 5-23 所示。

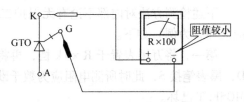

图 5-23　GTO 晶闸管电极判别

电阻比较小的一对管脚是门极 G 和阴极 K。测量 G、K 之间正、反向电阻,电阻指示值较小时红表笔所接的管脚为 K,黑表笔所接的管脚为 G,而剩下的管脚是 A。

(2) GTO 晶闸管好坏判别　用万用表 R×10 档或 R×100 档测量晶闸管阳极 A 与阴极 K 之间的电阻,或测量阳极 A 与门极 G 之间的电阻。如果读数小于 1kΩ,则知器件已击穿损坏。

用万用表 R×10 档或 R×100 档测量门极 G 与阴极 K 之间的电阻。如正反向电阻均为无穷大(∞),则该管也已损坏。

### 5. GTR、电力 MOSFET、IGBT、GTO 晶闸管特性测试

(1) 认识特性测试原理图　调试电路的具体接线如图 5-24 所示。将电力电子器件(GTR、MOSFET、IGBT、GTO 晶闸管)和负载电阻 R 串联后接至直流电源的两端,为新器件提供触发电压信号,给定触发电压从零开始调节,直至器件触发导通,从而可测得在上述过程中器件的伏安特性;图中的电阻器 R 为可调电阻性负载,将两个 90Ω 的电阻器接成串联形式,最大可通过电流为 1.3A。

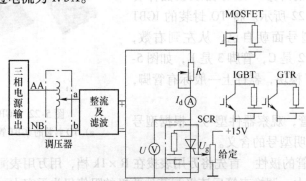

图 5-24　特性测试实训原理图

(2) 测试步骤

1) GTR 测试。按图 5-24 接线,首先将大功率晶体管(GTR)接入主电路。在实训开始时,将给定电压调为 0V,然后缓慢调节调压器,同时监测电压表的读数,当直流电压升到 40V 时,停止调节单相调压器(在以后的其他实训中,均不用调节);调节给定电阻器,逐步增加给定电压,监视电压表、电流表的读数,当电压表指示接近零(表示管子完全导通),停止调节,记录给定电压 $U_g$ 调节过程中回路电流 $I_d$ 以及器件的管压降 $U_V$。

2) MOSFET 测试。换成功率场效应晶体管(MOSFET),重复上述步骤,并记录数据。

3) IGBT 测试。换成绝缘双极晶体管(IGBT),重复上述步骤,并记录数据。

4) GTO 晶闸管测试。换成门极关断晶闸管(GTO 晶闸管),重复上述步骤,并记录数据。

根据得到的数据,绘出各器件的输出特性。

## 四、测评标准

| 测评内容 | 配分 | 评分标准 | 扣分 | 得分 |
|---|---|---|---|---|
| 指针式万用表的使用 | 30 | (1)使用前的准备工作没进行扣 5 分<br>(2)读数不正确扣 15 分<br>(3)操作错误每处扣 5 分<br>(4)由于操作不当导致仪表损坏扣 20 分 | | |
| 检测晶闸管的质量 | 70 | (1)使用前的准备工作没进行扣 5 分<br>(2)检测档位不正确扣 15 分<br>(3)操作错误每处扣 5 分<br>(4)由于操作不当导致元器件损坏扣 30 分 | | |
| 安全文明操作 | | 违反安全生产规程视现场具体违规情况扣分 | | |
| 合计总分 | | | | |

## 实训二 直流斩波电路的调试

### 一、训练目标

1) 要求学会用指针式万用表、示波器等使用。
2) 掌握用指针式万用表、示波器等测试直流斩波电路。

### 二、训练器材

1) 指针式万用表 1 块。
2) 示波器 1 台。
3) 直流斩波电路等。

### 三、训练内容

**1. 控制与驱动电路的调试**

1) 按图 5-25 接线。

2)开始测试,调节 PWM 脉宽电位器改变 $U_r$(1.4V、1.6V、1.8V、2.0V、2.2V、2.4V、2.5V),用双踪示波器分别观测 SG3525 的脚 11 与脚 14 的波形,观测输出 PWM 信号的变化情况。

3)用示波器分别观测 A、B 和 PWM 信号的波形,记录其波形类型、频率和幅值。

4)用双踪示波器的两个探头同时观测脚 11 和脚 14 的输出波形,调节 PWM 脉宽调节电位器,观测两路输出的 PWM 信号,测出两路信号的相位差,并测出两路 PWM 信号之间最小的"死区"时间。

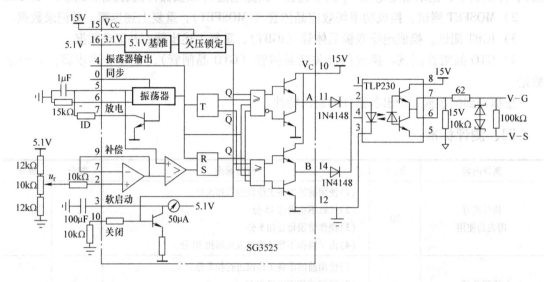

图 5-25　SG3525 芯片的内部结构与所需的外部组件图

**2. 直流斩波电路的测试**

1)利用面板上的元器件连接好相应的斩波调试电路,并接上电阻负载,负载电流最大值限制在 200mA 以内。将控制与驱动电路的输出"V-G""V-S"分别接至开关管的 G 和 S 端。

2)检查接线正确,尤其是电解电容器的极性是否接反后,接通主电路和控制电路的电源。

3)用示波器观测 PWM 信号的波形、$u_{GE}$ 的电压波形、$u_{CE}$ 的电压波形及输出电压 $u_o$ 和二极管两端电压 $u_D$ 的波形,注意各波形之间的相位关系。

4)调节 PWM 脉宽调节电位器改变 $U_r$(1.4V、1.6V、1.8V、2.0V、2.2V、2.4V、2.5V),观测在不同占空比(D)时,记录 $U_i$、$U_o$ 和 D 的数值,从而画出 $U_o=f(D)$ 的关系曲线。

5)讨论并分析实训中出现的故障现象,做出书面分析。

**3. 注意事项**

1)在主电路通电后,不能用示波器的两个探头同时观测主电路元器件之间的波形,否则会造成短路。

2)用示波器两探头同时观测两处波形时,要注意共地问题,否则会造成短路,在观测高压时应衰减 10 倍,在做直流斩波器测试时,最好使用一个探头。

### 四、测评标准

| 测评内容 | 配分 | 评分标准 | 扣分 | 得分 |
|---|---|---|---|---|
| 指针式万用表的使用 | 30 | (1)使用前的准备工作没进行扣 5 分<br>(2)读数不正确扣 15 分<br>(3)操作错误每处扣 5 分<br>(4)由于操作不当导致仪表损坏扣 20 分 | | |
| 检测晶闸管的质量 | 70 | (1)使用前的准备工作没进行扣 5 分<br>(2)检测档位不正确扣 15 分<br>(3)操作错误每处扣 5 分<br>(4)由于操作不当导致元器件损坏扣 30 分 | | |
| 安全文明操作 | | 违反安全生产规程视现场具体违规情况扣分 | | |
| 合计总分 | | | | |

# 习 题

### 一、单选题

1. 下列器件中，（　　）最合适用在小功率、高开关频率的变换电路中。
   A. GTR　　　　B. IGBT　　　　C. MOSFET　　　D. GTO 晶闸管
2. 比较而言，下列半导体器件中输入阻抗最小的是（　　）。
   A. GTR　　　　B. MOSFET　　　C. IGBT
3. 比较而言，下列半导体器件中输入阻抗最大的是（　　）。
   A. GTR　　　　B. MOSFET　　　C. IGBT
4. 变更斩波器工作频率的最常用的一种方法是（　　）。
   A. 既改变斩波周期，又改变开关关断时间
   B. 保持斩波周期不变，改变开关导通时间
   C. 保持开关导通时间不变，改变斩波周期
   D. 保持开关关断时间不变，改变斩波周期
5. 压敏电阻器在晶闸管整流电路中主要是用来（　　）。
   A. 分流　　　　B. 降压　　　　C. 过电压保护　　D. 过电流保护

### 二、填空题

1. GTO 晶闸管的关断是靠门极加_____ 出现门极_____来实现的。
2. 大功率晶体管简称_____，通常指耗散功率_____以上的晶体管。
3. 由普通晶闸管组成的直流斩波器通常有_____式、_____式和_____式三种工作方式。
4. 直流斩波器的工作方式中，保持开关周期不变，调节开关导通时间 $T_{on}$ 称为_____控制方式。
5. 开关型 DC/DC 变换电路的三个基本单元是_____、_____和_____。

### 三、简答与分析题

1. 降压斩波电路，输入电压为 $27×(1±10\%)$ V，输出电压为 15V，求占空比变化范围

是什么?

2. 升压斩波电路,输入电压为 $27 \times (1 \pm 10\%)$ V,输出电压为 45V,输出功率为 750W,效率为 95%,若等效电阻为 $R = 0.05\Omega$。

求:(1)最大占空比。

(2)如果要求输出 60V,是否可能?为什么?

3. 与 GTO 晶闸管、MOSFET 相比,IGBT 有何特点?

4. 试说明直流斩波器主要有哪几种电路结构?试分析它们各有什么特点?

# 项目 6　变频器的设计与调试

## ✎ 项目导入

变频调速已被公认为是最理想、最有发展前途的调速方式之一，采用变频器构成变频调速传动系统可以提高劳动生产率、改善产品质量、提高设备自动化程度、提高生活质量及改善生活环境等。用户可以根据自己的实际工艺要求和运用场合选择不同类型的变频器。正确选择变频器对于传动控制系统的正常运行非常关键。

## ▤ 学习目标

1）通过变频器的典型应用，熟悉变频器的特性。
2）掌握逆变电路的工作原理。
3）掌握交—直—交变频、交—交变频的工作原理。
4）掌握 PWM 变频电路的工作原理。

## ▤ 项目实施

## 任务 1　变频器的设计

### ▦ 任务解析

通过完成本任务，学生应掌握变频器的结构、工作原理和设计计算等。

### ◈ 知识链接

随着电力电子技术、计算机技术、自动控制技术的迅速发展，交流调速取代直流调速已成为现代电气传动的主要发展方向之一，而异步电动机交流变频调速技术是当今节电、改善工艺流程以提高产品质量和改善环境、推动技术进步的一种主要手段，它以其优越的调速和起制动性能、高效率、高功率因数和显著的节电效果而广泛应用于风机、水泵等的大、中型笼型感应电动机，被公认为最有发展前途的调速方式。变频器集成了高压大功率晶体管技术和电子控制技术，得到广泛应用。变频器的作用是改变交流电动机供电的频率和幅值，从而改变其运动磁场的周期，达到平滑控制电动机转速的目的。变频器的出现，使得复杂的调速控制简单化，用变频器+交流笼型感应电动机组合完成了大部分原先只能用直流电动机完成的工作，缩小了体积，降低了维修率，使传动技术发展到新阶段。

变频是指将一种频率的电源变换为另一种频率的电源。依据变频的过程可分为两大类：一类为交—交变频，它将 50Hz 的工频交流电直接变换成其他频率的交流电，一般输出频率均小于工频频率，这是一种直接变频的方式；另一类为交—直—交变频，它将 50Hz 的交流电先经整流变换为直流电,再由直流电变换为所需频率的交流电。

变频的基础是逆变。逆变器是将直流电能转换成电压和频率都符合要求的交流电能的一种变流装置。在大多数逆变器的应用中,要求输出电压和频率都是可调的。当交流侧不与交流电网连接,而直接与负载相连时,将直流电逆变成某一频率或可调频率的交流电供给负载,称为"无源逆变"。但是,无源逆变不等于变频,它可以恒频,也可以变频。所以,逆变与变频的含义是既有联系,又有区别。

图 6-1 所示为逆变电路的工作原理,当开关器件 $VT_1$、$VT_4$ 和 $VT_2$、$VT_3$ 轮流切换通断时,则可将直流电压 $E$ 变换为负载两端的交流方波输出电压 $u_o$。$u_o$ 的频率由开关器件切换的频率决定。

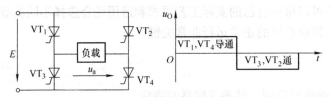

图 6-1 逆变电路工作原理

逆变电路的负载大都是电感性负载,它是一种储能元件。这样,在直流供电电源与负载之间将有无功能量的交换。根据对无功能量处理方式或设置的储能元件不同,逆变电路可以分为电压型与电流型。

电压型逆变电路在直流侧并联大电容 $C_d$ 来缓冲无功功率,如图 6-2 所示。从直流电源侧看,电源为具有低阻抗的电压源,输出交流电压接近矩形波,而输出交流电流接近于正弦波。应当指出,对于所有电压型逆变电路,由于直流侧电压极性不允许改变,回馈无功能量时,只能改变电流方向,所以都应设有反馈二极管(图 6-2 中 $VD_1 \sim VD_4$)。这是为滞后的负载电流 $i_o$ 提供反馈到电源的通路所必需的。例如,假设在晶闸管换相前,负载电流 $i_o$ 如图 6-2 所示方向流过,刚换相后($VT_1$、$VT_4$ 换相到 $VT_2$、$VT_3$),$i_o$ 因滞后还未来得及改变方向,可以经过 $VD_2$、$VD_3$ 将无功能量反馈回电源。

电流型逆变电路在直流侧串以大电感 $L_d$ 以吸收无功功率,如图 6-3 所示。电源为具有高阻抗的电流源,输出交流电流接近矩形波,而输出交流电压接近于正弦波。在电流型逆变电路中,由于直流侧电流 $I_d$ 的方向是不变的,而电压的极性可变,故不需要设反馈二极管。逆变电路各开关器件的换相过程只是实现电流的交替分配。

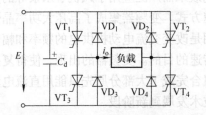

图 6-2 电压型逆变电路

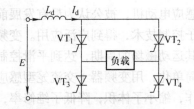

图 6-3 电流型逆变电路

根据交流电的相数,无源逆变电路有单相和三相之分,单相适用于小、中功率负载,三相适用于中、大功率负载。无源逆变电路也简称逆变电路。

## 一、串联谐振式逆变电路

串联谐振式逆变电路如图 6-4 所示。其中 $R$、$L$ 为负载的等效阻抗，$C$ 为补偿电容，$VD_1 \sim VD_4$ 为反馈二极管。显然，它是一种电压型逆变电路。

在 $RLC$ 串联电路中，当 $R < 2\sqrt{L/C}$ 时，电路产生振荡。由于中频感应炉中，$L/C$ 值总是很大，则串联负载电路便形成振荡过程。当 $VT_1$、$VT_4$ 触发导通后，一个振荡周期的电流通路和波形如图 6-5 所示。

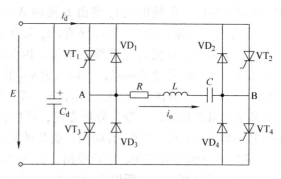

图 6-4 串联谐振式逆变电路

开始时，由于电容电压 $u_c$ 很小，$E$ 迅速向电容充电，$i_o$ 上升很快。随着 $u_c$ 的增加，$i_o$ 上升速度减慢，达到最大值后，其值开始减小，见图 6-5c 中的 $t_1$ 时刻。到 $t_2$ 时刻，$u_c = E$，由于存在电感，电流不能立刻减至零。随着磁场能量的放出，电流逐渐衰减下来，电容继续被充电，使 $u_c > E$。到 $t_3$ 时刻 $i_o = 0$，晶闸管 $VT_1$ 和 $VT_4$ 关断。$VT_1$ 和 $VT_4$ 关断后，由于 $u_c > E$，电容通过二极管 $VD_1$ 和 $VD_4$ 放电，电流反向，$VT_1$ 和 $VT_4$ 开始承受反向电压，如图 6-5b 所示。直到 $t_4$ 时刻，放电结束，$i_o$ 才降到零。$t > t_4$ 后，虽然 $E > u_c$，但由于晶闸管 $VT_1$、$VT_4$ 已关断，电路中不会再有电流，电容保持此时的电容电压。$VT_3$、$VT_2$ 导通后的振荡过程与此相同，只是电流方向相反。

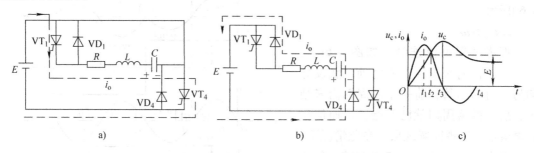

图 6-5 串联谐振一个周期的电流通路和波形
a) 电流通路一　b) 电流通路二　c) 波形

前已述及，要使晶闸管可靠关断，要求电流下降到零后，承受一段反压时间 $t_F$。这段时间就是图 6-5c 中的 $t_3 \sim t_4$。在这段时间内电容经反馈二极管 $VD_1$、$VD_4$ 放电，使晶闸管承受反压，其值等于二极管的管压降。根据晶闸管可靠关断的条件，要求 $t_F = (t_4 - t_3) > t_q$。

根据逆变电路触发频率 $\omega_g$ 的不同，负载电流可以有断续、临界和连续三种情况。

**1. $\omega_g < \omega_0$**（$\omega_0 = 1/\sqrt{LC}$ 为无阻尼谐振角频率）

振荡过程电流断续，如图 6-6a 所示。在图 6-6 中，$VT_1$、$VT_4$ 导通后，负载电流 $i_o$ 从 A 流向 B，当达到 $t_1$ 时 $i_o$ 为零，$VT_1$、$VT_4$ 自行关断。由于负载 $RLC$ 串联电路的振荡作用，$t_1$ 以后的负载电流 $i_o$ 可以通过 $VD_1$、$VD_4$ 反方向流通，从 B 流向 A，形成振荡电流。

因为在电阻 $R$ 上要消耗能量，故 $i_o$ 的幅值要减小，波形是衰减的。到达 $t_2$ 时刻，$i_o$ 又为零，$VD_1$、$VD_4$ 截止。$t_2$ 时刻以后，因为 $VT_1$、$VT_4$ 已经关断，故不能再出现振荡电流。$t_2 \sim t_3$ 期间，所有晶闸管和二极管均处于阻断状态，所以 $i_o$ 一直为零。到了 $t_3$ 时刻，$VT_2$、$VT_3$ 被触发导通，负载电流 $i_o$ 将由 B 流向 A，负载 $RLC$ 又形成振荡。同时，在 $t_4$ 时刻，$VT_2$、$VT_3$ 自行关断，$VD_2$、$VD_3$ 导通，$i_o$ 又由 A 流向 B，待到 $t_5$ 时刻 $i_o$ 又为零。如此反复进行，得到负载电流 $i_o$ 是断续的波形。因为忽略了晶闸管与二极管导通时的管压降，故在晶闸管或二极管导通期间，可以认为 $u_{AB}$ 的值是直流电源 $E$，如图 6-6b 所示。在 $0 \sim t_2$ 期间，$u_{AB} = E$。但在 $t_3 \sim t_5$ 期间，$u_{AB} = -E$。在 $t_2 \sim t_3$、$t_5 \sim t_6$ 等期间，所有晶闸管和二极管都呈现阻断状态，一般为分析方便，可以认为在这期间 $u_{AB} = 0$。逆变电路在一个周期内的功率是变化的。在 $0 \sim t_1$ 期间，负载的电压、电流同相，电路向负载输出功率；在 $t_1 \sim t_2$ 期间，电压方向不变，电流反向，负载将能量送回电源。但在此期间，因为 $i_o$ 波形的幅值减小且是衰减的，所以送回电源的能量要少一些；在 $t_2 \sim t_3$ 期间 $i_o$ 为零，可以认为电源与负载间无能量交换。由此可见，电流断续时，电源输出功率在一个周期内是很少的。

**2. $\omega_g = \omega_0$**

振荡电流处于断续和连续的临界处，如图 6-6c 所示。此时，二极管电流刚好到零，触发导通另一对晶闸管，两周期振荡过程正好衔接，负载电流 $i_o$ 是由断续到连续的临界情况。而负载两端电压 $u_{AB}$ 是正、负幅值为 $E$ 的矩形波，如图 6-6d 所示。

**3. $\omega_g > \omega_0$**

振荡过程电流连续，如图 6-6e 所示。二极管电流下降到零之前，触发导通另一对晶闸管，前一振荡周期尚未结束，后一振荡周期就已开始，从而使振荡电流不会出现断续现象。在此情况下，负载电流 $i_o$ 波形更接近于正弦波，负载两端电压如图 6-6f 所示。在一个周期内，由于负载的电压和电流反相的时间减少了，负载送回电源的能量也就减少了，故电源输出功率也就增加了。

由上述分析可以看出，随着触发频率 $\omega_g$ 的增大，逆变器的输出功率也将增加。因此，可以用改变逆变器触发脉冲频率的办法来调节输出功率。但需要强调指出，随着 $\omega_g$ 的增大，晶闸管获得反压的时间（$t_3 - t_2$）减小，为使晶闸管可靠关断，则

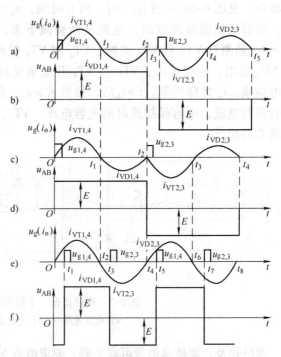

图 6-6 串联谐振式逆变电路在三种情况下的输出电流和电压波形
a) $\omega_g < \omega_0 [u_g(i_o)$ 波形] b) $\omega_g < \omega_0 [u_{AB}$ 波形]
c) $\omega_g = \omega_0 [u_g(i_o)$ 波形] d) $\omega_g = \omega_0 [u_{AB}$ 波形]
e) $\omega_g > \omega_0 [u_g(i_o)$ 波形] f) $\omega_g > \omega_0 [u_{AB}$ 波形]

$$t_F = t_3 - t_2 = \frac{\gamma}{\omega} = \frac{1}{\omega}\arctan\left(\frac{\omega L - \frac{1}{\omega C}}{R}\right) > t_q$$

式中 $\gamma$——电流超前电压的相位,即 $(t_3 - t_2)$ 时间对应的电角度,$\gamma = \arctan\left(\frac{\omega L - 1/\omega C}{R}\right)$;

$\omega$——逆变器输出频率,$\omega = \frac{\omega_g}{2}$。

因为串联复数阻抗 $Z = R + j(\omega L - 1/\omega C)$,则 $\omega L - 1/\omega C < 0$,即 $\omega < \omega_0 = 1/\sqrt{LC}$ 时,串联负载才呈容性,具备换相条件。因此,为保证电路可靠换相,触发脉冲频率 $\omega_g$ 的增大受到限制。故串联型逆变电路通常工作在 $\omega$ 接近 $\omega_0$(即 $\omega_g$ 接近 $2\omega_0$)的谐振状态,构成串联谐振式逆变电路。

## 二、并联谐振式逆变电路

如果补偿电容与负载(等效为 $R$,$L$)并联,即可构成并联谐振式逆变电路,如图6-7所示。负载并联谐振时阻抗最大,如果用电压源供电,则在谐振附近电流较小。故采用电流源供电,即直流侧用大电感 $L_d$ 滤波,吸收无功能量,是一种电流型逆变电路,不需要反馈二极管。

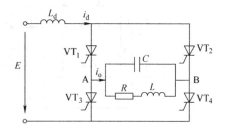

图6-7 并联谐振式逆变电路

由于滤波电感 $L_d$ 的作用,电流 $i_d$ 近似为恒值。当晶闸管 $VT_1$、$VT_4$ 导通时,$i_o = i_d$,由 A 流向 B。当晶闸管 $VT_2$、$VT_3$ 导通时,$i_o = -i_d$,由 B 流向 A。故负载电流 $i_o$ 为一矩形波,如图6-8a所示。而由于逆变器工作在近于谐振状态,负载并联谐振回路对于负载电流中接近负载谐振频率的谐波分量呈现高阻抗,即这一谐波分量的电压较高,其余谐波分量电压都被衰减,所以负载两端电压 $u_{AB}$ 接近正弦波,如图6-8b所示。且负载品质因数($Q = \omega L/R$)越高,这种选频特性越好,负载电压越接近正弦波。为使逆变电路可靠换相,要求负载电压 $u_{AB}$ 滞后于负载电流 $i_o$,即 RLC 并联回路要呈容性。要负载呈容性,必须 $\omega L > 1/\omega C$ 即 $\omega > 1/\sqrt{LC} = \omega_0$,所以与串联谐振式逆

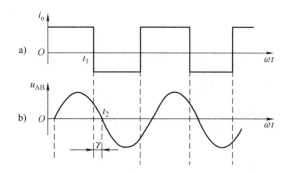

图6-8 并联谐振式逆变电路工作波形

变电路相反,并联谐振式逆变电路换相的必要条件是逆变电路频率必须高于负载谐振频率。

在中、大功率的三相负载(如交流电动机)中均采用三相逆变电路。三相逆变电路的种类也非常多,在采用晶闸管作为可控器件的三相逆变电路中,对于像交流电动机一类的感

性负载,不具备负载换相条件,必须采用强迫换相方式,即在电路中另设附加换相环节。在电压型三相逆变电路中,我们主要介绍辅助晶闸管换相逆变电路。在电流型三相逆变电路中,主要介绍串联二极管式逆变电路。

### 三、电压型三相逆变电路

从换相角度来说,电压型三相逆变电路的形式很多,图 6-9 为三相辅助晶闸管换相逆变电路,其中 $VT_1 \sim VT_6$ 是主晶闸管,$VT_1' \sim VT_6'$ 是辅助换相晶闸管,主晶闸管的关断是靠触发辅助晶闸管来实现的;$C$ 为换相电容器;$L$ 为换相电感;$VD_1 \sim VD_6$ 是反馈二极管。

#### (一)换相过程

该逆变电路的换相是在同一桥臂,即同一相中进行的。三相的换相电路及换相过程是完全一样的,以 U 相从 $VT_1$ 导通换相到 $VT_4$ 导通的过程为例分析如下。

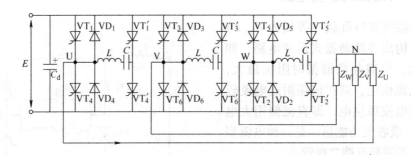

图 6-9 三相辅助晶闸管换相逆变电路

U 相等效电路如图 6-10 所示,N 为直流侧电源假想中点。换相过程的波形如图 6-11 所示。

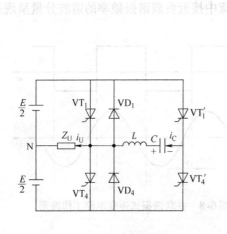

图 6-10 U 相等效电路

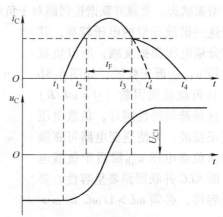

图 6-11 换相过程波形图

**1. 晶闸管 $VT_1$ 电流减小阶段**

设在 $VT_1$ 导通时,电容 $C$ 已被充上了图 6-10 所示极性的电压 $U_{C1}$。在 $t_1$ 时刻触发辅助

晶闸管 $VT_1'$，电容 $C$ 经过 $L$、$VT_1$ 和 $VT_1'$ 放电，产生谐振电流 $i_C$。设负载电流 $i_U$ 在换相期间不变，即 $i_U = I_U$，则 $VT_1$ 电流为 $i_{VT1} = I_U - i_C$。随着 $i_C$ 的不断增大，$i_{VT1}$ 不断减小。到 $t_2$ 时刻，$i_C = i_U$，$i_{VT1} = 0$，$VT_1$ 关断，此阶段结束。

这一阶段的电流路径如图 6-12a 所示，负载电流 $I_U$ 由 $i_C$ 和 $i_{VT1}$ 共同提供。

**2. $VD_1$ 导通，$VT_1$ 反压阶段**

从 $t_2$ 时刻起 $i_C$ 超过 $I_U$，其超过部分经 $VD_1$ 流向直流电源正端。$VD_1$ 上的管压降使晶闸管 $VT_1$ 承受反向电压。当 $C$ 继续放电至 $u_C = 0$ 时，谐振电流 $i_C$ 达到峰值。此后 $i_C$ 开始减小，$L$ 中储藏的能量向 $C$ 反向充电。到 $t_3$ 时刻，$i_C$ 降至 $I_U$，$VD_1$ 关断，本阶段结束。如图 6-11 所示，本阶段所对应的时间 $t_F = t_3 - t_2$，它对应主晶闸管 $VT_1$ 承受反压的时间，只要 $t_F > t_q$，晶闸管 $VT_1$ 即能可靠关断。

这一阶段的电流路径如图 6-12b 所示，负载电流 $I_U$ 由 $i_C$ 和 $i_{VD1}$ 共同决定。

**3. $VD_4$ 导通，$C$ 继续反向充电阶段**

$t_3$ 时刻 $VD_1$ 关断，$C$ 被反向充上的电压达到 $U_{C1}$，如 $U_{C1} > \dfrac{E}{2}$，二极管 $VD_4$ 导通，$i_C = I_U - i_{VD4}$，使 $LC$ 振荡电路的电流变小，即 $i_C$ 减小的速度变慢，如图 6-11 所示。到 $t_4$ 时刻，$L$ 中能量释放完毕，$i_C$ 降至零，$C$ 反向充电电压达到最大值，同时辅助晶闸管 $VT_1'$ 关断，本阶段结束。

这一阶段的电流路径如图 6-12c 所示，负载电流 $I_U$ 由 $i_C$ 和 $i_{VD4}$ 提供。

如果 $t_3$ 时刻 $U_{C1} < \dfrac{E}{2}$，则 $VD_4$ 不会立即导通，感性负载电流的作用使得 $i_C = I_U$ 持续一段时间，出现电容 $C$ 恒流充电，对应 $u_C$ 线性上升的阶段。当 $U_{C1} > \dfrac{E}{2}$ 后，$VD_4$ 才开始导通，其后的情况与上面的分析相同。

**4. $C$ 充电结束，$VD_4$、$VT_4$ 导通阶段**

$t_4$ 时刻 $C$ 的反向充电已结束，由 $i_{VD4}$ 单独提供负载电流 $i_U$，负载电感中能量向直流电源反馈，负载电流逐渐减小，当其过零后，由于 $VT_4$ 已有触发脉冲，于是 $VT_4$ 导通，负载电流反向。通常 $VT_4$ 的触发脉冲在图 6-11 中 $t_4'$ 时就给出，但只有在 $VD_4$ 电流过零后 $VT_4$ 才能导通。$t_4' - t_1 = \pi\sqrt{LC}$，为 $LC$ 振荡周期的一半。本阶段电流路径如图 6-12d 所示。

在从 $VT_1$ 导通转换到 $VT_4$ 导通的换相过程中，$C$ 被充上反向电压，这给从 $VT_4$ 导通换相到 $VT_1$ 导通做好了准备。

**（二）工作原理及波形**

图 6-9 所示电路的三相桥臂均按上述换相过程换相。一个周期有六个工作状态，每隔 60°依次给 $VT_1 \sim VT_6$ 六只主晶闸管发触发脉冲，同一相上的两只晶闸管 $VT_1$ 与 $VT_4$、$VT_3$ 与 $VT_6$、$VT_5$ 与 $VT_2$ 在辅助晶闸管 $VT_1' \sim VT_6'$ 的协助下互相自动换相。根据对换相过程的分析，辅助晶闸管 $VT_1' \sim VT_6'$ 仅在换相阶段导通很短一段时间，如果忽略换相过程，每只主晶闸管在一个周期内导电 180°，故称为 180°导电型逆变电路。这样，任何瞬间都有三只主晶闸管同时导通。如果将六只主晶闸管分成共阳极组和共阴极组，则任一瞬时有三只主晶闸管同时导通，有两种情况：两只共阳极组和另一只共阴极组，或两只共阴极组和另一只共阳极组主晶闸管同时导通。设三相负载是平衡的，即 $Z_U = Z_V = Z_W = Z$，则 0°~60°区间和 60°~120°

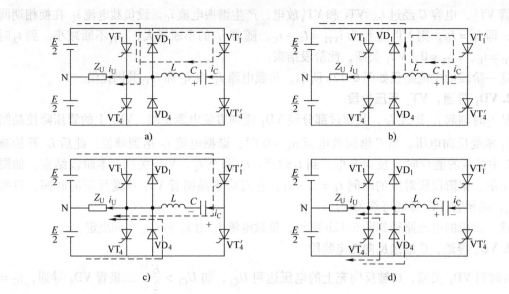

图 6-12 各换相阶段电流路径
a) $VT_1$ 电流减小阶段  b) $VD_1$ 导通，$VT_1$ 反压阶段
c) $VD_4$ 导通，$C$ 继续反向充电阶段  d) $C$ 充电结束，$VD_4$、$VT_4$ 导通阶段

区间两种情况的等效电路如图 6-13 所示。

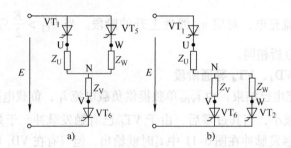

图 6-13 180°导电型逆变电路两种情况的等效电路
a) 0°~60°区间  b) 60°~120°区间

晶闸管导通时忽略其管压降，不难求出各相的相电压如下。
对于图 6-13a，U 点和 W 点等电位，则 0°~60°区间相电压为

$$u_{UN} = u_{WN} = \frac{Z/2}{Z + Z/2}E = \frac{E}{3}$$

$$u_{VN} = -u_{NV} = -\frac{Z}{Z + Z/2}E = -\frac{2E}{3}$$

同理，对图 6-13b，可求得 60°~120°区间相电压为

$$u_{UN} = \frac{2E}{3}$$

$$u_{VN} = u_{WN} = -u_{NV} = -\frac{E}{3}$$

其他四个区间的相电压也可同样求得。其输出线电压可根据晶闸管的通断情况，由 U、V、W 三点极性直接求得，也可根据相电压由下式求得。

$$\begin{cases} u_{UV} = u_{UN} + u_{NV} = u_{UN} - u_{VN} \\ u_{VW} = u_{VN} - u_{WN} \\ u_{WU} = u_{WN} - u_{UN} \end{cases}$$

图 6-14 列出了一个周期内各晶闸管的导通次序和 U、V、W 三点的电压极性以及输出的相电压、线电压和 U 相负载电流 $i_U$ 的波形。由图可以看出，三相输出相电压和线电压分别是阶梯波和 120°宽的方波，且三相是对称的，每相互差 120°。而输出电流波形为近似正弦波，其相位决定于负载的功率因数。

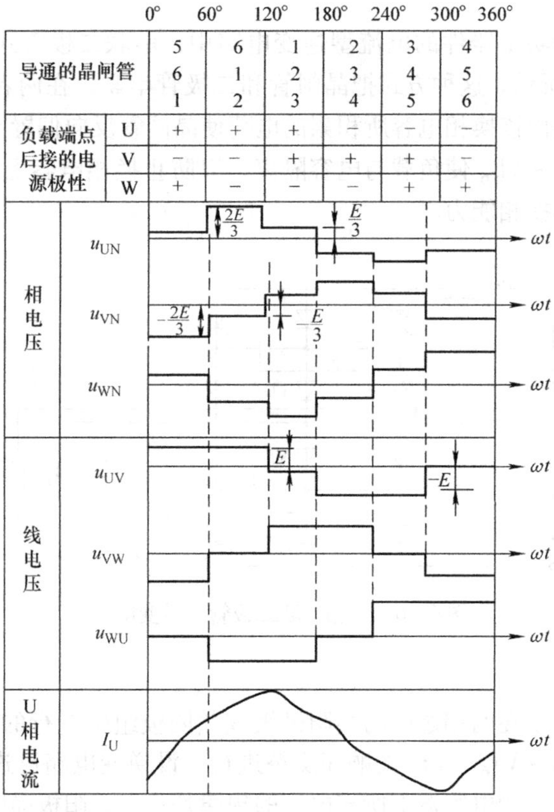

图 6-14　180°导电型逆变电路的电压及电流波形

随着全控型半导体器件的发展，利用器件换相构成的逆变电路已得到广泛应用。图 6-15 给出了由电力晶体管 GTR 构成的电压型三相逆变电路。$VT_1 \sim VT_6$ 为 GTR，它们在基极控制下即可方便地通或断，而不需要附加换相电路，属器件换相。$VD_1 \sim VD_6$ 为反馈二极管。

此逆变电路的换相可以很方便地在同一桥臂中进行，使各相的半桥交替导通 180°，即每只 GTR 一个周期内导电 180°，构成 180°导电型逆变电路，其电压和电流波形与图 6-14 相同。

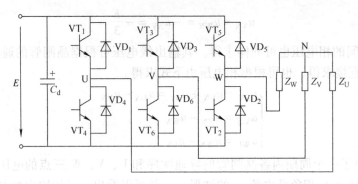

图 6-15　GTR 电压型三相逆变电路

## 四、电流型三相逆变电路

在采用晶闸管作为功率器件的电流型逆变电路中，串联二极管式逆变电路得到广泛应用，其电路如图 6-16 所示。这种方式把晶闸管和二极管串联，在两者连接处和各相之间接有换相电容。其换相是由该换相电容所积累的电荷使晶闸管反向偏置来实现的，属脉冲换相方式。串联二极管 $VD_1 \sim VD_6$ 使负载与电容隔离，以防止换相电容上的电荷通过负载放电，从而有效地发挥电容的换相能力。

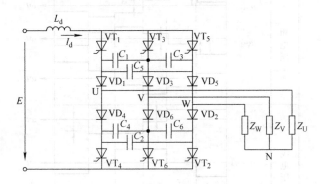

图 6-16　三相串联二极管式逆变电路

### （一）换相过程

该逆变电路的换相是在两相之间的共阳极组或共阴极组中进行的。换相按 $VT_1 - VT_3 - VT_5 - VT_1$ 和 $VT_2 - VT_4 - VT_6 - VT_2$ 的顺序交替进行。设逆变电路已进入稳定工作状态，换相电容器已充上电压。换相电容上所充电压的规律是：在共阳极晶闸管侧，电容器中与导通的晶闸管相连接的一端极性为正，另一端为负，电压为 $U_{C0}$，不与导通晶闸管相连接的另一个电容器电压为零；共阴极晶闸管一侧与共阳极侧情况相似，只是电容器电压极性相反。在分析换相过程时，常用等效换相电容的概念。例如在分析从晶闸管 $VT_1$ 向 $VT_3$ 换相时，换相电容 $C_{13}$ 就是 $C_3$ 与 $C_5$ 串联后再与 $C_1$ 并联的等效电容。设 $C_1 \sim C_6$ 的电容量均为 $C$，则 $C_{13} = \dfrac{3C}{2}$。现以共阳极组 U 相 $VT_1$ 换相给 V 相 $VT_3$ 为例说明其换相过程。

**1. 恒流放电阶段**

在 $VT_1$ 换相到 $VT_3$ 之前，$VT_1$ 和 $VT_2$ 导通，其电流路径如图 6-17a 所示。这时，电容

$C_{13}$ 上已被充电至一个稳定初始值 $U_{C0}$,极性为左正右负,负载 U 相和 W 相流有电流 $I_d$。如图 6-17 所示,在 $t_1$ 时刻给 $VT_3$ 以触发脉冲,则 $VT_3$ 导通,换相电容 $C_{13}$ 上的电压 $U_{C0}$ 将全部加在 $VT_1$ 上使其承受反向电压而关断。电流 $I_d$ 从 $VT_1$ 换到 $VT_3$ 上,$C_{13}$ 通过 $VD_1$、U 相负载、W 相负载、$VD_2$、$VT_2$、直流电源和 $VT_3$ 放电,电流路径如图 6-17b 所示。因放电电流恒为 $I_d$,故称恒流放电阶段。在 $C_{13}$ 电压 $u_{C13}$ 下降到零($t_2$ 时刻)以前,$VT_1$ 一直承受反向电压,时间为 $t_F = t_2 - t_1$。只要 $t_F > t_q$,晶闸管就可以可靠关断。

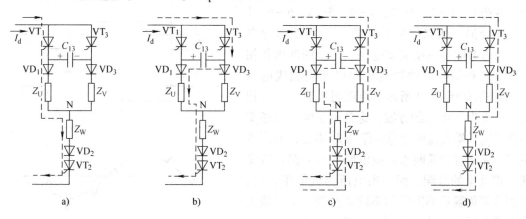

图 6-17 共阳极组 $VT_1$ 换相给 $VT_3$ 时各阶段的电流路径

**2. 二极管换相阶段**

设负载为电感性负载,如图 6-18 所示,$t_2$ 时刻 $u_{C13}$ 降到零之后,在 U 相电感负载作用下,开始对 $C_{13}$ 反向充电。若忽略其中的电阻,则在 $t_2$ 时刻,二极管 $VD_3$ 受到正向偏置而导通,开始流过电流 $i_V$,而 $VD_1$ 流过的充电电流为 $i_U = I_d - i_V$,两个二极管同时导通,如图 6-17c 所示,随着 $C_{13}$ 充电电压不断增高,充电电流逐渐减小,$i_V$ 逐渐增大。到 $t_3$ 时刻,充电电流 $i_U$ 减到零,$i_V = I_d$,$VD_1$ 承受反压而关断,二极管换相阶段结束。$t_3$ 以后,进入 $VT_2$、$VT_3$ 稳定导通阶段,电流路径如图 6-17d 所示。

如果负载为交流电动机,则在 $t_2$ 时刻 $u_{C13}$ 降到零时,由于这时反电动势 $e_{VU} > 0$,使得 $VD_3$ 仍承受反向电压。直到 $u_{C13}$ 升高到与 $e_{VU}$ 相等后,$VD_3$ 才开始承受正向电压而导通,进入 $VD_3$ 和 $VD_1$ 同时导通的二极管换相阶段。此后过程与前面的分析完全相同。

在图 6-18 给出的电感负载换相波形中,$u_{C1}$、$u_{C3}$、$u_{C5}$ 分别为各换相电容 $C_1$、$C_3$、$C_5$ 上的电压波形。$u_{C1}$ 的波形和 $u_{C13}$ 完全相同,在二极管换相阶段,$u_{C1}$ 从 $U_{C0}$ 变到 $-U_{C0}$。$C_3$ 和 $C_5$ 是串联后再和 $C_1$ 并联的,因它们的充放电电流均为的一半,所以换相过程中电压的变化幅度也是 $C_1$

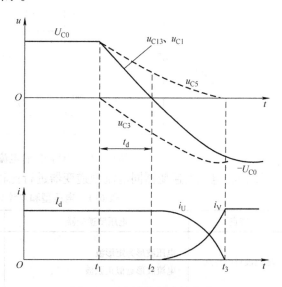

图 6-18 电感换相过程波形

的一半。换相过程中，$u_{C3}$ 从零变到 $-U_{C0}$，$u_{C5}$ 从 $U_{C0}$ 变到零。这些电压恰好符合相隔 120° 以后从 $VT_3$ 到 $VT_5$ 换相时的要求，为下次换相准备了条件。

### (二) 工作原理及波形

图 6-16 所示逆变电路每隔 60° 依次触发 $VT_1 \sim VT_6$，共阳极组和共阴极组晶闸管按上述换相过程交替换相。每一时刻有两个晶闸管同时导通，并按 1、2—2、3—3、4—4、5—5、6—6、1 的顺序导通。所以每只晶闸管一个周期内导电 120°，称 120°导电型逆变电路。一个周期内各相负载电流和晶闸管的导通次序以及负载线电压 $u_{UV}$ 的波形如图 6-19 所示。由图可以看出，三相输出电流为 120°宽的方波，这是由于电流型逆变电路的输入端直流电流总是保持 $I_d$ 不变，利用各桥臂上晶闸管的通断来控制电路的导通路径以实现各相电流的分配。而输出电压为近似正弦波，其相位随负载功率因数的不同而改变。正弦波上的尖峰电压为电动机负载时，正弦波感应电动势上叠加的换相浪涌电压，为抑制尖峰电压的峰值，实际中应设置吸收电路。

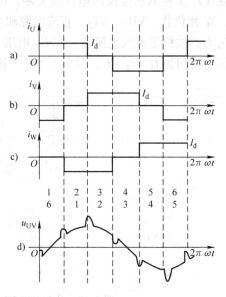

图 6-19　120°导电型逆变电路的电压及电流波形

图 6-20 是由门极关断（GTO）晶闸管构成的电流型三相逆变电路。只要控制 $VT_1 \sim VT_6$ 的栅极，即可很方便地使 GTO 晶闸管通断，从而使共阳极组和共阴极组交替换相，构成 120°导电型逆变电路。其电压和电流波形与图 6-19 相同。为了抑制波形中的尖峰电压，电路中设置了 $C_U$、$C_V$ 和 $C_W$。

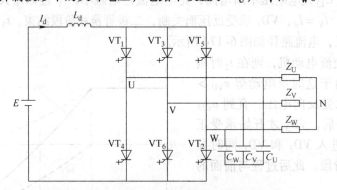

图 6-20　GTO 晶闸管电流型三相逆变电路

下面将电压型逆变器同电流型逆变器进行比较（见表 6-1）。

表 6-1　电压型和电流型逆变器的比较

| 特点 | 电压型逆变器 | 电流型逆变器 |
| --- | --- | --- |
| 输出波形的特点 | 电压波形为矩形波<br>电流波形近似正弦波 | 电流波形为矩形波<br>电压波形近似正弦波 |

（续）

| 特点 | 电压型逆变器 | 电流型逆变器 |
|---|---|---|
| 回路构成上的特点 | 有反馈二极管<br>直流电源并联大容量电容（低阻抗电压源）<br>电动机四象限运转需要再生用变流器 | 无反馈二极管<br>直流电源串联大电感（高阻抗电流源）<br>电动机四象限运转容易 |
| 特性上的特点 | 负载短路时产生过电流<br>开环电动机也可能稳定运转 | 负载短路时能抑制过电流<br>电动机运转不稳定需要反馈控制 |

## 五、交—直—交变频电路

交—直—交变频电路是先将恒压恒频（CVCF）的交流电通过整流器变成直流电，再经过逆变器将直流电变换成可控交流电的间接型变频电路，它已被广泛地应用在交流电动机的变频调速中。

在交流电动机的变频调速控制中，为了保持额定磁通基本不变，在调节定子频率的同时必须同时改变定子的电压。因此，必须配备变压变频（VVVF）装置。最早的 VVVF 装置是旋转变频机组，现在已改为静止式电力电子变压变频装置。这种静止式的变压变频装置统称为变频器，它的核心部分就是变频电路。下面介绍交—直—交变频器的主电路，其结构框图如图 6-21 所示。

图 6-21 交—直—交变频器结构框图

按照控制方式的不同，交—直—交变频器可分成三种，如图 6-22 所示。

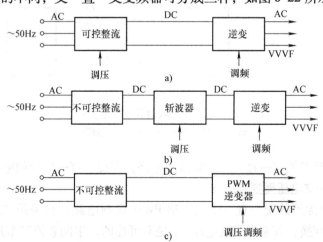

图 6-22 交—直—交变频电路的不同控制方式
a) 可控整流器调压、逆变器调频的控制方式 b) 不可控整流器整流、斩波器调压、再生逆变器调频的控制方式
c) 不可控整流器整流、脉宽调制（PWM）逆变器同时调压调频的控制方式

图 6-22a 采用的是可控整流器调压、逆变器调频的控制方式。在这种装置中，调压和调频在两个环节上分别进行，两者要在控制电路上协调配合，其结构简单，控制方便。但是，由于输入环节采用晶闸管可控整流器，当电压调得较低时，电网端功率因数较低。而输出环节多用由晶闸管组成的三相六拍逆变器，每周期换相六次，输出的谐波较大。这是这类装置的主要缺点。

图 6-22b 采用的是不可控整流器整流、斩波器调压、再用逆变器调频的控制方式。在这种装置中，整流环节采用二极管不可控整流器，只整流不调压，再单独设置斩波器，用脉宽调压。这样虽然多了一个环节，但调压时输入功率因数不变，克服了图 6-22a 装置的第一个缺点。输出逆变环节未变，仍有谐波较大的问题。

图 6-22c 采用的是不可控整流器整流、脉宽调制（PWM）逆变器同时调压调频的控制方式。在这种装置中，用不可控整流，则输入功率因数不变；用 PWM 逆变，则输出谐波可以减小，消除了图 6-22a 装置的两个缺点。PWM 逆变器需要全控型电力半导体器件，其输出谐波减少的程度取决于 PWM 的开关频率，而开关频率则受器件开关时间的限制。采用绝缘栅双极晶体管 IGBT 时，开关频率可达 10kHz 以上，输出波形已经非常逼近正弦波，因而又称之为 SPWM 逆变器，成为当前最有发展前途的一种装置形式。

根据中间直流环节采用滤波器的不同，变频器又分为电压型和电流型，如图 6-23 所示。其中，$U_d$ 为整流器的输出电压平均值。

在交—直—交变频器中，当中间直流环节采用大电容滤波时，直流电压波形比较平直，在理想情况下是一个内阻抗为零的恒压源，输出交流电压是矩形波或阶梯波，这种变频器叫做电压型变频器。当交—直—交变频器的中间直流环节采用大电感滤波时，直流电流波形比较平直，因而电源内阻抗很大，对负载来说基本上是一个电流源，输出交流电流是矩形波或阶梯波，这种变频器叫做电流型变频器，如图 6-23b 所示。可见，变频器的这种分类方式和逆变器是一致的。所不同的是在交—直—交变频器中，逆变器的供电电源 $E$，现在是整流器的输出 $U_d$。

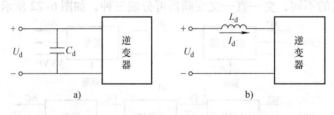

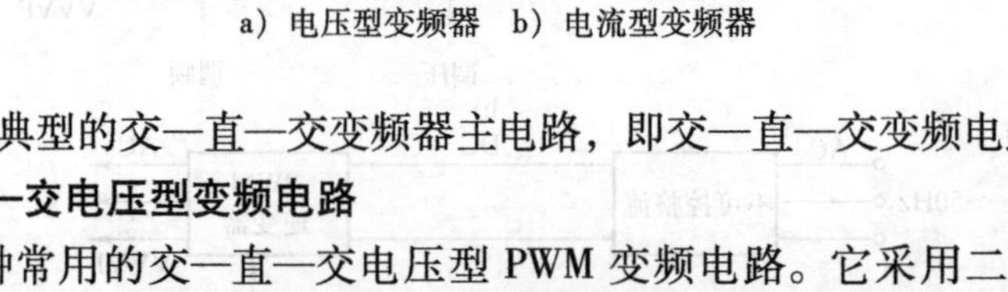

图 6-23 电压型变频器和电流型变频器
a) 电压型变频器 b) 电流型变频器

下面给出几种典型的交—直—交变频器主电路，即交—直—交变频电路。

### （一）交—直—交电压型变频电路

图 6-24 为一种常用的交—直—交电压型 PWM 变频电路。它采用二极管构成整流器，完成交流到直流的变换，其输出直流电压 $U_d$ 是不可控的；中间直流环节用大电容 $C_d$ 滤波；电力晶体管 $VT_1 \sim VT_6$ 构成 PWM 逆变器，完成直流到交流的变换，并能实现输出频率和电压的同时调节，$VD_1 \sim VD_6$ 是电压型逆变器所需的反馈二极管。

从图中可以看出，由于整流电路输出的电压和电流极性都不能改变，因此该电路只能从

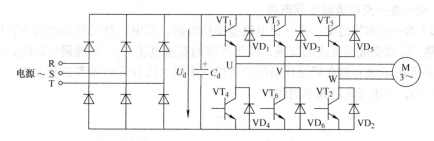

图 6-24 交—直—交电压型 PWM 变频电路

交流电源向中间直流电路传输功率，进而再向交流电动机传输功率，而不能从直流中间电路向交流电源反馈能量。当负载电动机由电动状态转入制动运行时，电动机变为发电状态，其能量通过逆变电路中的反馈二极管流入直流中间电路，使直流电压升高而产生过电压，这种过电压称为泵升电压。为了限制泵升电压，可给直流侧电容并联一个由电力晶体管 VT 和能耗电阻 $R_0$ 组成的泵升电压限制电路，如图 6-25 所示。当泵升电压超过一定数值时，使 VT 导通，把电动机反馈的能量消耗在 $R_0$ 上。这种电路可运用于对制动时间有一定要求的调速系统中。

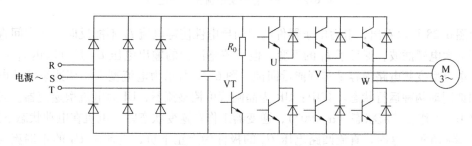

图 6-25 带有泵升电压限制电路的变频电路

在要求电动机频繁快速加减速的场合，上述带有泵升电压限制电路的变频电路耗能较多，能耗电阻 $R_0$ 也需较大的功率。因此，希望在制动时把电动机的动能反馈回电网。这时，需要增加一套有源逆变电路，以实现再生制动，如图 6-26 所示。

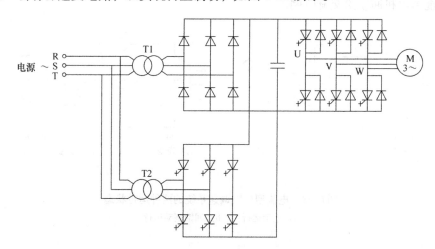

图 6-26 可以再生制动的变频电路

### (二) 交—直—交电流型变频电路

图 6-27 为一种常用的交—直—交电流型变频电路。其中，整流器采用晶闸管构成的可控整流电路，完成交流到直流的变换，输出可控的直流电压 $U_d$，实现调压功能；中间直流环节用大电感 $L_d$ 滤波；逆变器采用晶闸管构成的串联二极管式电流型逆变电路，完成直流到交流的变换，并实现输出频率的调节。

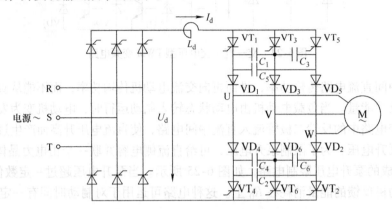

图 6-27　交—直—交电流型变频电路

由图 6-28 可以看出，电力电子器件的单向导电性使得电流 $I_d$ 不能反向，而中间直流环节采用的大电感滤波，保证了 $I_d$ 的不变，但可控整流器的输出电压 $U_d$ 是可以迅速反向的。因此，电流型变频电路很容易实现能量回馈。图 6-28 所示为电流型变频调速系统的电动运行和回馈制动两种运行状态。其中：UR 为晶闸管可控整流器，UI 为电流型逆变器。当可控整流器 UR 工作在整流状态（$\alpha<90°$），逆变器工作在逆变状态时，电机在电动状态下运行，如图 6-28a 所示。这时，直流回路电压 $U_d$ 的极性为上正下负，电流由 $U_d$ 的正端流入逆变器，电能由交流电网经变频器传送给电机，变频器的输出频率 $\omega_1>\omega$，电机处于电动状态。此时如果降低变频器的输出频率，或从机械上抬高电机转速 $\omega$，使 $\omega_1<\omega$，同时使可控整流器的触发延迟角 $\alpha>90°$，则异步电机进入发电状态，且直流回路电压 $U_d$ 立即反向，而电流 $I_d$ 方向不变（见图 6-28b）。于是，逆变器 UI 变成整流器，而可控整流器 UR 转入有源逆变状态，电能由电机回馈给交流电网。

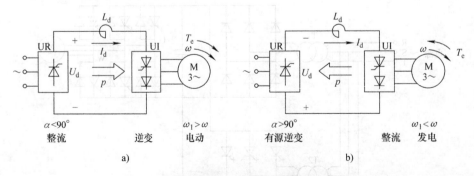

图 6-28　电流型变频调速系统的两种运行状态
a) 电动运行　b) 回馈制动运行

图 6-29 为一种交—直—交电流型 PWM 变频电路，负载为三相异步电动机。逆变器为采用 GTO 晶闸管作为功率开关器件的电流型 PWM 逆变电路，图中，GTO 晶闸管采用反向导电型器件，因此，给每个 GTO 晶闸管串联一个二极管以承受反向电压。逆变电路输出端的电容是为吸收 GTO 晶闸管关断时所产生的过电压而设置的，也可以对输出的 PWM 电流波形起滤波作用。整流电路采用晶闸管

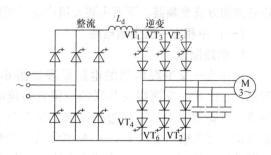

图 6-29 交—直—交电流型 PWM 变频电路

而不是二极管，在负载电动机需要制动时，可以使整流部分工作在有源逆变状态，把电动机的机械能反馈给交流电网，从而实现快速制动。

从主电路上看，电压型变频器和电流型变频器的区别仅在于中间直流环节滤波器的形式不同，但是这样一来，却造成两类变频器在性能上相当大的差异，主要表现以下三方面。

**1. 无功能量的缓冲**

对于变频调速系统来说，变频器的负载是异步电机，属感性负载，在中间直流环节与电机之间，除了有功功率的传送外，还存在无功功率的交换。逆变器中的电力电子开关器件无法储能，无功能量只能靠直流环节中作为滤波器的储能元件来缓冲，使它不致影响到交流电网。两类变频器的主要区别在于用什么储能元件（电容器或电抗器）来缓冲无功能量。

**2. 回馈制动**

根据对交—直—交电压型与电流型变频电路的分析可知，用电流型变频器给异步电机供电的变频调速系统，其显著特点是容易实现回馈制动，如图 6-28 所示，从而便于四象限运行，适用于需要制动和经常正、反转的机械。与此相反，采用电压型变频器的变频调速系统要实现回馈制动和四象限运行却比较困难，因为其中间直流环节有大电容钳制着电压，使之不能迅速反向，且电流也不能反向，所以在原装置上无法实现回馈制动。必须制动时，采用在直流环节中并联电阻的能耗制动，如图 6-25 所示，也可以加入与整流器反向可控整流器，并工作在有源逆变状态，通过反向的制动电流，维持电压极性不变，实现回馈制动，如图 6-26 所示，但是该方法需要增加设备。

**3. 适用范围**

电压型变频器属于恒压源，电压控制响应慢，所以适用于作为多台电机同步运行时的供电电源但不要求快速加减速的场合。电流型变频器则相反，由于滤波电感的作用，系统对负载变化的反应迟缓，不适用于多电机传动，而更适合于一台变频器给一台电机供电的单电机传动，但可以满足快速起制动和可逆运行的要求。

## 六、交—交变频电路

交—交变频电路是不通过中间直流环节而把电网频率的交流电直接交换成不同频率的交流电的变流电路。交—交变频电路也叫周波变流器。因为没有中间直流环节，仅用一次变换就实现了变频，所以效率较高。大功率交流电动机调速系统所用的变频器主要是交—交变频器。

交—交变频器按输出的相数，分为单相、两相和三相交—交变频器；按输出波形可分为

正弦波和方波变频器，下面主要介绍广泛采用的单相和三相正弦波交—交变频电路。

### （一）单相交—交变频电路

#### 1. 电路原理

单相交—交变频电路的电路原理如图 6-30a 所示，它由正、反两组反并联的晶闸管整流电路组成。只要适当对正反组进行控制，在负载上就能获得交变的输出电压 $u_o$。$u_o$ 的幅值取决于整流电路的触发延迟角 $\alpha$，$u_o$ 的频率取决于两组整流电路的切换频率。变频和调压均由变频器本身完成。

图 6-30b 所示为整半周工作方式的输出波形。设正反两组整流器为单相全波输出，则在输出的前半周期内（$T_0/2$），让正组变流器工作三个电源电压整半周，此期间反组变流器被封锁；然后在输出的后半周期内，让反组变流器工作三个电源电压整半周，此期间正组变流器停止工作。其输出交流电压频率为电源频率的 1/3，波形趋向方波。以此类推，当每个输出电压半周内包含电源电压整半周个数为 $n$ 时，则输出交流电压频率为电源频率的 $1/n$。

按整半周工作方式工作，其输出电压中包含有丰富的谐波。若每个电源电压半周内的触发延迟角 $\alpha$ 不同，而且输出按理想的正弦波进行调制，则能获得如图 6-30c 所示的波形。其输出交流电压的频率仍为电源频率的 1/3，其输出波形近似正弦波。这种工作方式称 $\alpha$ 调制工作方式，是实际正弦波交—交变频电路所采用的一种工作方式。

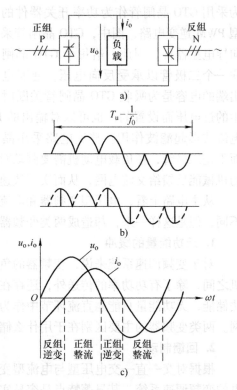

图 6-30 单相交—交变频电路原理及波形
a）单相交—交变频电路原理 b）整半周工作方式的输出波形 c）输出波形二

在正弦波交—交变频电路中，若负载为电阻性，则输出电流与电压同相，正反两组变流电路均工作在整流状态。若负载为电感性，则输出电流滞后于电压一个角度，波形如图 6-30c 所示。两组变流电路，在 $u_o$、$i_o$ 的极性相同时，工作在整流状态，变流器向负载送出电能；在 $u_o$、$i_o$ 的极性相反时，工作在逆变状态，变流器吸收负载电能，回送到交流电网。

交—交变频器中如果正反两组同时导通，将经过晶闸管形成环流。为了避免这一情况，可以在两组之间接入限制环流的电抗器，或者合理安排触发电路，当一组有电流时，另一组不发触发脉冲，使两组间歇工作。这类似于直流可逆系统中的有环流和无环流控制。

#### 2. 单相正弦波交—交变频电路

交—交变频电路多由三相电网供电，如图 6-31 所示，由两组三相半波可控整流电路接成反并联的形式供给单相负载的无环流单相交—交变频电路，它形式上与三相零式可逆整流电路完全一样。当分别以不同 $\alpha$，如半周期内 $\alpha$ 由大变小，再由小变大，即由 90°变到接近 0°，再由 0°变到 90°去控制正反组的晶闸管时，只要电网频率相对输出频率高出许多倍，便可得到由低到高，再由高到低接近正弦规律变化的交流输出。图 6-32a 为电感性负载有最大输出电压时的波形,其周期为电网周期的 5 倍,电流滞后电压,正反组均出现逆变状态。可以看出,输出电压波形是在每一电网周期控制相应晶闸管开关在适当时刻导通和阻断,以便从输入波形区段上建造起低频输出波形。通俗地说,输出电压是由交流电网电压若干线段"拼凑"起来的。而且,输出频率相对输入频率越低和相数越多,则输出波形谐波含量就越少。当改变触发延迟角时,可改变输出幅值,降低输出时的电压波形如图 6-32b 所示。

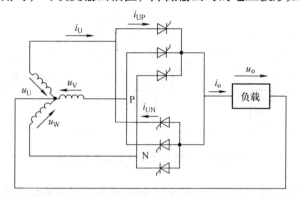

图 6-31　单相交—交变频电路的主电路

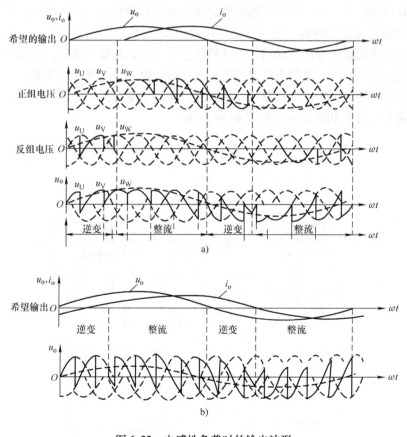

图 6-32　电感性负载时的输出波形
a) 电感性负载有最大输出电压时波形　b) 降低输出时电压波形

## (二) 三相交—交变频电路

三相交—交变频电路由三套输出电压彼此互差 120°的单相输出交—交变频器组成，它实际上包括三套可逆电路。图 6-33 ~ 图 6-35 分别为由三套三相零式和三相桥式可逆电路组成的三相交—交变频主电路，每相由正反两组晶闸管反并联三相零式和三相桥式电路组成。它们分别需要 18 只和 36 只晶闸管器件。

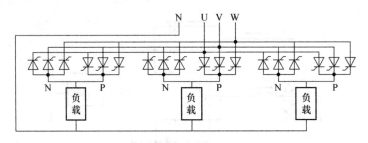

图 6-33 三相零式交—交变频主电路

三相桥式交—交变频器主电路有公共交流母线进线和输出星形联结两种方式，分别用于中、大容量，如图 6-34 和图 6-35 所示。

前者三套单相输出交—交变频器的电源进线接在公共母线上（图 6-34 设有公共变压器 T），三个输出端必须互相隔离，电动机的三个绕组需拆开，引出六根线。后者三套单相输出交—交变频电路的输出端星形联结，电动机的三个绕组也是星形联结，电动机绕组的中点不与变频器中点接在一起，电动机只引出三根线即可。因为三套单相变频器连在一起，其电源进线就必须互相隔离，所以三套单相变频器分别用三个变压器供电。三相桥式交—交变频电路电感性负载时的 U 相输出波形如图 6-36 所示。

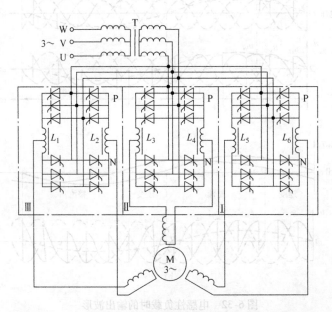

图 6-34 三相桥式交—交变频主电路（公共交流母线进线）

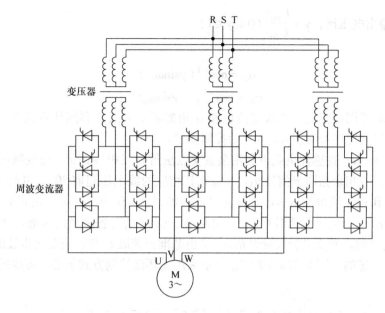

图 6-35　三相桥式交—交变频主电路（输出星形联结）

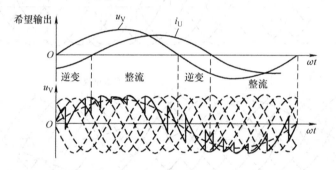

图 6-36　三相桥式交—交变频电路电感性负载 U 相输出波形

### （三）输出正弦波电压的调制方法

使交—交变频电路的输出电压波形为正弦波的调制方法有多种，现介绍一种最基本的、广泛采用的余弦交点法。

晶闸管变流电路的输出电压为

$$u_o = U_{do}\cos\alpha$$

式中 $u_o = U_{do}$ 时，为理想空载整流电压。

对交—交变频电路来说，每次控制时 $\alpha$ 角都是不同的，上式中的 $u_o$ 表示每次控制间隔内输出电压的平均值。

设要得到的正弦输出电压为

$$u_o = U_{om}\sin\omega_o t$$

则比较两式可得

$$\cos\alpha = \frac{U_{om}}{U_{do}}\sin\omega_o t = \gamma\sin\omega_o t$$

式中 $\gamma$——输出电压比,$\gamma = \dfrac{U_{om}}{U_{do}}$ ($0 \leqslant \gamma \leqslant 1$)。

因此

$$\alpha_P = \cos^{-1}(\gamma \sin\omega_o t)$$
$$\alpha_N = \cos^{-1}(-\gamma \sin\omega_o t)$$

以上两式就是用余弦交点法求变流电路 $\alpha$ 角的基本公式。利用计算机在线计算或用正弦波移相的触发装置即可实现 $\alpha_P$、$\alpha_N$ 的控制要求。

如图 6-37 所示,在感性负载下利用余弦交点法得到三相桥式交—交变频电路的 U 相输出波形。其中,三相余弦同步信号 $u_{V1} \sim u_{V6}$ 比其相应的线电压超前 30°。也就是说 $u_{T1} \sim u_{T6}$ 的最大值正好和相应线电压 $\alpha = 0$ 的时刻对应,如以 $\alpha = 0$ 为零时刻,则正好为余弦信号。如图 6-37b 所示,正组触发延迟角 $\alpha_P$ 是由基准正弦波 $U_r$ 与各余弦同步波的下降段交点 a、b、c、d、e 决定的。而反组触发延迟角 $\alpha_N$ 是由基准正弦波 $U_r$ 与各余弦同步波的上升段交点 f、g、h、i、j 决定的。图 6-37a 中的 $T_O$ 表示采用无环流控制方式下必不可少的控制死区。

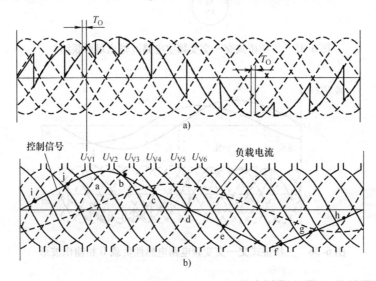

图 6-37 用余弦交点法得 U 相输出波形
a) 正向 b) 反向

可以看出,当改变给定基准正弦波 $u_r$ 的幅值和频率时,它与余弦同步信号的交点也改变,从而改变正、反组电源周期各相中的 $\alpha$,达到调压和变频的目的。由于交—交变频器的输入为电网电压,晶闸管的换流为交流电网换流方式。电网换流不能在任意时刻进行,并且电压反向时最快也只能沿着电源电压的正弦波形变化,所以交—交变频电路的最高输出频率一般不超过电源频率的 1/3~1/2,即不宜超过 25Hz。否则,输出波形畸变太大,对电网干扰大,不能用于实际。

图 6-38 为一种使正、反两组按间歇方式工作的余弦交点法的控制框图。由期望输出正弦波与余弦同步信号的交点建立时基信号送到正反组触发电路。电流检测做禁止信号,即一组电流尚在流过时,另一组不得导通。

和交—直—交变频器相比,交—交变频器有以下优点:

1) 只用一次变流,且使用电网换相,提高了变流效率。

2) 和交—直—交电压型逆变器相比,可以方便地实现四象限工作。

3) 低频时输出波形接近正弦波。

其主要缺点如下:

1) 接线复杂,使用的晶闸管较多。由三相桥式变流电路组成的三相交—交变频器至少需要 36 只晶闸管。

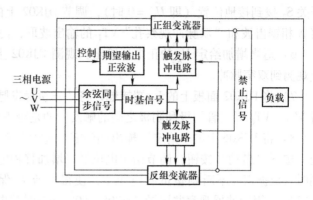

图 6-38 余弦交点法的控制框图

2) 受电网频率和变流电路脉波数的限制,输出频率较低。

3) 采用相控方式,功率因数较低。

### 任务实施

根据任务要求对三相桥式有源逆变电路进行调试。

### 一、任务说明

以三相桥式有源逆变电路为例。

**1. 所需仪器设备**

1) DJDK–1 型电力电子技术及电机控制实验装置(含 DJK01 电源控制屏、DJK02 三相变流桥路、DJK04 滑线变阻器、DJK06 给定、负载及吸收电路、DJK10 变压器实验)1 套。

2) 慢扫描示波器 1 台。

3) 螺钉旋具 1 把。

4) 指针式万用表 1 块。

5) 导线若干。

**2. 测试前准备**

1) 课前预习相关知识。

2) 清点相关材料、仪器和设备。

3) 用指针式万用表测试晶闸管、过电压过电流保护等器件的好坏。

4) 填写任务单测试前准备部分。

**3. 操作步骤及注意事项**

1) 打开 DJK01 总电源开关,操作"电源控制屏"上的"三相电网电压指示"开关,观察输入的三相电网电压是否平衡。

2) 将 DJK01 "电源控制屏"上"调速电源选择开关"拨至"直流调速"侧。

3) 打开 DJK02 电源开关,拨动"触发脉冲指示"钮子开关,使"窄"发光管亮。

4) 观察 A、B、C 三相的锯齿波,并调节 A、B、C 三相锯齿波斜率调节电位器(在各观测孔左侧),使三相锯齿波斜率尽可能一致。

5) 将 DJK06 上的"给定"输出 $U_g$ 直接与 DJK02 上的移相控制电压 $U_{ct}$ 相连,将给定

开关 $S_2$ 拨到接地位置（即 $U_{ct}=0$ 时），调节 DJK02 上的偏移电压电位器，用双踪示波器观察 A 相锯齿波和"双脉冲观察孔"$VT_1$ 的输出波形，使 $\alpha=150°$。

6）适当增加给定 $U_g$ 的正电压输出，观测 DJK02 上"触发脉冲观察孔"的波形，此时应观测到双窄脉冲。

7）将 DJK02 面板上的 $U_{lf}$ 端接地，将"正桥触发脉冲"的六个开关拨至"通"，观察正桥 $VT_1 \sim VT_6$ 晶闸管门极和阴极之间的触发脉冲是否正常。

8）将 DJK06 上的"给定"输出调到零（逆时针旋到底），使滑线变阻器放在最大阻值处，按下"启动"按钮，调节给定电位器，增加移相电压，使 $\beta$ 角在 30°~90°范围内调节，同时，根据需要不断调整负载电阻 $R$，使得电流 $I_d$ 保持在 0.6A 左右（注意 $I_d$ 不得超过 0.65A）。用示波器观察并记录 $\beta=30°$、60°、90°时的电压 $U_d$ 和晶闸管两端电压 $u_{VT}$ 的波形，并记录相应的 $U_d$ 数值。

## 二、任务结束

操作结束后，拆除接线，整理操作台、断电，清扫场地。

## 三、任务思考

(1) 逆变器有哪些类型？其最基本的应用领域有哪些？
(2) 什么是电压型逆变电路和电流型逆变电路？各有什么特点？
(3) 无源逆变电路和有源逆变电路有何不同？
(4) 试述 180°导电型电压型逆变电路的换流顺序及每 60°区间导通管号。
(5) 写出电流型三相桥式逆变电路的换流顺序。

# 任务 2　变频器的调试

### 任务解析

通过完成变频器的调试任务，学生应掌握变频器电路的工作原理，并在电路安装与调试过程中，培养职业素养。

### 知识链接

## 一、脉宽调制型变频电路

### 1. 脉宽调制型变频电路的基本工作原理

脉宽调制型变频电路简称 PWM 变频电路，常采用电压源型交—直—交变频电路的形式，其基本原理是控制变频电路开关器件的导通和关断时间比（即调节脉冲宽度）来控制交流电压的大小和频率。下面以单相 PWM 变频电路为例来说明其工作原理。图 6-39 为单相桥式 PWM 变频电路的主电路，由三相桥式整流电路获得一个恒定的直流电压，由 4 个全控型大功率晶体管 $VT_1 \sim VT_4$ 作为开关器件，二极管 $VD_1 \sim VD_4$ 是续流二极管，为无功能量反馈到直流电源提供通路。

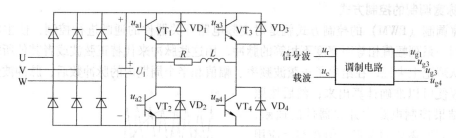

图 6-39　单相桥式 PWM 变频电路的主电路

当改变 $VT_1$、$VT_2$、$VT_3$、$VT_4$ 导通时间的长短和导通的顺序时，可得出如图 6-40 所示不同的电压波形。图 6-40a 为 180°导通型输出方波电压波形，即 $VT_1$、$VT_4$ 组和 $VT_2$、$VT_3$ 组各导通 $T/2$ 的时间。

若在正半周内，控制 $VT_1$、$VT_4$ 和 $VT_2$、$VT_3$ 轮流导通（同理，在负半周内控制 $VT_2$、$VT_3$ 和 $VT_1$、$VT_4$ 轮流导通），则在 $VT_1$、$VT_4$ 和 $VT_2$、$VT_3$ 分别导通时，负载上获得正、负电压；在 $VT_1$、$VT_3$ 和 $VT_2$、$VT_4$ 导通时，负载上所得电压为 0，如图 6-40b 所示。若在正半周内，控制 $VT_1$、$VT_4$ 导通和关断多次，每次导通和关断时间分别相等（负半周则控制 $VT_2$、$VT_3$ 导通和关断），负载上得到如图 6-40c 所示的电压波形。

若将以上这些波形分解成傅氏级数，可以看出，其中谐波成分均较大。

图 6-40d 所示波形是一组脉冲列，其规律是：每个输出矩形波电压下的面积接近于所对应的正弦波电压下的面积。这种波形被称之为脉宽调制波形，即 PWM 波。由于它的脉冲宽度接近于正弦规律变化，故又称之为正弦脉宽调制波形，即 SPWM。

根据采样控制理论，脉冲频率越高，SPWM 波形便越接近于正弦波。变频电路的输出电压为 SPWM 波形时，其低次谐波得到很好的抑制和消除，高次谐波又很容易滤除，从而可获得畸变率极低的正弦波输出电压。

由图 6-40d 可以看出，在输出波形的正半周，$VT_1$、$VT_4$ 导通时有输出电压，$VT_1$、$VT_3$ 导通时输出电压为 0，因此，改变半个周期内 $VT_1$、$VT_4$ 和 $VT_2$、$VT_3$ 导通关断的时间比，即脉冲的宽度，便可实现对输出电压幅值的调节（调节半个周期内 $VT_2$、$VT_3$ 和 $VT_1$、$VT_4$ 导通关断的时间比）。因为 $VT_1$、$VT_4$ 导通时输出正半周电压，$VT_2$、$VT_3$ 导通时输出负半周电压，所以可以通过改变 $VT_1$、$VT_4$ 和 $VT_2$、$VT_3$ 交替导通的时间来实现对输出电压频率的调节。

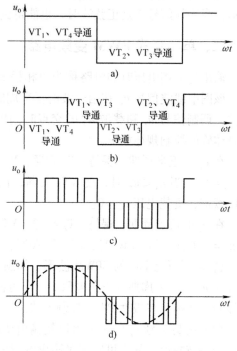

图 6-40　单相桥式变频电路的几种输出波形

## 2. 脉宽调制的控制方式

脉宽调制（PWM）的控制方式就是对变频电路开关器件的通断进行控制，使主电路输出端得到一系列幅值相等而宽度不相等的脉冲，用这些脉冲来代替正弦波或者其他所需要的波形。从理论上来说，在给出了正弦波频率、幅值和半个周期内的脉冲数后，脉冲波形的宽度和间隔便可以准确计算出来；然后按照计算的结果控制电路中开关器件的通断，就可以得到所需要的波形。但在实际应用中，常采用正弦波与等腰三角波相交的办法来确定各矩形脉冲的宽度和个数。

等腰三角波上下宽度与高度呈线性关系且左右对称，当它与任何一个光滑曲线相交时，就可得到一组等幅而脉冲宽度正比该曲线函数值的矩形脉冲，这种方法称为调制方法。希望输出的信号为调制信号，用 $u_r$ 表示，把接受调制的三角波称为载波，用 $u_c$ 表示。当调制信号是正弦波时，所得到的便是 SPWM 波形，如图 6-41 所示。当调制信号不是正弦波时，也能得到与调制信号等效的 PWM 波形。

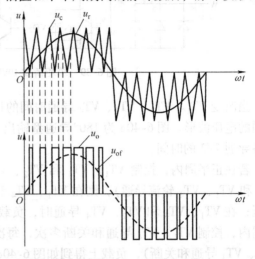

图 6-41 单极性 PWM 控制方式波形图

## 二、单相桥式 PWM 变频电路

输出为单相电压时的电路称为单相桥式 PWM 变频电路，该电路的原理图如图 6-39 所示。该图中载波信号 $u_c$ 在信号波的正半周时为正极性的三角波，在负半周时为负极性的三角波，调制信号 $u_r$ 和载波 $u_c$ 的交点时刻控制变频电路中大功率晶体管 $VT_3$、$VT_4$ 的通断。各晶体管的控制规律如下。

在 $u_r$ 的正半周期，保持 $VT_1$ 导通，$VT_4$ 交替通断。当 $u_r > u_c$ 时，使 $VT_4$ 导通，负载电压 $u_o = U_d$；当 $u_r \leqslant u_c$ 时，使 $VT_4$ 关断，由于电感负载中电流不能突变，负载电流将通过 $VD_3$ 续流，负载电压 $u_o = 0$。

在 $u_r$ 的负半周期，保持 $VT_2$ 导通，$VT_3$ 交替通断。当 $u_r < u_c$ 时，使 $VT_3$ 导通，负载电压 $u_o = -U_d$；当 $u_r \geqslant u_c$ 时，使 $VT_3$ 关断，负载电流将通过 $VD_4$ 续流，负载电压 $u_o = 0$。

这样，便得到 $u_o$ 的 SPWM 波形，如图 6-41 所示，该图中 $u_{of}$ 表示 $u_o$ 中的基波分量。像这种在 $u_r$ 的半个周期内三角波只在一个方向变化，所得到的 PWM 波形也只在一个方向变化的控制方式称为单极性 PWM 控制方式。

调节调制信号 $u_r$ 的幅值可以使输出调制脉冲宽度做相应变化，这能改变变频电路输出电压的基波幅值，从而可实现对输出电压的平滑调节；改变调制信号 $u_r$ 的频率可以改变输出电压的频率，即可实现电压、频率的同时调节。所以，从调节的角度来看，SPWM 变频电路非常适用于交流变频调速系统。

与单极性 PWM 控制方式对应，另外一种 PWM 控制方式称为双极性 PWM 控制方式。其频率信号还是三角波，基准信号是正弦波时，它与单极性正弦波脉宽调制的不同之处在于它们的极性随时间不断地呈正、负变化，如图 6-42 所示，不需要如上述单极性调制那样加倒向控制信号。

单相桥式变频电路采用双极性控制方式时的PWM波形如图6-42所示，各晶体管控制规律如下。

在$u_r$的正负半周内，对各晶体管控制规律与单极性控制方式相同。同样，在调制信号$u_r$和载波信号$u_c$的交点时刻控制各开关器件的通断。当$u_r > u_c$时，使晶体管$VT_1$、$VT_4$导通，$VT_2$、$VT_3$关断，此时$u_o = U_d$；当$u_r < u_c$时，使晶体管$VT_2$、$VT_3$导通，$VT_1$、$VT_4$关断，此时$u_o = -U_d$。

在双极性控制方式中，三角载波在正、负两个方向上发生变化，所得到的PWM波形也在正、负两个方向变化，在$u_r$的一个周期内，PWM输出只有$\pm U_d$两种电平，变频电路同一相上、下两臂的驱动信号是互补

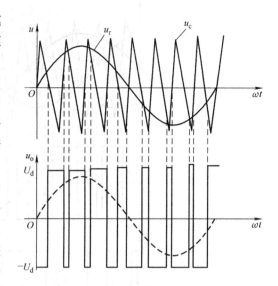

图6-42 双极性PWM控制方式波形图

的。在实际应用时，为了防止上、下两个桥臂同时导通而造成短路，给一个臂的开关器件加关断信号，必须延迟$\Delta t$时间，再给另一个臂的开关器件施加导通信号，即有一段4个晶体管都关断的时间。延迟时间$\Delta t$的长短取决于功率开关器件的关断时间。需要指出的是，这个延迟时间将会给输出的PWM波形带来不利影响，使输出偏离正弦波。

## 三、三相桥式PWM变频电路

图6-43为电压型三相桥式PWM变频电路，其控制方式为双极性方式。U、V、W三相的PWM控制共用一个三角波信号$u_c$，三相调制信号$u_{rU}$、$u_{rV}$、$u_{rW}$分别为三相正弦波信号，三相调制信号的幅值和频率均相等，相位依次相差120°。U、V、W三相的PWM控制规律相同。现以U相为例，当$u_{rW} > u_c$时，使$VT_1$导通，$VT_4$关断；当$u_{rW} < u_c$时，使$VT_1$关断，$VT_4$导通。$VT_1$、$VT_4$的驱动信号始终互

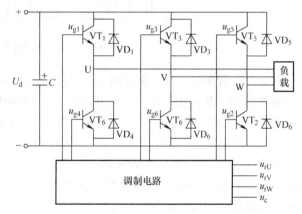

图6-43 电压型三相桥式PWM变频电路

补。三相正弦波脉宽调制波形如图6-44所示。由图可以看出，任何时刻始终都有两相调制信号电压大于载波信号电压，即总有两个晶体管处于导通状态，所以负载上的电压是连续的正弦波。其余两相的控制规律与U相相同。

## 四、专用大规模集成电路芯片形成SPWM波

HEF4725是全数字化的生成三相SPWM波的集成电路。这种芯片既可以用于有换流电

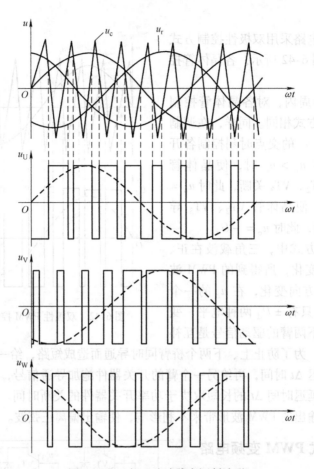

图 6-44 三相正弦波脉宽调制波形

路的三相晶闸管变频电路，也可用于由全控型开关器件构成的变频电路。对于后者，可输出三相对称的 SPWM 波控制信号，调频范围为 0~200Hz。由于它生成的 SPWM 波最大开关频率比较低，一般在 1kHz 以下，所以较适用于以 BJT 或 GTO 晶闸管为开关器件的变频电路，而不适用于 IGBT 变频电路。

HEF4725 采用标准的 28 脚双列直插式封装，芯片用 5V（有的 10V）电源，可提供 3 组相位互差 120°的互补输出 SPWM 控制脉冲，以供驱动变频电路的 6 个功率开关器件产生对称的三相输出。当用晶闸管时，需附加产生 3 对互补换流脉冲，用以控制换流电路中的辅助晶闸管。

它的内部逻辑框图和引脚图如图 6-45 所示。它由 3 个计数器、1 个译码器、3 个输出口和 1 个试验电路组成。3 个输出口分别对应于变频电路的 R、Y、B（相当于 U、V、W）三相，每个输出口包括主开关器件输出端（M1、M2）和换流辅助开关器件输出端（C1、C2）两组信号。换流辅助开关信号是为晶闸管逆变器设置的。由控制输入端 I 选择晶体管/晶闸管方式。当 I 置高电平时，为晶闸管工作方式，主输出为占空比 1:3 的触发脉冲串，换流输出为单脉冲；当 I 置低电平时，为晶体管工作方式，驱动晶体管变频电路输出波形是双边缘调制的脉宽调制波。为减小低频谐波影响，在低频时适当提高开关频率与输出频率的比值，即载波比，采用多载波比分段自动切换方式，分为 8 段，载波比分别为 15、21、30、42、60、84、120、168。这种方式不但调制频率范围广，而且可与输出电压同步。

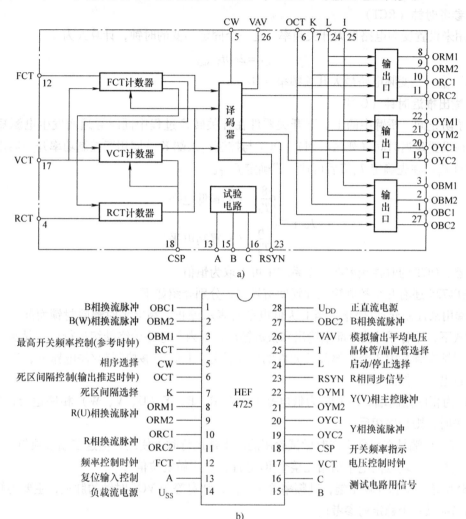

图 6-45　HEF4725 内部逻辑框图与引脚图
a) HEF4725 内部逻辑框图　b) HEF4725 引脚图

变频电路输出由以下 4 个时钟输入来进行控制。

**1. 频率控制时钟（FCT）**

它用来控制变频电路的输出频率，一般由线性压控振荡器提供，计算式为

$$f_{FCT} = 3360 f_{OUT}$$

式中　$f_{OUT}$——变频电路输出频率（Hz）。

**2. 电压控制时钟（VCT）**

它用来控制变频电路的基波电压，即脉冲宽度，计算式为

$$f_{VCT(NOM)} = 6720 f_{OUT}$$

$f_{VCT(NOM)}$ 为 $f_{VCT}$ 的标称值，当取此值时，输出电压和输出频率间将保持线性关系，直到

输出频率达到临界值$f_{OUT(M)}$。$f_{OUT(M)}$为100%调制时的输出频率,当$f_{OUT}<f_{OUT(M)}$时,经调制后的PWM波形有正弦函数关系。

**3. 参考时钟(RCT)**

它用来设置变频电路最大开关频率,是一个固定不变的时钟,计算式为

$$f_{RCT}=280f_{T,max}$$

式中 $f_{T,max}$——变频电路最大开关频率(Hz)。

**4. 输出推迟时钟(OCT)**

为了防止同一桥臂中的上、下开关器件在开关转换过程中同时导通而发生电源短路事故,必须设置延迟时间(死区时间)。OCT与控制输入端K一同用于控制功率开关器件互锁推迟时间$T_d$。在先确定$T_d$值后可按下式确定$f_{OCT}$。

$$f_{OCT}=\begin{cases}\dfrac{8}{T_d} & (\text{K置低电平})\\ \dfrac{16}{T_d} & (\text{K置高电平})\end{cases}$$

显然,OCT的时钟频率在一个系统中可以取为恒值。

HEF4725还有几个控制输入和辅助信号端,分别介绍如下。

L端用来控制起动/停止。当L为低电平时表示停止,高电平时解除封锁而起动。在晶体管方式下,L端可封锁全部主输出和换流输出,但内部电路始终继续运行;在晶闸管方式下,只封锁变频桥中3个上部开关元件的触发信号。L除能够控制起/停电路外,还可方便地用于过电流保护。

CW为相序控制端。当CW为低电平时,按R、B、Y(U、V、W)相序运行;当CW为高电平时,则相序相反。

A、B、C端是在元件生产时做试验用的,正常运行时不使用,但这三端必须与$U_{SS}$(零电平)连接。A端置高电平初始化整个IC芯片,被用做复位信号。

RSYN是一个脉冲输出端,其频率等于$f_{OUT}$,脉宽等于VCT时钟的脉宽,主要为触发示波器扫描提供一个稳定的参考信号。

VAV为模拟变频电路输出线电压值的信号,即当有电压输出时,有信号输出,供测量使用。

变频电路开关输出CSP是一个脉冲串,不受L状态的影响,用以指示变频电路开关频率值,其频率为变频电路开关频率的两倍。

## 五、SPWM变频电路的优点

根据前面的分析,SPWM变频电路的优点归纳如下。

1)可以得到接近正弦波的输出电压,满足负载需要。
2)整流电路采用二极管整流,可获得较高的功率因数。
3)只用一级可控的功率调节环节,电路结构简单。
4)通过对输出脉冲的宽度控制就可以改变输出电压的大小,大幅度加快了变频电路的动态响应速度。

## 项目 6 变频器的设计与调试

### 任务实施

根据任务要求熟悉三相正弦波脉宽调制 SPWM 变频技术。

### 一、任务说明

这里以三相正弦波脉宽调制 SPWM 变频电路为例。

**1. 所需仪器设备**

1）DJDK-1 型电力电子技术及电机控制实验装置（含 DJK01 电源控制屏、DJK13 三相异步电动机变频调速控制）1 套。

2）慢扫描示波器 1 台。

3）螺钉旋具 1 把。

4）指针式万用表 1 块。

5）导线若干。

**2. 测试前准备**

1）课前预习相关知识。

2）清点相关材料、仪器和设备。

3）用指针式万用表测试晶闸管、过电压过电流保护等器件的好坏。

4）填写任务单测试前准备部分。

**3. 操作步骤及注意事项**

1）接通挂件电源，关闭电机开关，调制方式设定在 SPWM 方式下（将控制部分 S、V、P 的三个端子都悬空），然后开启电源开关。

2）点动"增速"按键，将频率设定在 0.5Hz，在 SPWM 部分观测三相正弦波信号（在测试点"2、3、4"），观测三角载波信号（在测试点"5"），三相 SPWM 调制信号（在测试点"6、7、8"）；再点动"转向"按键，改变转动方向，观测上述各信号的相位关系变化。

3）逐步升高频率，直至到达 50Hz 处，重复以上的步骤。

4）将频率设置为 0.5~60Hz 的范围内改变，在测试点"2、3、4"中观测正弦波信号的频率和幅值的关系。

### 二、任务结束

任务结束后，请再次确认电源已经断开，整理清扫场地。

### 三、任务思考

（1）如何实现 PWM 的控制？

（2）试说明 SPWM 变频电路的优点。

（3）正弦脉冲宽度调制控制方式中的单极性调制和双极性调制有何不同？

（4）正弦脉宽调制中，调制信号和载波信号常用什么波形？

（5）SPWM 调制方式是怎样实现变压功能的？又是怎样实现变频功能的？

### 项目总结

本项目主要介绍了变频器的设计与调试，学生通过本项目任务的操作完成了逆变电路、变频电路和脉宽调制电路的学习内容，对电力电子技术在现实生活中的应用有了更加深入的了解，为进一步的学习打下了一定的基础。

## 实训项目

### 实训　三相桥式有源逆变电路的调试

#### 一、训练目标

1）加深理解三相桥式有源逆变电路的工作原理。
2）当触发电路出现故障（人为模拟）时观测主电路的各电压波形。

#### 二、训练器材

1）指针式万用表 1 块。
2）DJDK-1 型电力电子技术及电机控制实验装置 1 套。
3）慢扫描示波器 1 台。

#### 三、训练内容

1）指针式万用表、慢扫描示波器的使用。
2）测试晶闸管输出的波形、调试三相桥式有源逆变电路。

#### 四、测评标准

| 测评内容 | 配分 | 评分标准 | 扣分 | 得分 |
| --- | --- | --- | --- | --- |
| 指针式万用表的使用 | 30 | （1）使用前的准备工作没进行扣 5 分<br>（2）读数不正确扣 15 分<br>（3）操作错误每处扣 5 分<br>（4）由于操作不当导致仪表损坏扣 20 分 | | |
| 检测晶闸管的质量 | 70 | （1）使用前的准备工作没进行扣 5 分<br>（2）检测档位不正确扣 15 分<br>（3）操作错误每处扣 5 分<br>（4）由于操作不当导致元器件损坏扣 30 分 | | |
| 安全文明操作 | | 违反安全生产规程视现场具体违规情况扣分 | | |
| 合计总分 | | | | |

## 习　题

### 一、单选题

1. 正弦波脉冲宽度调制英文缩写是（　　）。
　A．PWM　　　B．PAM　　　C．SPWM　　　D．SPAM
2. 变频器种类很多，其中按滤波方式可分为电压型和（　　）型。

A. 电流　　　B. 电阻　　　C. 电感　　　D. 电容
3. 变频器的调压调频过程是通过控制（　　）进行的。
A. 载波　　　B. 调制波　　C. 输入电压　D. 输入电流
4. 高压变频器指工作电压在（　　）kV 以上的变频器。
A. 3　　　　B. 1　　　　C. 6　　　　D. 10
5. 当采用 6 脉波三相桥式电路且电网频率为 50Hz 时，单相交—交变频电路的输出上限频率约为（　　）。
A. 10Hz　　　B. 20Hz　　　C. 50Hz　　　D. 300Hz

## 二、填空题

1. 改变频率的电路称为_____，变频电路有交—交变频电路和_____电路两种形式。
2. 把电网频率的交流电直接变换成可调频率的交流电的变流电路称为_____。
3. 单相交—交变频电路带阻感负载时，哪组变流电路工作是由_____决定的，交流电路工作在整流还是逆变状态是根据_____决定的。
4. 三相交—交变频电路主要有两种接线方式，即_____和_____，其中主要用于中等容量的交流调速系统是_____。
5. SPWM 脉宽调制型变频电路的基本原理是：对逆变电路中开关器件的通断进行有规律的调制，使输出端得到_____脉冲列来等效正弦波。

## 三、简答与分析题

1. SPWM 调制方式是怎样实现变压功能的？又是怎样实现变频功能的？
2. 单相交—交变频电路和直流电动机传动用的反并联可控整流电路有什么不同？
3. 交—交变频电路的最高输出频率是多少？制约输出频率提高的因素是什么？
4. 交—交变频电路的主要特点和不足之处是什么？其主要用途是什么？
5. 三相交—交变频电路有哪两种接线方式？它们有什么区别？

# 参 考 文 献

[1] 浣喜明, 姚为正. 电力电子技术 [M]. 4版. 北京: 机械工业出版社, 2014.
[2] 徐立娟. 电力电子技术 [M]. 2版. 北京: 人民邮电出版社, 2014.
[3] 张静之. 电力电子技术 [M]. 2版. 北京: 机械工业出版社, 2016.
[4] 冯玉生. 电力电子变流装置典型应用实例 [M]. 北京: 机械工业出版社, 2008.
[5] 龙志文. 电力电子技术 [M]. 2版. 北京: 机械工业出版社, 2016.
[6] 黄家善. 电力电子技术 [M]. 2版. 北京: 机械工业出版社, 2009.
[7] 王兆安, 黄俊. 电力电子技术 [M]. 4版. 北京: 机械工业出版社, 2000.
[8] 陈坚编. 电力电子学—电力电子变换和控制技术 [M]. 北京: 高等教育出版社, 2002.
[9] 徐立娟, 张莹. 电力电子技术 [M]. 北京: 人民邮电出版社, 2010.
[10] 王兆安, 刘进军. 电力电子技术 [M]. 北京: 机械工业出版社, 2012.
[11] 张静之, 刘建华. 电力电子技术 [M]. 北京: 机械工业出版社, 2010.
[12] 黄家善, 王廷才. 电力电子技术 [M]. 北京: 机械工业出版社, 2007.
[13] 吴小华, 李玉忍, 杨军. 电力电子技术典型题解析及自测试题 [M]. 西安: 西北工业大学出版社, 2003.
[14] 王兆安, 张明勋. 电力电子设备设计和应用手册 [M]. 北京: 机械工业出版社, 2002.
[15] 杨振江, 雷光纯. 新颖实用电子设计与制作 [M]. 西安: 西安电子科技大学出版社, 2006.